天津水务志丛书

静海县水务志

（1991—2010年）

天津市水务局
天津市静海区水务局 编

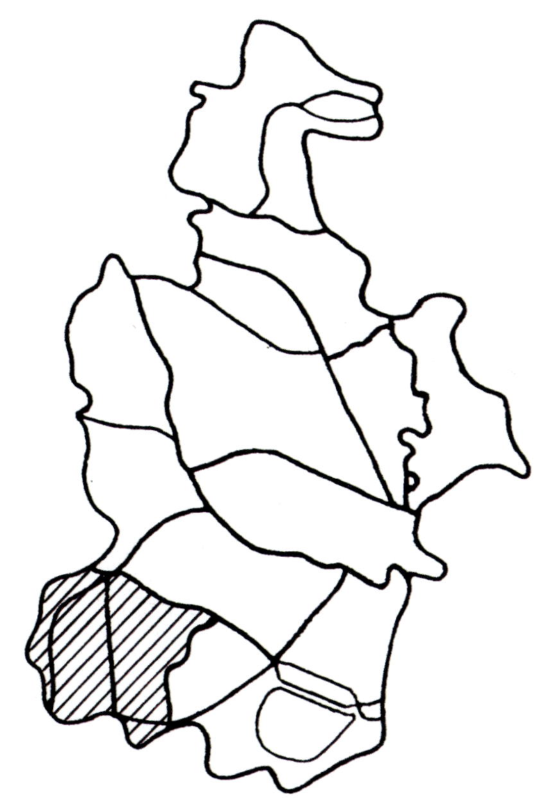

· 北京 ·

内 容 提 要

《静海县水务志（1991—2010年）》全面、真实记述了1991—2010年静海县水务工作情况，主要包括水利环境、水资源、防汛抗旱、农田水利、供排水、水利工程建设、工程管理、水法制建设、水利经济、机构及队伍建设、基础工作、南运河文化等内容。

《静海县水务志（1991—2010年）》以水务实事资料为依托，系统地反映了静海水务的历史进程和取得的成绩，具有鲜明的地方特色、专业特色和时代特色，志书内容丰富，资料翔实，是一部为水务工作者提供全面、系统的地方水情资料的工具书。

图书在版编目（CIP）数据

静海县水务志 : 1991—2010年 / 天津市水务局, 天津市静海区水务局编. -- 北京 : 中国水利水电出版社, 2021.12
（天津水务志丛书）
ISBN 978-7-5226-0298-1

Ⅰ. ①静… Ⅱ. ①天… ②天… Ⅲ. ①水利史－静海县－1991-2010 Ⅳ. ①TV-092

中国版本图书馆CIP数据核字(2021)第252372号

审图号：津S（2022）006

书　　名	天津水务志丛书 **静海县水务志**（1991—2010年） JINGHAI XIAN SHUIWU ZHI (1991—2010 NIAN)
作　　者	天津市水务局　天津市静海区水务局　编
出版发行	中国水利水电出版社 （北京市海淀区玉渊潭南路1号D座　100038） 网址：www.waterpub.com.cn E-mail：sales@mwr.gov.cn 电话：（010）68545888（营销中心）
经　　售	北京科水图书销售有限公司 电话：（010）68545874、63202643 全国各地新华书店和相关出版物销售网点
排　　版	中国水利水电出版社微机排版中心
印　　刷	北京印匠彩色印刷有限公司
规　　格	210mm×285mm　16开本　22印张　445千字　8插页
版　　次	2021年12月第1版　2021年12月第1次印刷
印　　数	001—800册
定　　价	**108.00**元

▲2009 年 12 月 8 日，静海县水利局办公楼剪影

▲2007 年 11 月 22 日，天津市农村饮水安全及管网入户改造工程建设现场推动会在静海县召开

▲2005 年 6 月 10 日，大清河系防汛综合演习

▲2005 年 6 月 10 日，防汛撤退演习

▲1999 年 4 月，修建防洪撤退路

▲“96·8”天津特大洪水抢险现场——东淀蓄滞洪区群众转移

◀2010 年 5 月，团泊水库除险加固工程

▶2010 年，团泊水库大坝除险加固工程后的护坡工程

▲2010 年 11 月，团泊水库浚深筑岛工程

▲团泊水库改扩建后鸟瞰景

▲焕然一新的团泊水库大坝

▲焕然一新的团泊水库

▲八堡扬水站更新改造工程现场

▲2010 年，八堡扬水站更新改造后景观

▲钓台扬水站更新改造前

▲2011 年，钓台扬水站更新改造后景观

▲大邱庄扬水站更新改造施工现场

▲2010 年，改造后的大邱庄扬水站

▲八堡扬水站机泵控制室

▲大邱庄扬水站机泵控制室

▲良王庄扬水站机泵控制室

▲2010 年，更新改造后的良王庄扬水站外景

◀2008 年，青年渠治理工程施工现场

▲2008 年，港团河清淤施工现场

▶六排干治理工程施工现场

▲治理后的七排干

▲2008 年，治理后的青年渠

▲2003 年，治理后的争光渠城区段

▲治理后的运东排干

▲节水灌溉——半固定喷灌

▲节水灌溉——小管出流

▲防渗明渠

▲静海县水务局四党口供水厂

▲静海县水务局中旺供水厂

▲静海县水务局台头供水厂

▲全国法制宣传日进行水法律法规宣传

▲2008 年 10 月 23 日，水政监察证件审验注册培训班

▲静海县农村饮水安全工程饮水机发放仪式

▲深入静海模范幼儿园进行节约用水宣传

2018 年 10 月 30 日，《静海县水务志（1991—2010 年）》评审会现场

市水务局党委委员、南水北调办专职副主任、市水务志编委会副主任张文波在评审会上做总结讲话

静海区水务局党委副书记、副局长孟令国在评审会上做表态发言

静海县水利工程位置图

天津水务志编纂委员会组成人员

（2018 年 10 月—　）

主　　任　张志颇

副 主 任　张文波　刘学功　丛　英(女)

委　　员　（以姓名笔画为序）

于　强　王太忠　王永强　王立义
王志高　王丽梅(女)　王朝阳　邓百平
石敬皓　宁云龙　冯新民　邢　华
刘　威　刘　爽　刘太民　刘玉宝
孙　轶　孙建山　李　刚　李　桐
李　悦　李帅青(女)　李向东　李国良
李保国　李宪文　杨国彬　宋志谦
张　玮　张化亮　张林华　张绍庆
武文术　范书长　范继红　金　锐
周　军　周建芝(女)　周潮洪(女)　孟令国
孟庆海　孟祥和　赵万忠　赵天佑
赵考生　赵金会(女)　赵宝骏　胡　宇
顾世刚　徐宝山　高广忠　高孟川
高雅双(女)　阎凤寨　隋　涛　廉铁辉
蔡淑芬(女)　魏素清(女)

编办室主任　丛　英(女)

天津水务志丛书《静海县水务志（1991—2010年）》总编审人员

总　　编　张志颇

副 总 编　张文波

分志主编　丛　英（女）

分志编辑　丛　英（女）　艾虹汕（女）　王振杰

评审人员　（以姓名笔画为序）

丛　英（女）　刘学功　孙建山　李红有
杨树生　张　伟　张　芳（女）　张文波
郑永茜（女）　孟祥和　赵　燚

版面设计　丛　英（女）　赵应明

目录翻译　赵应明

《静海县水务志（1991—2010年）》
编纂委员会

第一届编纂委员会（2008—2014年）

主　　任　李义刚

副 主 任　孟令国

委　　员　田文学　刘永保　韩　滨　王新乡
　　　　　姜连祥　殷忠刚　常子贺　薛兴华
　　　　　刘升华　谢继东　李艳寰

第二届编纂委员会（2015—2018年）

主　　任　王　刚

副 主 任　孟令国

委　　员　刘永保　韩　滨　王新乡　姜连祥
　　　　　殷忠刚　常子贺　薛兴华　李银山
　　　　　李艳寰

第三届编纂委员会(2019—2020 年)

主　任　张德帅

副主任　刘敏贤

委　员　殷忠刚　常子贺　单　旭　王新乡
　　　　姜连祥　牛会生

第四届编纂委员会（2021 年—　）

主　任　杨金水

副主任　高凤原

委　员　刘敏贤　殷忠刚　刘升华

《静海县水务志（1991—2010年）》编纂人员

编　　辑　赵应明

资　　料　（以姓名笔画为序）

马学武　王境坤　牛会生　尹桂强
权玉环　杜恩来　李　超　李艳寰
杨志霞（女）　吴金声　张景顺　张嘉伟
赵士通　赵文亮　高德珍（女）　唐卫艳（女）
唐庆云　黄平阳　谢继东　薛兴华
薛　刚

照片提供（以姓名笔画为序）

王　军　尹桂强　刘宝强　苏会平
李艳寰　姜连祥　谢继东

序

古语讲，“治天下者以史为鉴，治邦国者以志为鉴”，隔代编史，当代修志，是中华优秀传统文化的重要体现。继1998年《静海县水利志》出版之后，《静海县水务志（1991—2010年）》续修工作业已完成。连续编修两部志书，堪称静海水务发展史上的一件喜事。

此次续修的《静海县水务志（1991—2010年）》，距第一部静海县水利志书问世已有20年之久。伴随改革开放的历史脚步，静海水务积极践行可持续发展治水新思路，在解放思想，更新观念，深化改革，推进传统水利向现代水利、可持续发展水利转变，强化水资源合理开发、高效利用、科学管理、全面保护等方面做了大量卓有成效的工作，成效显著，为全县经济社会加快发展提供了强有力的支撑。

《静海县水务志（1991—2010年）》，内容囊括1991—2010年的水务（利）工作，涉及水利环境、水资源、防汛抗旱、农田水利、供排水、水利工程建设、工程管理、水法制建设、水利经济、机构及队伍建设、基础工作、南运河文化等十二章，翔实记述了静海县水利（水务）发展历程，展现了静海水利人自强不息、艰苦奋斗、积极进取、追求卓越的精神风貌和工作热忱。内容丰富，体例规范，叙述准确，具有鲜明的时代特色和专业特点。

《静海县水务志（1991—2010年）》，字里行间无一不凝结着编者的心血和汗水。在整个修编过程中，编者始终坚持以科学发展观为指导，深入调研，精心编撰，本着尊重历史、尊重现实、尊重科学的原则，实事求是，据事直书，较好地达到了突出静海特色、体现区域特征的工作目标。志稿编纂期间，得到了市水务局续志编委会及各有关单位的热情帮助与鼎力支持，在此一并致谢。

谨望《静海县水务志（1991—2010 年）》，为静海未来发展发挥“资治、存史、教化”之作用。

希望水务战线干部职工继续弘扬自强不息精神，以更加有为的工作和突出的业绩，为静海跨越发展做出更大贡献。

第四届编纂委员会

2021 年 3 月

凡　例

一、《静海县水务志（1991—2010年）》（简称本志）是天津水务志系列丛书之一。本志坚持以马克思列宁主义、毛泽东思想、邓小平理论、“三个代表”重要思想、科学发展观、习近平新时代中国特色社会主义思想为指导，坚持实事求是的科学态度，翔实客观地记述静海县水利发展历程。

二、本志为1998年出版的《静海县水利志》续志，记述内容上限1991年，下限断至2010年，有些事例的叙述为保持连续性和完整性，适当上下延伸前后衔接。

三、本志遵循续修规定和要求，采用述、记、志、传、图、表、录等体裁，综合运用，以志为主体，综述领志、志首立序；结构层次为章、节、目，横排门类，纵述始末；大事记以编年体为主，辅以纪事本末体；图表编号排序为章-节-序号，序号以全书为单位编排。

四、本志凡简称“党”的均指中国共产党，凡简称“党委”的均指中国共产党的各级委员会，凡简称“政府”的均指人民政府。

五、本志采用规范的语体文记述。文字使用国家统一颁布的简化文字，标点符号、计量单位及数字的使用均以国家规定的为准。文中所记地面高程采用大沽高程，其他高程随文标明。

六、本志记述地域范围以现行行政区划为主，跨越地区的河流适当记述。

七、坚持生不立传的原则，对有重大影响、有突出贡献、有代表性的在世人物，以人物简介、人物表或采用以事系人的方式记述。

八、本志所录资料来源以静海县统计局、水务局档案资料及文献为主，局属各有关单位资料以及外调、口碑资料为辅，坚持精推细敲，去伪存真，突出行业时代特点。

目　　录

第四章　农田水利

第五章　供排水

第六章　水利工程建设

第七章 工程管理

第八章 水法制建设

第九章 水利经济

第十章 机构及队伍建设

第十一章 基础工作

第十二章　南运河文化

Contents

Chapter 3 Flood Control and Drought Relief

Chapter 4 Farmland Water Conservancy

Chapter 5 Water Supply and Drainage

Chapter 6 Water Conservancy Project Construction

Chapter 7 Engineering Management

Chapter 8 Water Legal System Construction

Chapter 9 Water Economy

Chapter 10 Institution and Team Building

Chapter 11 Basic Work

Chapter 12 South Canal Culture

综　述

静海，据《水经注》载，汉高祖五年（公元前202年），在陈官屯镇西钓台村附近建东平舒县治。北宋大观二年（1108年），置靖海县。明洪武初年，改“靖”为“静”，称静海县。1949年10月，隶属河北省天津专区；1961年6月，隶属天津市、天津专区双重领导；1967年1月，隶属天津专区；1973年8月由河北省划归天津市，2015年7月23日国务院批复撤县改区。

静海县位于海河流域下游，天津市西南部，地理坐标为东经116°42′～117°15′，北纬38°35′～39°04′。地理位置优越，素有“津南”门户之称，距天津市区20千米，距天津国际机场50千米，距天津港60千米，距北京市120千米。东临天津市滨海新区北大港地区，北靠天津市西青区，西部、南部分别与河北省大城县、青县、黄骅市接壤，全县总面积1414.9平方千米。1993年11月，大邱庄撤村建镇。1998年，全县有28个乡镇，其中17个乡，11个镇。2001年8月，在原有28个乡镇基础上进行区划调整，撤乡并镇。截至2010年年底，全县总人口56.16万人，辖18个乡镇（其中16个建制镇）共有384个行政村，19.6万户。实有耕地面积7.44万公顷，灌溉面积5.55万公顷。农村居民人均纯收入10998元。全县农业总产值完成31.94亿元。在农业总产值中，种植业产值16.78亿元，林业产值1.37亿元，牧业产值11.52亿元，渔业产值2.28亿元。

2010年境内有一级河道6条，即大清河、子牙河、南运河、独流减河、马厂减河、子牙新河，河道总长179.18千米，堤防总长285.885千米；二级河道2条，即黑龙港河和青静黄排水渠，河道总长42.16千米；干渠36条，长555.9千米。大中型扬水站24座，设计能力352.32立方米每秒，除涝面积达到659.9平方千米。大（2）型水库——团泊水库，占地60平方千米，库水容量1.8亿立方米。洼淀（蓄滞洪区）有文安洼、贾口洼、团泊洼及东淀，是黑龙港河、子牙河、大清河等河系的滞沥和分洪区。涉及人口52.65万。

水资源状况。地表水资源主要来自降水，但降水时空分布不均，最高平均降水量出现在1995年，为702.3毫米，最低平均降水量出现在1999年，为214.4毫米，多年平均降水量为431.7毫米。降水有明显的季节性，降水多发生在夏季，其余三季以风为主，降水少，一年中多数时间呈干燥状态。地下水资源可开采量为8214万立方米，其中深层水3631万立方米，浅层水4583万立方米。深层水为承压水，在境内普遍分布。浅层淡水主要分布在子牙河、南运河两侧及大清河北部一带，一般宽度1～3千米，面积近280平方千米，主要由河水入渗形成。地热资源在县城东部团泊、孟家房子、四党口和唐官屯一带，埋深350～450米，有30～40摄氏度的热水，呈近南北向及北东向至南西向条带状分布，总储量达84亿立方米，水中含有铜、钼、铁、钴、钙、硅等24种对人体有益的矿物质，具有较高的医疗保健价值。

地源广袤低凹，资源较为丰富，多受灾害侵袭。子牙河、大清河、南运河、黑龙港河纵横于县境西部，大小洼泊分布全县，给人们带来粮草之益、渔舟之利。然而，"十年九涝"，再加旱碱两灾，物产极不稳定。新中国成立前，由于静海县所处地理位置和历史原因，洪、涝、旱、碱灾害严重。"旱了收蚂蚱、涝了收蛤蟆、不旱不涝收碱巴"等谚语，就是静海县新中国成立前贫困面貌的真实写照。人们世代过着"糠菜半年粮"的生活。有史以来，静海人民为开发、保护水土资源进行不屈不挠的斗争，经验丰富。1875年，周盛传率1.6万人开挖穿越静海的马厂减河，垦田卫南洼（现津南区八里台镇境内），培育出著名的"小站稻"，也改良了静海县域东部大片土壤。

新中国成立后，人民政府把水利当作农业的命脉和国民经济发展的基础。静海人民在党和政府的领导下，发扬自力更生、艰苦奋斗的革命精神，治理洼地、沟洫台田、建设排水网。1963年战胜特大洪水之后，海河得以根治，修水库，建闸涵，挖沟渠，开条田，使耕地75%得以灌溉、32%成为稳产高产田。至20世纪70年代初期，基本形成了渠渠相通、站站联用的灌排水网，为日后发展打下坚实基础。

1991—2010年间，水利改革不断深入，水资源管理逐步形成规范化、制度化、法制化，依法治水进入了全面推进从传统水利向现代水利、可持续发展水利转变，建设节水型社会，保障经济社会实现可持续发展的新阶段。水利在实现人与自然和谐、调整农村经济结构、增强县域经济实力、增加农民收入等方面发挥了巨大作用。

农村供水工程建设。解决群众的饮水困难是促进人与自然和谐相处，实现区域、城乡统筹协调发展的客观需要，也始终是静海水利工作的重中之重。特别是自1997年以来全县连续干旱，造成地上水源枯竭，地下水位急剧下降，静海城乡人畜饮水出现困难，2001年全县打响了一场人畜饮水解困保卫战，经过全县广大干部群众的不懈努力，投资2559.25万元，共新打、更新饮水井156眼，解决了18.4万人、2万头牲畜饮水困难，2004年年底完成农村人畜饮水解困工程。在解决农村居民饮水困难的同时，2005年开始实施农村饮水安全和管网入户工程，水利局结合本县实际，按照"规模化发展、标准化建设、市场化运作、企业化经营、专业化管理"的目标要求，积极探索农村集中供水工程建设与经营管理的新模式，按照各村所处的自然地理位置，依托现有的人畜饮水解困机井为水源，建除氟改水理化设备站，向居民提供符合国家饮用水标准的桶装水，改善农村饮水水质，生活杂项用水来自管网自来水。至2010年年底，静海县农村饮水安全及管网入户改造工程全部完成，累计解决325个村、12.9万户、38万人饮水不安全问题，农村居民生活饮水实现城镇化，安全饮水得到全覆盖。

城镇供水。为解决城镇居民常期饮用地下高氟高碱水的问题，静海县于1990年完成除氟站建设。随着静海县供水面积的增大，用水需求量随之增加，1991—1995年新建东水厂、韩家口水厂和下三里水厂，实现城东西供水分制，满足县城供水需求。2002年，静海县政府与天津市自来水集团有限公司签订的滦水入静协议，于2003年工程实施，由市区凌庄水厂铺设直径800毫米输水管道至静海东水厂，全长28千米，当年12月30日竣工通水，滦水入静结束了城区居民饮用高氟高碱地下水的历史。

防汛除涝工作。静海县防汛除涝工作始终实行行政首长负责制，做到岗位责任落实、组织机构落实、预案落实、抢险队伍和物资落实。充分利用静海县渠道相通、站站连用的特点，采取联合调度、排水调头等应急措施，确保农田、城镇防汛除涝任务的完成。1995年兴建小团泊扬水站，扩大团泊洼水库的提水能力和自蓄能力，运东地区增加排涝面积7.33千公顷。1996年8月，河北省大部分地区连降大暴雨，大清河水系洪水下泄，大清河台头桥最高水位6.78米，第六埠最高水位6.35米，清北达最高水位6.18米，大清河右堤受到威胁，全县各级指挥部领导坐镇一线指挥，严防死守，洪水顺利通过全境。“96·8”洪水造成水利设施损毁严重，其中损坏水闸10座，桥涵262座，扬水点28个，机井196眼，堤防6.6千米，造成直接经济损失6213.4万元。1997年，静海县加大水利工程的修复力度，投资928.44万元，对15处度汛工程进行了重建和加固。2004年完成了城区排水工程建设，解决县城新老城区排水问题，县城城区及周边排水条件得到相应恢复和改善。2005年及时有效地排除了因受第9号台风“麦莎”造成部分农田积水的险情。2009年7月静海县强降雨，平均降雨量67.2毫米，部分地区达102毫米，由于降雨时间短、强度大，使运东排干、六排干、七排干等渠道水位迅速升高，为及时降低渠道水位，防止沥涝发生，相继开启了良王庄扬水站、管铺头扬水站、小团泊扬水站的12台机组及时排除沥水68.67万立方米。

工程建设。1991—2010年重点对河道、闸站、干渠进行水环境治理，对国有扬水站进行更新改造，排除工程隐患、修复提高工程功能。2003年完成争光渠城区段改造工程，使昔日有名的“龙须沟”“臭水河”变成了全县集水利工程与景观效益为一体的靓丽风景段。2006年完成大清河光明扬水站穿堤涵闸重建工程。2007年实施迎丰渠改道工程，清挖干渠长17.2千米。2008年实施青年渠、港团河清淤工程，使全县水利工程更加配套和完善。2009年河道综合治理工程，七排干清挖2.8千米，完成土方8万立方米。2010年实施王口排干清淤工程，清挖干渠长度13.5千米，清淤土方47.6万立方米；实施南运河县城南端治理工程，清淤治理7.7千米，清淤土方46.84万立方米，浆砌石用量4800立方米，绿化堤长2750米，工程治理修复了河道通水能力，保证两岸堤路安全，营造良好的自然环境，恢复古运河的自然风貌。期间，对八堡、良王庄、大邱庄和钓台4座扬水站进行更新改造，实施了大清河光明扬水站穿堤涵闸重建、八堡节制闸维修加固、管铺头扬水站排水闸拆除重建、港团河尚码头节制闸新建等工程，有效地提升了全境的排灌能力，至2010年建有固定排灌站163座，装机容量43640千瓦；修建大中闸涵65座。全县形成了具有一定规模的工程体系。

团泊水库除险加固。1978年，人们把纷乱的团泊洼鱼苇区，建成60平方千米的团泊水库，库容0.98亿立方米，使大量农田得以灌溉。1992年，又将其辟为风景区，1993年增容至1.8亿立方米，全面开发水体、水产、地热、生物、人文等资源。面积之大，风景之美，称得上“华北明珠”，开启了静海的旅游业。1996—1998年连续三年实施团泊水库围堤护砌工程，完成砌石13.8千米。2003年7月对水库大坝裂缝、天漏及塌坑较严重的堤坝进行了处理。2010年实施水库除险加固，使水库焕发了生机。

抗旱及节水工程建设。20世纪70年代起华北持续干旱，水源紧缺。特别是1996—2002年，静海县连续7年发生特大干旱，水源紧缺。静海县大力发展节水、高效、高产、低耗的高标准节水项目区建设。开展以管道输水、喷灌、微灌等高效节水技术为主的农业节水工程建设，增强雨洪水资源储备和利用能力。在宜井区增打一部分深井、浅井，更新和维修农用机井，配套各种节水灌溉措施，努力扩大水浇地面积。至2010年现有深机井4565眼，已配套4199眼，建成节水项目区82处，修建防渗渠道3046千米，节水灌溉面积达到38.6千公顷。

水利管理工作。静海县水务局是县政府水行政主管部门，承担着境内水利工程建设与管理职能，在水利工程管理上从重建设、重投入逐步转移到重管理、重效益上来。对大型水利工程推行水利工程管理责任制，定岗定责。对具备条件的小型水利工程采取承包、股份合作制、拍卖等多种形式管理进行多种方式的改革探索。加强水法规宣传和执法力度，严格取水许可、凿井审批、节约用水、计划用水、有偿用水等制度的落实，严厉打击破坏水利设施的违法行为，水利管理工作逐步走上规范化、科学化轨道。

静海水利，河道成网，机井密布，设施配套，功能齐全，管理有序。不仅为静海人民的生产、生活提供了可靠保障，而且为静海经济社会又好又快和可持续发展奠定了坚实基础。

大事记

1991 年

3 月 16 日　根据静海县编委《关于水利局内部机构更改名称请示的批复》(静编字〔1991〕19 号)，同意“静海县水利局河闸总所”更名为“静海县水利局河道管理所”，更名后性质、级别不变。

4 月　维修子牙河锅底闸、八堡节制闸，完成投资 4.5 万元。

5 月　整修独流减河堤顶，整修段桩号 18＋2～21＋200，完成投资 7.1 万元。

1992 年

3 月 25 日　静海县政府颁发《静海县二级河道管理暂行办法》《静海县水政监察组织及管理暂行办法》《静海县排污废水设施使用费计收管理暂行办法》《静海县实施违反水法规行政处罚暂行规定办法》四个规范性文件。

3 月　经静海县编委批准，成立地下水资源管理办公室，负责全县地下水开发利用及水资源管理。

6—7 月　大清河右堤改道土方工程实施，堤长 4.1 千米，填筑堤顶宽 6 米，堤顶高程 8.5 米，内外坡比 1∶3，完成土方 46.12 万立方米，完成投资 350 万元。

1993 年

4 月 10 日　团泊水库二期增容土方工程施工，同年 7 月 5 日竣工，库容由 0.98 亿立方米提高至 1.8 亿立方米。

是年　子牙河右堤八堡段灌浆 1 千米，电测 9 千米。

是年　投资 68.7 万元，对独流减河右堤 2 千米堤顶整修和獾洞进行处理；投资 32.61 万元，完成南运河左堤贾口洼工程。投资 1.5 万元，在南运河植树 3000 株、大清河植树 2000 株（柳树）。

是年　静海县水利局河道管理所自 1993 年开始收取河道采砂取土管理费，当年收费 27.26 万元。

1994 年

7 月 12 日　12—13 日受第 6 号台风和高空西风槽的共同影响，静海县大丰堆降雨量为66.7毫米，造成静海县200公顷农田积水、被淹。

10月20日　小团泊扬水站枢纽工程开工建设，工程项目主要包括修建1座扬水站和5座闸涵。1995年11月底竣工，完成土方14万立方米，混凝土5100立方米，砌石4600立方米，完成投资1352.8万元。

1995年

12月28日　静海县政府颁发《静海县养鱼、养蟹水费征收管理暂行办法》，规范了静海县水政执法基本制度。

是年，大清河台头段河道护砌长800米，完成投资136万元。

是年，南运河左堤加固长1100米，完成投资52.4万元。

1996年

5月1日　水利技术推广服务中心大楼开工，于1997年9月11日竣工。该工程由静海县城乡建设委员会设计，静海县建筑总公司第三分公司承建。大楼总建筑面积3741平方米，总投资360万元，是集电教、技术推广、办公、商业开发为一体的综合大楼。

6月1日　团泊水库围堤护砌工程开工，同年7月20日竣工，护砌总长3.8千米，完成投资694.4万元。

8月初　河北省大部分地区连降大暴雨，其特点是面积大且集中。8月2—5日，河北省中南部地区降雨量超过100毫米的地方有10万平方千米，大于200毫米的地区有1.78万平方千米，大于300毫米的地区有1万平方千米，大于500毫米的地区有0.11万平方千米。径流洪水约20亿立方米，引起洪水下泄，致使地处九河下梢的静海县受到了洪水的威胁。大清河以北被淹，最高水位6.18米。洪水是1963年以来的最大洪水，静海县直接经济损失6213.4万元，淹没农田2050公顷，村庄未进水。

11月20日　副市长朱连康带领市政府办公厅、市农委和市水利局100多名机关干部到静海县参加大清河水毁工程修复义务劳动。

1997年

3月11日　静海县县委、县政府批准《静海县水利局职能配置、内设机构和人员编制方案》（静党〔1997〕39号），水利局共设9个职能科室，即办公室、人事科、党委办公室、水政监察科、规划设计科、农田水利科、防汛科、财务审计科、水利经营管理科。机关人员编制数定为50人，其中行政编制43人，事业编制7人。

3月15日　六项水毁修复工程开工，同年6月30日竣工。六项工程包括大清河右堤灌浆、大清河右堤堤顶整修、大清河苗头引水闸重建、大清河右堤猴山泵站闸重建、大清河右堤老龙湾泵站闸重建、子牙河右堤整修加固。共完成土方11.04万立方米，砌石0.18万立方米，浇筑混凝土0.1801万立方米，完成投资584万元，其中防汛维护费346万元，义务工折款23.8万元。

5月27日　团泊水库护砌工程开工，7月25日竣工。护砌长5.0千米，完成工程投资1085.1万元。

6月23日　市人大常委会主任聂璧初，副主任刘文藩、张毓环，秘书长刘惠根带领部分市人大常委视察，察看了静海县部分扬水站修复工程。

7月初　静海县西双塘高标准节水示范工程开工，同年12月20日竣工，该工程采用奥地利包尔公司生产的悬臂卷盘式大型喷灌机组2台套和天津英特太克公司生产的脉通式微喷灌机组18台套。控制面积120公顷，总投资330万元。

是年　遭遇特大干旱，全年累计降雨量294.9毫米，比往年偏小50%。

1998年

5月3日　团泊水库护砌工程开工，同年6月15日竣工，护砌长5.0千米，完成投资1081.1万元。

8月3日　市长李盛霖、副市长孙海麟带领市有关部门负责人赴静海察看旱情，检查抗旱工作。

10月1日　水建公司下属的静海县福来职工再就业批发市场建成。该市场占地1公顷，投资100多万元。

12月29日　静海县编制委员会以《关于建立静海县水政监察大队请示的批复》（静编字〔1998〕16号）批准成立静海县水政监察大队。

1999年

1月　防汛科编制印发《静海县防汛工作手册》200份。

5月　大清河右堤黄岔段护砌，护砌长630米，完成土方6400立方米，石方3352立方米，完成投资117.63万元。

12月8日　动工兴建北水南调工程（南水北调水系沟通工程），2000年9月30日竣工，静海县开挖清淤河道7.6千米，完成土方118万立方米，工程总投资1.2亿元。

2000 年

1 月 18 日　副市长孙海麟率市计委、农办、土地管理局、财政局、水利局等部门深入北水南调工程工地，察看了静海县施工现场情况，并了听取静海县工作汇报，对工程建设提出了具体要求。

8 月 6 日　静海县小型农田水利产权制度改革正式开始试点。将东滩头乡双楼、王匡两个村 4 眼深机井及设备出售给个人经营。

8 月 14 日　静海县水利局经县委、县政府批准，加挂“静海县节约用水办公室”牌子，作为管理全县城乡节约用水工作的办事机构。

8 月 31 日　副市长孙海麟、副秘书长陈钟槐到静海县察看九宣闸和马厂减河、南运河沿线封堵口门工程。

9 月 16 日　市长李盛霖检查引黄济津天津段工程进展情况，并在静海县主持召开座谈会。

10 月 13 日　实施引黄济津应急调水。从山东聊城东阿县位山闸，经三干渠、临清渠、南运河进入天津境内，是日位山闸开启放水，至 2001 年 2 月 2 日关闭，位山闸累计放水 8.53 亿立方米。静海九宣闸从 2000 年 10 月接到水至 2001 年 2 月，共收水 4.01 亿立方米。

2001 年

3 月 10 日　塘沽区、汉沽区、大港区、武清区、宁河县、蓟县、静海县水务局成立暨揭牌仪式在市水利局举行。副市长孙海麟、水利部副部长周文智出席仪式并讲话。静海县县长、县水务局局长参加揭牌仪式。

6 月　天津市委书记张立昌在梁头镇王庄子村召开解决人畜饮水困难现场办公会，把解决人畜饮水困难摆到重要议事日程，提出“着眼长远、统筹规划、分步实施、力争经过两三年努力，使天津市农村在干旱之年不再出现饮水困难”的目标。

7 月 28 日　动工兴建高家楼供水厂，同年 11 月 20 日竣工，为静海县建设的第一处农村集中供水厂。

是年　静海县被列为全市第一批解决农村人畜饮水重点县之一，静海县全面实施农村人畜饮水解困工程。

是年，团泊水库干枯，没有生产投入。

2002年

4月28日　动工兴建沿庄农村集中供水厂，同年8月1日竣工投入使用，沿庄、流庄村民实现生活用水城市化。

7月25日　静海县县委、县政府以《关于印发〈静海县水利局职能配置、内设机构和人员编制规定〉的通知》（静党〔2002〕35号）文件，明确设置静海县水利局，加挂静海县水务局和静海县节约用水办公室的牌子。县水利局（水务局、节约用水办公室）是主管全县水行政工作的职能部门。

8月5日　北水南调工程（卫河）首次向静海县调水，到8月13日8时调水结束，静海县团泊水库共收水1000万立方米。

是年，天津市仍面临缺水危机，需采取应急调水措施解决。为此，国务院决定实施引黄济津应急调水。调水线路与2000年调水相同。11月10日10时，黄河水到达静海九宣闸，至2003年1月24日，历时76天，九宣闸总收水量2.47亿立方米。

2003年

1月8日　静海县第一批农村人畜饮水解困工程通过市水利局专家组验收。第一批计划从2001年下达到2002年年底完成。完成新打更新饮水井156眼，兴建农村集中供水工程5处。

4月17日　争光渠城区段改造工程开工，8月31日竣工，全长2000米。共完成开挖土方16.8万立方米，回填土方8.79万立方米，完成浆砌石2.5万立方米，混凝土0.11万立方米。埋设两侧排污管道4200米，砌筑检测井（溢流井）131个，安装草白玉栏杆1700米，工艺铁栏杆2400米，修建亲水台阶16处，铺设混凝土彩砖6000平方米，建节制闸2座。工程总投资1420万元，其中市补资金928万元。

9月22日　为解决天津市严重缺水问题，实施引黄济津应急调水。引黄济津应急输水，流经静海县南运河和马厂减河，其中南运河为直供线路，长49千米；马厂减河为入库线路，长31千米，两线全长80千米。9月22日8时48分，黄河水到达静海九宣闸，至2004年1月5日历时107天，九宣闸收水量5.1亿立方米。

10月10日　10时32分至12日8时50分，全县普降一场大暴雨，历时46小时18分，全县平均降雨量148.8毫米，由于降雨较大，造成部分农田、养殖小区出现积水。为及时排除积水降低河道水位，从10月11日开始，先后动用了良王庄、大邱庄、大团泊、小团泊、迎丰、西钓台、管铺头7座扬水站进行排水，共排水2552万立方米，总开车时间达1948台时。10月26日农田积水得到排除，河道水位得到有效控制。

2004年

5月31日　完成全县蓄滞洪区19部防汛专用无线电台的安装调试。

7月1日　完成2003年争光渠城区段改造工程并通过验收。

8月20日　大清河左堤0＋000～0＋6000灌浆工程开工，钻孔58142米，长6000米，灌溉土方14536立方米，投资50万元。10月22日完成。

10月19日　引黄济津应急调水。自黄河下游位山闸引水，经位山三干渠至临清立交穿卫枢纽，进入河北省境内的临清渠、清凉江，经清南连接渠入南运河至天津九宣闸，一条线由南运河进入天津市区，另一条线经马厂减河进入北大港水库。自2004年10月9日9时，黄河位山闸提闸放水，10月19日9时18分黄河水到达静海九宣闸，到2005年1月25日结束，九宣闸总收水量4.3亿立方米。

2005年

1月25日　静海第二批农村人畜饮水解困工程通过市水利局专家组验收。第一批计划从2004年下达，2004年年底完成。完成新打饮水井3眼。

3月16日　静海水利大专班举行开学典礼。县人大常委会主任辛永周，县委常委、县委组织部部长刘建国，县人大常委会副主任魏宗靖，县政府副县长张忠芬、张绵生，以及市农学院、市水利局、县人事局、县教育局、县劳动局、市社会保险公司静海分公司、静海县机电学校等单位的领导和农口局各位局长参加了开学典礼。

7—11月　团泊水库首次安全鉴定工作进行。由静海县水利局委托，以中水北方勘测设计研究有限责任公司为主，天津市静海县水利局等单位参加，共同完成。2005年9月，静海县水利局组织并完成了现场安全检查，编写了《现场安全检查报告》和《运行管理报告》。2005年11月，中水北方勘测设计研究有限责任公司完成了团泊水库安全鉴定地质勘察，并完成了《工程地质评价报告》，完成了工程质量复核、工程设计复核等工作，并编写了《工程设计复核报告》《综合评价报告》及全部报告的汇总工作。通过本次安全鉴定，从工程检查、水库安全监测以及地质、设计、施工、运行等方面的复查得出以下结论：围堤堤顶高程不满足规范要求；围堤沉降、不均匀沉降；堤身裂缝较多；部分堤基存在地震液化问题；水库围堤部分堤段渗流稳定不满足要求，存在渗透破坏隐患；计算堤坡抗滑稳定满足规范要求，但堤身裂缝、塌坑等问题是堤身稳定的重大隐患；四座水闸结构老化破损、闸坝间结合不好等。根据《水库大坝安全鉴定办法》及《水库大坝安全评价导则》，综合分析该水库应定为3类坝。

8月8—9日　受第九号台风“麦莎”的影响，全县普降中到大雨，根据气象部门的预报和天津市防办的统一部署，县防办根据天气情况及时会商，周密安排，充分做好防台风“麦莎”的各项准备工作。

8月16日　全县普降暴雨，较大日降雨量出现在东双塘、良王庄、县城、中旺、梁头、子牙、独流、陈官屯、唐官屯，分别为168毫米、157毫米、150毫米、130毫米、129毫米、128毫米、114毫米、114毫米和103毫米。

9月15日　大清河光明扬水站穿堤涵闸工程开工，该工程由静海县水利局龙海公司承建。工程完成土方5684立方米，回填土方5216立方米，浆砌石714立方米，钢筋混凝土267立方米。工程总投资97万元，于2006年5月16日竣工。

11月23日　中水北方勘测设计研究有限责任公司完成《团泊水库大坝安全鉴定报告书》，并通过天津市水利局组织专家组评审和天津市水利局主管部门复核，同意确定为3类坝，并要求及时对水库进行除险加固。

12月　静海县水利局委托廊坊勘察设计院完成了水库库区内的地质勘探，并请天津市水利专家进行了适宜加深深度的论证（超深会破坏隔水层，会造成水库渗漏），经论证确定了不透水层的厚度。根据勘探成果，经计算，确定加深深度平均在1.60米左右。

2006年

3月12日　八堡节制闸修复工程开工，该工程由水利局河道所承建，节制闸为开敞式钢筋混凝土结构，安装4扇7～10米升卧式平板钢闸门，配4台2－25T卷扬式启闭机。总投资67.13万元，于6月30日竣工。

5月13日　以全国政协副主席陈奎元为团长的全国政协“大运河保护与申遗”考察团一行73人，来静海县考察唐官屯镇附近的九宣闸及南运河河道情况。天津市政协副主席王家瑜及市容委、市农委、市水利局、市规划局的负责人，县领导张俊滨及李绍峰、李义刚等陪同考察。

8月20日　由全国人大常委会委员、民建中央副主席路明挂帅组成专题调研组到静海进行专题调研。调研的重点内容是“深化改革、促进农村经济组织发展”。全国政协常委、天津市政协副主席、民建天津市委员会主委周绍熹，天津市水利局副局长王天生及市有关部门负责人参加调研。静海县领导陶润立、魏宗靖、张绵生和静海县水务局主要负责人陪同。

9月12日　独流减河右堤管铺头扬水站排水闸应急度汛工程开工建设。该工程由静海县水利局承建，总投资180万元。开挖土方6655立方米，回填7430立方米，浆砌石710立方米，混凝土1231立方米，工程于2007年6月28日竣工。

11月8日　15时，在静海县水利局五楼会议室召开“静海县水利局委员会选举出席静海县第九次党代会代表会议”。局系统副科级以上党员代表57人参加了会议，县委组织部李宗来科长参加了会议。荆学云副书记主持会议，李义刚书记作重要讲话。王新乡、唐庆云、权玉环、禹绍贵为监票人。全局225名党员推荐5名党代表候选人，进行差额选举。通过投票表决，李义刚、荆学云、贺连海、杨志霞四人当选为水利局出席静海县第九次党代会代表。

2007年

3月25日　静海县水务局以“世界水日”“中国水周”为契机，举办了为期一天的“《中华人民共和国行政许可法》培训班”。特邀天津市水利局水政处处长时春贵作有关行政许可法的报告。局属各科室、各单位参加了培训。

5月18日　天津市水利局副局长王天生来静海督导检查抗旱工作，先后到良王庄乡十里堡村管灌大棚蔬菜节水项目区和喷灌节水种植花卉园区、台头镇义和村大棚西瓜节水种植区和一堡芦笋种植区、王口镇南茁头微喷灌种植香菇区。

6月26日　黑龙港河清淤工程开工，清淤长2.4千米，清淤土方36.2万立方米，日出动挖掘机3台，运输车20辆，主汛期前全部完成。该工程竣工后，可增加蓄水能力20万立方米。

9月3日　由静海县水利局承建的迎丰渠改道工程开工建设。该工程将原迎丰渠从津盐公路与静王路交口开始，到唐津高速出口10千米进行填垫。从青年渠与迎丰渠交口开始，向西沿互助渠到生产河，转向南跨港团河和唐津高速公路后，向东再沿杨小庄北支至大屯村南与迎丰渠相接，项目包括：干渠全长17千米，支渠调头11条，交通桥重建14座；土方开挖75万立方米，土方填筑6万立方米。工程总投资5156万元。

11月6日　天津市水利局副局长王天生来静海检查指导农村饮水安全和管网入户改造工作，静海县副县长张绵生陪同。

11月22日　由天津市水利局组织的全市农村饮水安全及管网入户改造工程建设现场推动会在静海召开。静海县县委书记张俊滨、县长陶润立会见了天津市水利局领导。天津市水利局局长王宏江出席并讲话。天津市水利局副局长王天生主持会议。静海县副县长张绵生和各区县水利（水务）局负责人参加会议。天津市水利局农水处负责人就做好全市农村饮水安全及管网入户改造工程进行了安排部署。全体与会人员深入静海镇韩家口村除氟降盐供水站、台头集中供水厂和集中除氟降盐站、王口集中除氟降盐供水站、西双塘集中供水厂进行了实地察看。

12月19日　西双塘农村集中供水厂开始给西双塘、周家院、杨家园、增福堂4个村供水。

2008年

1月4日　由静海县水利局接管的大邱庄污水处理厂开始运营。大邱庄污水处理厂于2006年9月开工建设，2007年底完工，该工程建设投资为2812.56万元，工程设计规模为1.5万吨每日，主要为处理工业污水而兴建，以去酸除色为目的。至2008年1月4日累计开启流程时间为280小时，累计处理污水量为78400吨，经过专业人员检测，处理后的出水指标符合国家工业二级排放标准。大邱庄污水处理厂的兴建是彻落实县第九次党代会提出的“生态立县”战略举措之一，对改善大邱庄周边水环境具有重大意义。

1月17日　水利部部长陈雷一行在津走访慰问基层水利职工，考察市农村饮水安全及管网入户工程。副市长只升华陪同慰问考察。县领导张俊滨、张绵生及静海县水务局李义刚等陪同。17日下午，深入王口集中供水厂和除氟降盐站，对工作在一线的干部职工表示慰问。

3月19日　静海县农村饮水安全工程饮水桶发放仪式在中旺集中除氟降盐站举行，副县长张绵生，水利局、中旺镇等部门的负责人参加。本次发放饮水机、饮水桶共有33819台套，涉及王口、中旺、台头等11个乡镇，72个村，33819户，86522人，总投资878万元。

4月9日　以水利部国科司司长高波为组长的病险水库除险加固工程专项检查组一行到津，对市列入国家规划的病险水库除险加固工程进行检查。天津市水利局局长朱芳清，静海县副县长刘家兴陪同检查。

5月23日　副市长李文喜带领市有关部门负责人深入静海县检查农田水利工作，对王口农村集中供水工程和台头镇姜家场林间蘑菇微喷节水工程进行了实地查看，并听取了静海县关于农田水利建设的情况汇报，县委书记孙文魁、县长陶润立、县委常委县委办公室主任张希峰、副县长张绵生及县水利局党委书记、局长李义刚陪同。

6月25日　蔡公庄镇四党口农村集中供水厂工程竣工，该工程于2007年8月开工建设，2008年3月开始续建，该工程竣工后，惠及9个村，2695户，9234名农村居民。

8月21日　由水利部“948（引进国际先进农业科学技术计划）”管理办公室、市水科所、市地资办、市农水处组成的“含氟苦咸水饮用安全技术”专家验收组，对静海县水务局负责实施的中旺集中除氟降盐供水站所引进的“948”科研项目进行了验收。验收组现场察看了工程建设与运行情况，查阅了相关资料，听取了工程建设的技术报告与工作汇报。验收专家组一致认为，静海县水务局实施的农村饮水安全工程与水利部“948”科研项目相结合，所建设的中旺集中除氟降盐供水站工程，建设项目全面完成了合同规定内容，达到了预期考核目标，经费使用符合有关规定，提交的验收资料齐全，符合验收要求，通过专家组验收。“948”工程的实施，结束了该项目区内农民长期喝高氟水和苦咸水的历史。不仅使中旺、蔡公庄 2 个镇、14 个村、7596 户、1.7 万农民喝上安全水，而且也方便了农民用水，深受当地农民的欢迎。

8 月 29 日　王口镇丁村路竣工。该路是从丁家村至津涞路，全长 2.3 千米，投资 164.4 万元。该路的竣工标志着 2008 年静海县水利局实施的蓄滞洪区安全建设全部完成。2008 年静海县水利局实施的防洪撤退路共 6 条，分别是王口镇丁村路、苗头路；陈官屯镇吕官屯路、大良路；梁头镇于邓路和台头镇黄岔路，工程总长 10.6 千米，总投资 805.5 万元。防洪撤离路工程是静海县水利局实施的民生工程之一，不仅为当地居民群众分洪运用时提供安全撤离保障，而且方便了百姓的日常交通，对辖区内群众的生产生活和经济发展起到了积极的促进作用。

9 月 20 日　沿庄镇大黄洼农村集中供水厂开工建设。该工程总投资 567.69 万元，铺设主管道 46648 米，支管道 106811 米，安装变压器 1 台、新打深机井 1 眼、建设管理厂房 375 平方米。该工程竣工后，可解决大黄洼、小黄洼、东港等 9 个村、6300 户、1.2 万人饮水不方便问题。

11 月 8 日　团泊水库除险加固施工围堰填筑工程开工建设。当天出动挖掘机 4 台、推土机 2 台，分别从东西水库大堤开始施工。该工程投资 2505.52 万元，施工围堰两端点连线基本平行于水库南围堤，距水库南围堤约 4280 米，围堰总长 4560 米，占地宽度约 45 米，为曲线型布置，围堰填筑堤顶高程 5.3 米，坝高约 3.5 米，顶宽 12 米，两侧边坡为 1∶4，最高档水位 3.8 米，水深 2.0 米，该工程于 2008 年 12 月 30 日竣工。

12 月 5 日　水利部稽查督导组对列入国家专项规划的团泊等病险水库除险加固工程进行稽查督导。天津市水利局副局长王天生、静海县副县长张绵生等有关部门负责人陪同检查。

12 月 15 日　青年渠、港团河清淤工程竣工。该工程于 2008 年 9 月 5 日开始施工，工程共分 21 个施工组，分 2 期进行，共投入挖掘机 90 台、泥浆泵 20 台、推土机 24 台。该工程清淤长度 17.6 千米，其中青年渠治理长度 10.3 千米，从迎丰渠路口开始至太平村桥，港团河治理长度 7.3 千米，从大邱庄扬水站开始北至尚码头节制闸。清淤总土方及泥浆 104.2 万立方米。通过河道清淤整治建设，不仅确保了青年渠、港团河两条河道的输水通畅，提高了干渠的过水能力，同时有效地改善了大邱庄及周边地区的水环境，为该地区经济可持续发展创造了良好条件。

2009 年

1月19日　国家发展改革委、水利部规划司、农水司、中国灌溉排水中心联合组织召开了全国大型灌溉排水泵站更新改造项目前期工作会，将静海县运东地区中的7座泵站列入水利部编制的《全国大型灌溉排水泵站更新改造规划》中。7座泵站包括薛庄子泵站、大邱庄泵站、良王庄泵站、四党口泵站、钓台泵站、团泊洼泵站以及争光泵站共7座，设计总流量为157.3立方米每秒，装机13900千瓦，机组49台，控制排涝面积504.3平方千米。按照水利部要求，本次更新改造设计保持原规模不变。

3月20日　水政执法人员在静海县第二中学组织了“水法律法规进校园”宣传活动，与几百名学生齐聚一堂，通过宣传讲解、发放宣传材料、发放宣传挂图、解答咨询等形式，向学生们介绍了静海县水利基本情况、水利工程情况、水法律法规、节约用水小常识等知识。

4月5日　静海县蓄滞洪区防洪撤退路工程全面开工，施工单位抓住雨季前施工的有利时机，精心组织，合理安排，加快工程进度，在保证施工质量的前提下，于6月17日全部竣工。蓄滞洪区防洪撤退路是蓄滞洪区安全建设的一项重要基础设施，是保障蓄滞洪区启用时群众快速撤离的通道。2009年修建的防洪撤退路涉及贾口洼的滩黄路（东滩头至大黄洼）和东淀的老龙湾路（津霸路至大清河老龙湾扬水站），总长5.798千米，工程总投资484万元，其中争取中央和市级资金323万元。

4月14日　大清河右堤护砌工程开工。护砌工程位于大清河右堤台头卡口段，桩号为0＋650～1＋000，长350米，土方开挖3611立方米，土方回填1016立方米，浆砌石1739立方米，碎石垫层425立方米，工程总投资82.6万元。本次护砌砌石厚度40厘米，碎石垫层下铺300克每平方米土工布，工程于5月30日竣工。

4月22日　静海县人大主任高凤阁带领县人大有关负责人深入静海县水利局检查指导水利工作，听取了水利局近年来的重点工作情况汇报，县人大副主任魏宗靖、高仲恒、李广琦、刘国英，副县长张绵生一同参加听取了汇报。局党委书记、局长李义刚利用多媒体的形式从农业节水工程建设、农村饮水安全和集中供水工程、水环境河道综合整治工程、防汛抗旱工作、节约用水及水行政执法工作和水系规划等六个方面汇报了近几年的工作情况，同时提出了水利工作中存在问题及2009年重点水利工作任务。

5月8日　大邱庄雨季应急排水工程开工建设。该工程包括建设排水泵站1座、跨青年渠倒虹吸 1 座、建科技道涵洞 1 座、建跨支渠渡槽 4 处、输水管道 2 千米。6 月 18 日工程竣工。

5 月 26 日　人民日报、新华社、新华网、中央人民广播电台、光明日报、经济日报、科技日报、农民日报、中国经济导报、第一财经日报、中国水利报和水利部办公厅等 15 家新闻媒体和部门组成“节水中国行”采访团，到静海县参观采访。采访团先后参观采访了静海县王口镇西岳庄林下微喷灌工程节水项目区和台头镇义和村冷棚西瓜管灌工程节水项目区。

6 月 18 日　静海县召开了防汛抗旱指挥部 2009 年第一次成员（扩大）会议，副县长张绵生出席并讲话。县防汛指挥部全体成员、各乡镇乡镇长和部分驻静单位参加，会议通报静海县 2009 年防汛责任制名单，并对静海县 2008 年的防汛抗旱工作进行了简要总结，分析了 2009 年防汛抗旱工作面临的形势，就防汛工作存在的问题提出了 2009 年防汛工作的目标和任务。

7 月 22—23 日　静海县发生强降雨，平均降雨量为 67.2 毫米，部分地区达 102 毫米。由于降雨时间短、强度大，使运东排干、六排干、七排干等渠道水位迅速升高，为及时降低渠道水位，防止沥涝发生，静海县水务局 7 月 23 日相继开启了良王庄扬水站、管铺头扬水站、小团泊扬水站的 12 台机组排水，截止到 24 日晨共排沥水 68.67 万立方米。

10 月 15 日　静海县八堡、大邱庄、良王庄三座泵站更新改造工程开工。三座泵站设计总流量 87.9 立方米每秒，控制排水面积区共 322.4 平方千米。其中八堡站设计流量 21.7 立方米每秒，控制排水面积 108.7 平方千米；大邱庄站设计流量 42 立方米每秒，控排水面积 135.1 平方千米；良王庄站设计流量 24.2 立方米每秒，控制排水面积 78.6 平方千米。三座泵站更新改造工作总投资 6418.4 万元，主要建设内容包括：更换部分水泵机组和主要机电设备，以及对泵站主副厂房和进出水建筑物进行加固维修，并对院区进行环境改造与绿化。

10 月 21 日　第十次引黄济津应急输水，自 2009 年 10 月 21 日 12 时天津市九宣闸开始收水，至 2010 年 2 月 28 日 18 时，南运河总收水 2.59 亿立方米。

12 月 30 日　管网入户改造工程完成投资 6742 万元，建成王口堂上、杨成庄大寨、大丰堆岳庄子、西翟庄尚码头、台头镇三堡、良王庄府君庙、独流镇、唐官屯夏庄子 8 处集中供水厂和王二庄、小黄庄、焦庄子、大丰堆村 4 个单村供水工程，解决 122 个村、13.8 万人的饮水不方便问题。

12 月 30 日　农村饮水安全工程完成投资 1750 万元，建成后明集中除氟降盐供水站和梁头、大庄子两处集中供水厂，解决 49 个村、5.7 万人的饮水不安全问题。

2010 年

3 月 5 日　静海县水利局认真落实县市容环境综合整治动员大会精神，迅速启动穿城河道环境卫生治理工作。组织职工 135 人，出动挖掘机 5 台，运输车 24 辆，对南运河穿城段的垃圾进行了集中清理，对运东排干穿城段的排污口进行了排查。

3 月 16 日　静海县实施行政机构改革，县委、县政府以《关于印发〈静海县政府机构改革实施方案〉的通知》（静党发〔2010〕13 号）文件，明确组建水务局为政府工作部门，将水利局的职能、建设管理委员会涉水事务管理的职责整合划入水务局，不再保留水利局。静海县水务局接管建委市政排水人员 23 人。

6 月 17 日　城区骤降暴雨，降雨量达到 68 毫米，由于降雨时间短、强度大，县城多处地区积水严重。由防汛、水政、排水、河道等部门 80 余名职工组成的城区排水防汛抢险队冒着大雨，按照责任分工迅速到达各责任地段，清理城区道路雨水箅子上的漂浮物及杂物、打开雨水井盖排水。及时开启 5 台应急排水泵，强排积水，到 20 时，城区道路 16 处积水全部排除。

6 月 22 日　召开了静海县 2010 年第一次防汛指挥部成员扩大会议，全面部署 2010 年的防汛抗旱工作，18 个乡镇、指挥部成员单位参加会议。

6 月 27 日　6 时，静海县水务局局机关科室及水政大队开始搬迁，从东方红路 37 号，搬至东兴北道 1 号恒兴钢业集团办公楼办公，水利技术服务中心搬至河道所办公。6 月 29 日 9 时 6 分，在新办公地点举行挂牌仪式，局领导班子、正科长参加仪式。局属搬迁的单位也在同一时间举行了挂牌仪式。

7 月 28 日　静海县委书记孙文魁、副县长张绵生等县领导带队检查了大清河分洪口门、子牙河锅底分洪闸、独流减河进洪闸和八堡、良王庄、大邱庄三座扬水站等工程设施，听取了静海县防汛准备工作汇报。

8 月 6 日　拆迁公司进场拆原水利局机关办公楼（东方红路 37 号），8 月 30 日机关办公楼拆完，9 月 17 日房管局验收拆楼合格。

9 月 3 日　成立静海县第一次全国水利普查领导小组。组长由副县长张绵生担任。副组长由县水务局局长、县统计局局长、县政府办公室副主任担任。成员由县委宣传部、县发展改革委、县财政局、县规划局、县城乡建委、县环保局、县农委、县水务局、县统计局、县人武部有关领导担任。

10 月 9 日　团泊水库除险加固专项规划督导会在静海县召开。静海县县长陶润立、水利部海委副总工丁则平、市水务局副局长王天生、县水务局局长李义刚及有关部门负责人和专家出席会议。水利部海委、市水务局领导和专家到静海县团泊水库除险加固工程施工现场进行了检查指导，县水务局主要负责人对团泊水库除险加固工程开展实施情况做了汇报。

10 月 22 日　第十一次引黄济津应急调水，九宣闸开始收水。至 2011 年 4 月 11 日，九宣闸共收水 4.34 亿立方米。

10 月 25 日　静海县委、县政府以《关于印发〈静海县水务局主要职责内设机构和人员编制规定〉的通知》（静党〔2010〕77 号）文件，明确组建静海县水务局（简称县水务局），加挂静海县节约用水办公室的牌子。将县水利局的职责、县建设管理委员会涉水事务管理的职责整合划入县水务局，不再保留县水利局。县水务局是负责全县水行政工作的县政府工作部门。

10 月 31 日　团泊水库除险加固工程完工。该工程于 2010 年 3 月 16 日开工，工程包括拆除重建小团泊泵站 1 号涵闸、大邱庄泵站机蓄闸、管铺头泵站机蓄闸、管铺头低引水闸，胡连庄引水闸拆除复堤，新建小团泊低引水闸。围堤 25.925 千米加固，其中，13.8 千米原护砌段高程 4.5 米以上护砌维修，高程 4.5 米处设 5 米宽平台，平台以下为土坡，东、南堤 1∶10，西堤 1∶15。完善监测设施。完成投资 5108 万元。

11 月 9 日　静海县水务局以《关于静海县第一次全国水利普查工作选聘普查指导员、普查员通知的函》（静水函〔2010〕12 号）通知选聘静海县第一次全国水利普查指导员、普查员。

11 月 23 日　团泊水库除险加固工程验收。

第一章

水利环境

静海县位于天津市西南部，属暖温带湿润大陆性季风气候，主要气候特征是季风显著，四季分明，地形较平缓，总地势呈西南高、东北低。静海地理位置优越，是辐射内地的重要通道，京杭大运河之南运河贯穿静海全境。静海县地处海河流域下游，境内河流渠道众多，一级河道 6 条，二级河道 2 条，干渠 36 条，大（2）型水库 1 座，蓄滞洪区 4 个，由于特定的自然地理条件，造成静海县历史上多次遭受洪涝、干旱危害。治水和管水任务更具艰巨性和复杂性。

第一节 自然环境

一、自然地理

静海县位于海河流域下游天津市西南部，东经 116°42′～117°15′，北纬 38°35′～39°04′。东西宽 47.25 千米，南北长 54.40 千米。东临天津市滨海新区大港，北靠天津市西青区，西部、南部分别与河北省大城县、青县、黄骅市接壤，全县总面积 1414.9 平方千米。静海县地理位置优越，近邻北京，又是天津滨海新区连接“长三角”“珠三角”辐射内地的重要通道。距北方重要港口天津港和天津国际机场分别为 70 千米和 60 千米。京杭大运河之南运河贯穿静海全境。津浦铁路穿越静海南北，京沪、津沧、荣乌、唐津高速公路等 14 条省际公路在静海境内达 595 千米，是北上京津，南下江浙的必经之地，11 条县级公路在境内形成纵横交错、四通八达的交通网。

（一）地形地貌

静海县为平原地貌类型，按其成因又可分为洼地冲积平原和滨海平原两部分。南运河以西为黑龙港洼地冲积平原，南运河以东属于滨海平原。境内地貌类型主要有浅碟形洼地、平地、古河床高地、微高地、河堤、渠堤、库堤及河槽、道等。堤埝纵横交错，洼地星罗棋布，境内共有一级河道 6 条，二级河道 2 条，干渠 36 条，大（2）型水库 1 座。河流属海河水系，多为季节性河流。河堤主要有子牙河大堤、南运河大堤、独流减河大堤、马厂减河大堤、黑龙港河大堤。洼地主要有团泊洼、文安洼、贾口洼、东淀。

静海县的地形比较平缓，总地势呈西南高，东北低。自然坡降为 1/10000。全县地面高程一般在 4.0 米以下，为典型的低平原。最高地面在本县西南端小河村附近，高程

7.0 米；最低地面在团泊水库库区北端，高程为 2.4 米。地形平缓，适于现代化农业的机械化耕作，但地势低洼，易生涝灾。

（二）土壤作物

1. 土壤

静海县土地分为 1 个土类，3 个亚类，15 个土属，66 个土种。1 个土类即潮土，3 个亚类即典型潮土、盐化潮土、湿潮土。

潮土是静海县境内主要土壤，分布呈现出由古河两侧向大洼中心土壤变湿、质地加重的规律。大部分土地可耕性好，其中农耕地 7.44 万公顷，占总面积的 72.4%，人均占有耕地 0.16 公顷，是全国人均占有耕地的两倍多。按全国的标准划分，二、三级地占全部（农、村、荒）可耕地的 74.37%，粮食单产在 100 千克以上，最高可达 300～350 千克。静海县通过大搞农田基本建设，兴建水利工程，改土治碱，土质有明显改观。

典型潮土。典型潮土分为 4 个土属，16 个土种，面积 6.85 万公顷，占总面积的 61.4%主要分布在河流及古河道两侧。全县分布面积较大的地方有独流、陈官屯、双塘、静海等乡镇及台头的东淀和良王庄乡的莲花淀等较高地区。在近代河流冲击母质上，经过耕作熟化发育而成。土质绝大部分为壤土，通体石灰反应 pH 值在 8.0 以上，芯体有锈纹绣斑。有良好的耕性，保水保肥能力强，适宜种植粮食和蔬菜。

盐化潮土。盐化潮土分为 7 个土属，31 个土种，面积 300 平方千米，占总面积的 22%。静海土地在成陆过程中，经历过数次海进海退，加以晚期河流纵横，分割封闭，排水不畅的地理环境形成历史上的低洼盐碱地区。由于地势坦荡低平，地表水与地下水排泄不畅，地下水的埋藏深度大多在 1.5 米左右。地下水矿化度高达 10 克每升以上，土壤有明显的盐渍化现象。在洼淀边缘和河道两侧均有大小不等的盐化潮土分部。以府君庙以东陈官屯以南，津浦铁路两侧面积最大。盐化潮土是以积盐过程为主要成土过程的土壤类型，旱季返盐特别明显。多呈碱性反应，pH 值为 7.5～8.5。此类土壤大部分含盐量较高，保水保肥性差。在地下水位和矿化度都较高的情况下，土壤盐渍程度较重。

湿潮土。湿潮土分为 4 个属，19 个土种，面积 207 平方千米，占总面积的 15.7%。主要分布在地势洼，排水条件差，地下水埋深较浅的地方。土质普遍偏黏，因长期受水分作用的影响，土色均较灰暗。湿潮土耕性不良，适耕期短，湿犁易起泥条，干犁易起坷垃。土壤成土晚，熟化程度低，土壤的水、肥、气、热难以协调，有沥涝威胁。在利用改造上，关键在于加强排水和改善土壤耕性，促进土壤熟化，以调动潜在养分的有效性。

2. 农作物

静海主要农作物。粮食作物主要有小麦、玉米、高粱、黄豆、绿豆、红小豆等。蔬菜作物主要有大白菜、黄瓜、萝卜、菠菜、西红柿、芹菜、豆角、茄子、蘑菇等。青麻叶大白菜质嫩味美，历史上曾作为贡品进献皇宫。果树资源共十几种，主要有小枣、蜜桃、苹果、鸭梨等。金丝小枣是静海的特产。家种药材共40余种，主要有枸杞、生地、菊花等。

二、气象水文

（一）气候特征

静海县属暖温带半湿润大陆性季风气候，季风显著，四季分明。春季干旱多风少雨，夏季炎热雨量集中，秋季昼暖夜凉温差较大，冬季寒冷干燥少雪，多年平均气温11.8℃。降雨有明显的季节性。

春季多风少雨，每年春季旱情严重，夏季降雨集中，极易形成沥涝，由于春季干旱，对农业生产影响较大。

（二）气温与地温

静海县阳光充足，年平均日照时数为2699小时。年平均气温为11.8℃，最热为7月，月平均气温为26.2℃，最冷为1月，月平均气温为－4.8℃。

（三）降水

由于受地形影响，时空分布不均，且年际变化较大，全县最大年降水量702.3毫米（1995年），最小年降水量214.4毫米（1999年）。多年平均降水量431.72毫米。降水绝大部分集中在汛期6—9月，占全年降水量的82.3%。

（四）蒸发

根据静海气象站蒸发观测资料，多年平均蒸发量1812.5毫米，蒸发量是降水量的4倍，其中5月蒸发量最大，多年平均蒸发量310.8毫米。

三、社会经济

（一）行政区划及人口

1993年11月，静海县大邱庄撤村建镇。1998年，全县共有28个乡镇，其中17个乡，11个镇。2001年8月，在原有28个乡镇基础上进行区划调整，撤乡并镇。截至2010年年底，县域面积1414.9平方千米，耕地面积7.44万公顷，辖静海、独流、唐官屯、王口、子牙、沿庄、台头、大邱庄、团泊、大丰堆、蔡公庄、西翟庄、双塘、陈官屯、梁头、中旺16个镇和良王庄、杨成庄2个乡。共384个行政村、35个居委会。全县人口56.16万人，其中农业人口45.09万人。2010年出生8802人，出生率15.7‰；死亡4916人，死亡率8.8‰；人口自然增长率6.9‰。人口中汉族占主体，另有蒙古、回、藏、苗、彝、布依、朝鲜、满、白、瑶、土家、傣、黎、土、傈僳、达斡尔、锡伯、鄂温克18个少数民族。

（二）区域经济

1. 农业

2010年，静海县农作物播种面积7.44万公顷，其中粮食作物5.61万公顷，经济作物1.83万公顷。粮食总产31591.80万公斤。种植棉花1.14万公顷，总产籽棉3493万公斤；种植蔬菜0.56万公顷，总产3.30亿公斤。秋季小麦种植0.66万公顷，玉米、棉花良种种植4.20万公顷。全县农业总产值完成31.95亿元。在农业总产值中，种植业产值16.78亿元，林业产值1.37亿元，牧业产值11.52亿元，渔业产值2.28亿元。

2. 工业

2010年，静海县完成工业固定资产投资项目449项，累计投资115亿元，比2009年增长43.80%。其中新上项目313个，投资95.7亿元；技改项目136个，投资19.3亿元。组织推进的65个县级以上重点工业投资项目，实际实施57个（投产半投产32个、在建25个），累计完成投资38.4亿元，占全县工业固定资产投资总额的33.4%。组织实施的65个重点工业投资项目涉及8个行业，其中新产品项目占38%，装备制造业项目占43.08%。至2010年年底，全县储备1000万元以上工业项目35项。

3. 商贸旅游服务业

2010年，静海县第三产业实现增加值55.5亿元，比2009年增长28.4%；固定资产投入110亿元，增长60.1%；社会消费品零售额52亿元，增长20.9%，新批外资企业10个，增资项目9个，合同外资额1亿美元，实际到位1亿美元；进出口额15亿美元，增长28%，实现外资进出口总额23.4亿美元。全县外贸出口企业188个项目申报中小型企业国际市场开拓资金，共计260万元。6家农产品龙头企业申请贷款贴息150万元。家电下乡销售额6665.10万元，销售34163台，农民享受补贴971万元。

（三）文化建设

全县有文化馆及乡镇文化站8个，公共图书馆1个，学校及乡村图书馆439个。全县有晨、晚练站（点）30处，每天相对稳定参加活动人数3600人，各站（点）配置社会体育指导员558人。2010年举行大型群众体育活动5次，参加活动7200人。县青少年业余体校在校生180人，年内在市级及国家级各项比赛中获金牌59块、牌43块、铜牌51块。

第二节　河　流　水　系

静海县地处海河流域下游，境内一级河道6条，即大清河、子牙河、南运河、独流减河、马厂减河、子牙新河。河道总长179.18千米，堤防总长285.885千米。分属海河流域的大清河水系、子牙河水系、漳卫南运河水系。二级河道2条，即黑龙港河和青静黄排水渠，河道长42.16千米。境内开挖干渠36条，渠道长555.9千米。

一、一级河道

（一）大清河

大清河流域面积4.1269万平方千米。大清河由南、北两大支流组成。大清河源于太行山东麓，上游分为南、北两支，北支为白沟河水系，南拒马河和白沟河在高碑店市白沟镇附近汇合后，称大清河，除少量洪水经白沟河引入白洋淀外，大部分洪水经新盖房分洪道和大清河故道入东淀；南支为赵王河水系，各河均汇入白洋淀，洪水经调蓄后，由赵王新河、赵王新渠入东淀，下游经独流减河和海河干流入海。大清河在静海县台头镇西入境至独流减河进洪闸上子牙河汇流口，境内的河道长15.08千米，堤防长24.453千米，其中左堤长9.103千米，左堤堤顶高程8.3～6.05米，堤顶宽7～5米，边坡比为1∶4；右堤长15.35千米，右堤堤顶高程8.51～9.0米，堤顶宽8～10米，边坡比为1∶4。大清河台头镇以下河段设计流量200立方米每秒，校核流量400立方米每秒，堤距180～400米；县界以上文安段，河底宽75米，堤距400米，设计流量800立方米每秒；县界至台头村东2千米，河道底宽20米，堤距180米，形成卡口，深槽过流为200立方米每秒。

（二）独流减河

独流减河是海河西系洪水入海的主要行洪河道，属大清河系，始挖于1953年，独流减河上起进洪闸，下抵万家码头，河道长43.5千米，设计流量为1020立方米每秒，洪水到万家码头后，漫流入海。1968年冬至1969年春独流减河扩挖，上起进洪闸，下至独流减河防潮闸，河道长67.88千米，设计行洪能力3200立方米每秒。1992—2008年天津市开展防洪圈建设，独流减河作为防洪圈的南部防线，进行了河道清淤、扩建和左堤培厚。2008年独流减河进洪闸完成除险加固工程，独流减河行洪能力提高到3600（校核）立方米每秒。

独流减河是静海县与西青区的界河，静海县境内管理段只有右堤，从进洪闸至滨海新区大港界，河道长38.64千米，堤顶宽8～12米，堤顶高程9.0～7.5米。

（三）子牙河

子牙河位于海河流域中南部的大清河与南运河水系之间，上游有滹沱河、滏阳河两河汇流于河北省献县枢纽为起点，设计流量300立方米每秒，校核流量为600立方米每秒。在静海县小河村入境，流经静海县的沿庄、子牙、王口、台头、独流等乡镇，至独流减河进洪闸上与大清河汇流口。县境内河道长42.24千米，堤防长80.213千米。左堤南起文、静县界，北至坝台村，长37.113千米，坝台村以下至进洪闸称子牙河左埝。右堤南起小河村北至进洪闸，长43.1千米。堤顶高程10.52～7.56米，堤顶宽5～7米。

（四）子牙新河

子牙新河与子牙河同源，是一条单独入海的河道，属子牙河系。1966年冬至1967年春开辟的入海河道，以漫滩行洪为主。该河始于献县枢纽南支，流经静海县中旺镇，至滨海新区马棚口入海，全长143.35千米，左堤长143.38千米，顶宽10米，背水面的边坡1∶3，迎水面设计洪水位以上边坡1∶3，以下边坡1∶5。右堤长143.33千米，堤顶宽10米，两边坡均为1∶3，深槽南侧，滩地埝顶宽4米，东坡1∶5。流经静海县中旺镇，静海只有左堤3千米防守任务。

子牙新河为复式河床，主槽靠北侧，主槽设计流量300立方米每秒，校核流量600立方米每秒，超过600立方米每秒时滩地行洪，滩地行洪设计流量为6000立方米每秒，校核流量为9000立方米每秒，相当原子牙河泄洪能力的20倍。南北两堤平均距离2.5千米，行洪滩地设计水深平均4米，校核水深平均5米。

（五）南运河

南运河是京杭大运河的一部分，起于四女寺枢纽，由梁官屯村进入静海县境，流经唐官屯镇、陈官屯镇、双塘镇、静海镇、独流镇、良王庄乡等乡镇，110余个村庄，至十一堡上道闸止，境内段河道长49.02千米。设计流量为30立方米每秒。由于县段内河道淤积严重，2010年只能过流量20立方米每秒左右。南运河县境段左堤长47.84千米，堤顶宽4～7米，堤顶高程10.2～7.8米。右堤长49.02千米，堤顶宽4～7米，堤顶高程10.8～8.0米。南运河水主要来自其上游的漳河与卫河，即漳卫南运河水系。

南运河历史悠久，历代疏修几易其名。东汉建安十一年（公元206年），曹操北伐乌桓，为便于运粮，开挖了平虏渠，大体相当于南运河从青县到独流之间的一段。隋大业四年（公元608年），隋炀帝修运河，“南开沁水（卫河），北抵涿郡（北京）。”县境内独流以下的南运河段形成，更名永济渠。隋炀帝乘龙舟沿永济渠抵涿郡，因御用，静海境内的大运河又名御河。1292年，运河全线贯通，并称京杭大运河。其间，以天津三岔河口为界，南为南运河，北为北运河，静海境内的大运河称为南运河。明清时期因漕运繁盛又名漕河。

历史上南运河主要功能为行洪、排涝、航运和灌溉。20世纪70年代以后，由于上游来水减少，断流时间增加，失去航运作用，已成为季节性河流。

为保护南运河，近20年天津市委、市政府对南运河进行了多次治理。2002年为调节流量在南运河于马厂减河的分流处建南运河节制闸，过流50立方米每秒。2009年，市水务局启动外环线以外29条河道水环境治理工程建设，南运河是29条河道之一；按照水系工程治理与水生态保护并重、水环境改善与水文化建设并举的原则，2010年实施了南运河静海县城南段治理工程，从静海镇三街桥至双塘镇杨家园村，全长7.7千米。投资1666.54万元，清淤土方46.84万立方米，绿化堤防7.7千米。

自20世纪70年代至2010年，为解决天津市水资源不足问题，南运河实施了11次引黄济津调水，静海县南运河段为直供线路。结合每次引黄济津工程静海县水利（水务）局对南运河段进行大规模的清整。清垃圾、清杂草、清高秆作物，封堵污水口门等，有效地改善了河道环境。

南运河作为古代联结南北经济的运输线、生命线，不仅在历史上发挥了重要作用，而且也养育了沿岸百姓，沿河百姓除利用运河灌溉农田、发展水上运输、打鱼捞虾外，沿河湿地盛产的芦苇等也成为百姓谋生的重要资源，苇席、苇编业在天津经济中一直占有一定的比重。驰名中外的天津大白菜、天津冬菜、独流老醋、沙窝萝卜等都与南运河水有着密切的关系。现在，南运河作为保证天津城市工业、生活用水的重要通道，在“引黄济津”中依然发挥着重要的保障作用。

（六）马厂减河

历史上南运河水灾严重，李鸿章任直隶总督期间，为减轻南运河洪水对天津的威胁，曾亲沿南运河考察水情，提出在静海以南的靳官屯开挖一条直达海口的减河，以利泄洪，并命驻守马厂的淮军总兵周盛传部三十余营承担此项工程。清光绪元年至六年（1875—1880年）分段挑浚完并被命名为“南运减河”，亦称“马厂减河”。为防止南运河水倒灌，在靳官屯修筑了九宣闸水利设施，李鸿章亲书《南运减河靳官屯闸记》，此碑至今在九宣闸北保存完好。马厂减河的开通，一方面解决了南运河泄洪问题，同时又解决了津南广大地区用运河水刷碱开荒问题，更解决了移驻小站地区淮军周盛传部屯田种粮问题，正如李鸿章在《南运减河靳官屯闸记》中所说：“一举而三善备焉。”驰名中外的天津“小站稻”，正是由于马厂减河的开通而培育出来的。

1953年独流减河开挖工程告竣，马厂减河被割成上下两段，上端自九宣闸至独流减河右堤尾闾，长40.34千米。下段自独流减河左堤万家码头至塘沽新城西关闸入海河。静海县段为上段，起于九宣闸，下抵马圈节制闸，河道长31.2千米，行洪能力110立方米每秒，左堤为团泊洼与唐家洼隔淀堤防，堤顶宽8～10米，堤顶高程10.2～7.8米，长31.179千米。右堤静海县分两段，即桩号0＋000～3＋000、桩号13＋680～22＋220，共11.54千米，堤顶宽8～10米，堤顶高程9.5～9.0米。由于马厂减河堤防下降，河道淤积，实际流量只能达到70～80立方米每秒。

一级河道工程汇总见表1-2-1。

表1-2-1 **一级河道工程汇总表**

河道名称	防洪标准/年	堤防长度/千米	堤防级别	河道长/千米
大清河	50	24.453	2	15.08
子牙河	50	80.213	2	42.24
独流减河	50	38.640	2	38.64
南运河	50	96.860	2	49.02
马厂减河	50	42.719	2	31.20
子牙新河	50	3.00	2	3.00
合计	—	285.885	—	179.18

二、二级河道

（一）黑龙港河

黑龙港河是漳河、滹沱河故道，位于子牙河和南运河之间，清朝前就是黑龙港地区最大的排沥河道，上游有西、中、东、本支之分。西支源于献县城关，流经献县、沧县、青县三县境，在青县东空城村与本支相汇，河道长90千米。中支又名朱家河，源于献县淮镇，经沧县、青县，在青县东空城村与本支相汇。东支又名陈圩河，有新陈圩河、老陈圩河和策白渠三渠，均起于沧县，于青县孝子墓汇流后称黑龙港河东支，于青县张广王村东与本支汇流。本支自齐河县三岔河口至天津静海县境内贾口洼内谷庄子村，流经河间县、沧县、青县、静海四县，河长119千米。黑龙港河在静海县东港村入境，北行至八堡扬水站入子牙河，境内段长32.86千米，堤内距60～200米，东港至静瓦路段底宽35～40米，静文路至八堡节制闸段底宽20米，过流50立方米每秒。

（二）青静黄排水渠

青静黄排水渠位于县境南部，全长46.9千米，由青县、黄骅县、静海县三县于1955年联合勘测施工，排泄三县沥水，由三县共同管理。静海县管辖河段只有9.30千米，流经中旺镇大庄子村、团瓢村、小齐庄村。渠道口宽 70 米，底宽 44～50 米。两岸小埝高 6.0～6.5 米。

二级河道汇总见表 1-2-2。

表 1-2-2 **二级河道汇总表**

序号	河道名称	河道长/千米	堤防长/千米	设计流量/立方米每秒	设计蓄水量/万立方米
1	黑龙港河	32.86	65.72	50	554
2	青静黄排水渠	9.30	18.60	182	265
合计		42.16	84.32	232	819

三、干渠

20 世纪 70 年代初期，静海渠道建设基本定型，灌排渠系底部高程相近，又开挖了一定的连接渠，使干渠相通泵站联用，初步形成深渠河网，对旱涝碱兼治提供了有利条件。截至 2010 年，全县开挖疏浚干渠 36 条，总长 555.9 千米，见表 1-2-3。

表 1-2-3 **干渠汇总表**

序号	河道名称	河道长/千米	堤防长/千米	设计流量/立方米每秒	设计蓄水量/万立方米
1	争光渠	44.84	89.68	16	142.0
2	运东排干	39.50	79.00	18～24	187.6
3	迎丰渠	31.90	63.80	16～21	163.0
4	六排干	12.90	25.80	24	108.4
5	七排干	9.80	19.60	20	75.5
6	青年渠	22.40	44.80	20	215.3
7	东连接渠	13.20	26.40	16	26.0
8	西连接渠	12.00	24.00	8	17.0
9	王口排干	23.30	46.60	14	50.0
10	运西排干	31.20	62.40	16	90.1
11	大邀铺排干	7.00	14.00	8	30.0

续表

序号	河道名称	河道长/千米	堤防长/千米	设计流量/立方米每秒	设计蓄水量/万立方米
12	流庄排干	5.10	10.20	10	19.5
13	港团河	24.84	49.68	40	50.0
14	郑茁排干	19.10	38.20	6	28.4
15	十槐村排干	2.00	4.00	8	8.6
16	唐家洼排干	12.00	24.00	8	16.8
17	新幸福河	14.42	28.80	8	21.0
18	大庄子排干	9.40	18.80	8	20.3
19	五堡渠	3.64	7.28	10	12.0
20	互助渠	8.05	16.08	16	16.2
21	子牙耳河	19.00	38.00	16	55.3
22	东淀引渠	4.92	9.85	8	15.0
23	生产河	50.84	101.68	20	97.2
24	马厂减河耳河	10.60	21.20	10	19.2
25	鲁辛庄引渠	5.21	10.40	10	23.0
26	前进渠	26.90	53.80	12	56.0
27	贾口洼东沟	10.50	21.00	16	13.0
28	贾口洼西沟	10.00	20.00	16	11.0
29	团结渠	7.30	14.60	16	3.0
30	独流减河耳河	18.20	36.40	15	39.0
31	一排干	6.00	12.00	16	27.3
32	四排干	4.80	9.60	7	8.8
33	西边排干	5.40	10.80	20	13.1
34	小河引渠	12.09	24.17	10	23.0
35	静文路耳河	13.55	27.00	16	26.0
36	幸福河支渠	4.00	8.00	10	14.6
合计		555.90	1111.62	474	1742.2

第三节　蓄　滞　洪　区

蓄滞洪区作为防洪工程体系的重要组成部分，为防御超标准洪水，保护广大人民群众生命财产安全发挥了重要。静海县地处海河流域下游，全县有东淀、贾口洼、团泊洼、文安洼 4 个蓄滞洪区，历史上在缓洪滞洪、保护天津市区、减轻下游防洪压力方面发挥了显著作用。

一、东淀蓄滞洪区

东淀蓄滞洪区位于大清河系下游，地处河北省霸州市、文安县和天津市静海县、西青区境内，总面积 377.26 平方千米，设计蓄洪量 10.25 亿立方米。东淀静海县境内总面积、蓄洪面积为 66.7 平方千米，设计蓄洪水位 8.0 米，蓄洪量 2.66 亿立方米。境内涉及 3 个乡镇、23 个村、3.0552 万人，有 15 个村沿子牙河左堤而居（其中王口镇 1 个村、独流镇 4 个村、台头镇 10 个村），台头镇有 4 个村坐落在大清河右堤与子牙河左堤之间、4 个村坐落在台头围村埝内。

东淀蓄滞洪区的运用概率为 5～20 年一遇，东淀分洪按中小型洪水（第六埠水位 6.0 米）和大型洪水（第六埠水位 8.0 米）两种情况调度运用。1963 年运用 1 次、最高蓄水位 8.541 米、蓄洪量 11.2 亿立方米（全淀），无群众伤亡，群众财产损失无法统计；1996 年运用 1 次、最高蓄水位 6.18 米、清北被淹，村庄未进水，群众无转移，淹没农田 2050 公倾，直接经济损失 6213.4 万元，积水排除后播种了冬小麦。

二、贾口洼蓄滞洪区

贾口洼蓄滞洪区位于子牙河河系中、下游地区，地处河北省大城县、青县和天津市静海县境内，总面积 773.7 平方千米。静海县境内以子牙河右堤与南运河左堤为隔淀堤防，平均地面高程 4.0 米。境内总面积、蓄洪面积均为 402 平方千米，设计蓄洪水位 8.0 米，设计蓄洪量 12.31 亿立方米。境内涉及 9 个乡镇、118 个村、15.0656 万人，有 46 个村沿子牙河右堤与南运河左堤而居，60 个村坐落在子牙河与南运河之间，独流镇有 12 个村坐落在独流围村埝内。

贾口洼蓄滞洪区以静文路为界分为南北两个分洪区，静文路顶高程 6.5 米，路北最低地面高程 3.5 米，东连接渠埝与西连接渠埝之间地带为小洼，埝顶高程 6.5 米。当东淀、文安洼分洪水位达 7.0 米且上涨时，提锅底分洪闸向贾口洼两埝之间的小洼分洪，小洼毛面积 50 平方千米，耕地面积 41.7 平方千米，分洪水位控制在 6.0 米，分洪量 1.1 亿立米。

贾口洼蓄滞洪区的运用概率为 20 年一遇，贾口洼分洪按中小型洪水（第六埠水位 6.0 米）和大型洪水（第六埠水位 8.0 米）两种情况调度运用。1954 年运用 1 次，最高蓄水位 7.83 米，蓄洪量 11.8 亿立方米；1955 年运用 1 次，最高蓄水位 5.68 米，蓄洪量 2.16 亿立方米；1956 年运用 1 次，最高蓄水位 7.85 米，蓄洪量 16.25 亿立方米；1963 年运用 1 次，最高蓄水位 8.94 米，蓄洪量 19.2 亿立方米。

三、团泊洼蓄滞洪区

团泊洼蓄滞洪区又称运东大三角地区，位于天津市静海县东部、滨海新区大港，以及河北省青县部分区域。以南运河右堤、马厂减河左堤及独流减河右堤为隔淀堤防，平均地面高程 3.5 米，内有大（2）型水库（团泊水库）1 座，总面积 755 平方千米，静海县境内面积为 732 平方千米、蓄洪面积为 660.75 平方千米，设计蓄洪水位 6.0 米，设计蓄洪量 15.65 亿立方米。境内涉及 12 个乡镇、191 个村、45.4017 万人，其中有 121 个村坐落在团泊洼洼内，有 70 个村坐落在南运河右堤与津浦铁路内的夹道里。

团泊洼蓄滞洪区的运用概率为 100 年一遇，团泊洼最低地面高程 2.5 米。分洪水位 4.0 米时，分洪量 3.75 亿立方米；分洪水位 5.0 米时，分洪量 9.4 亿立方米；分洪水位 6.0 米时，分洪量 15.65 亿立方米，受灾面积 660.75 平方千米。1963 年运用 1 次。

四、文安洼蓄滞洪区

文安洼蓄滞洪区位于河北省文安县、大城县、任丘市和天津市静海县境内，总面积 1489.24 平方千米，设计蓄洪量 33.87 亿立方米。

静海县境内总面积、蓄洪面积均为 58.4 平方千米，平均地面高程 4.5 米，设计蓄洪水位 8.0 米，设计蓄洪量 0.96 亿立方米。文安洼蓄滞洪区在静海县境内涉及王口和子牙 2 个乡镇、21 个村、3.0139 万人，沿子牙河左堤而居 19 个村（王口镇 15 个村、子牙镇 4 个村），子牙镇有 2 个村坐落在子牙河滩地内。

文安洼蓄滞洪区的运用概率为 20 年一遇，当白洋淀周边蓄滞洪区已充分运用，十方院水位达到10.80米且继续上涨时，运用王村分洪闸向文安洼分洪，保证白洋淀千里堤安全。当大清河南支发生较大洪水，第六埠水位达到8.00米且继续上涨威胁天津市区安全时，若王村分洪闸已经运用，则在保持河道泄洪能力情况下，扒开滩里附近隔淀堤向文安洼分洪。若贾口洼已充分运用，八堡站水位达到7.50米且继续上涨时，则在滩里附近破东淀与文安洼的隔淀堤向文安洼分洪。

1954年运用次数1次，最高蓄水位8.1米，蓄洪量12.5亿立方米；1955年运用次数1次，最高蓄水位7.28米，蓄洪量9.22亿立方米；1963年运用次数1次，最高蓄水位8.64米，蓄洪量37.2亿立方米，无人员伤亡。

静海县境内4个蓄滞洪区涉及17个乡镇、353个村，见表1－3－4 、表1－3－5 。

表1－3－4 **蓄滞洪区各乡镇村庄数量统计表** 单位：个

序号	乡镇	东淀	文安洼	贾口洼	团泊洼	备注
1	台头镇	18				
2	独流镇	4		16	8	
3	王口镇	1	15	7		
4	子牙镇		6	15		
5	梁头镇			18		
6	静海镇			10	28	包括静海镇镇直
7	沿庄镇			24		
8	双塘镇			4	6	
9	陈官屯镇			12	12	
10	唐官屯镇			12	29	
11	大丰堆镇				16	
12	良王庄乡				18	
13	西翟庄镇				12	
14	蔡公庄镇				16	
15	团泊镇				8	
16	杨成庄乡				12	
17	大邱庄镇				26	
合计		23	21	118	191	353

表 1－3－5

蓄滞洪区各乡镇村庄名单

东淀			文安洼		贾口洼								
台头镇	独流镇	王口镇	王口镇	子牙镇	独流镇	梁头镇	静海镇	沿庄镇	子牙镇	双塘镇	陈官屯镇	唐官屯镇	王口镇
胜　利	六　堡	北坝台	义　和	东子牙	团　结	东贾口	高庄子	东滩头	王二庄	朴　楼	谭　村	前小屯	大瓦头
和　平	李家湾子		和　平	小邀铺	友　好	西贾口	陆家院	大黄洼	宗保村	周家院	西长屯	后小屯	小瓦头
民　生	七　堡		民　主	东高庄	义　和	谷庄子	花　园	小黄洼	大黄庄	董莫院	小　集	程庄子	东岳庄
建　设	八　堡		团　结	西高庄	工　商	辛庄子	玉田庄	双　楼	小黄庄	西双塘	潘　村	曲庄子	西岳庄
幸　福			段　堤	王家村	民　生	罗　塘	义渡口	王　匡	许庄子		曹　村	尚庄子	朱家村
友　好			北万营	尚家村	和　平	孟庄子	大口子门	张　村	潘庄子		小钓台	马　集	丁家村
新　立			南万营		民　主	张庄子	小口子门	南　元	焦庄子		邹家咀	林庄子	大刘村
义　和			进　庄		生　产	李庄子	大河滩	北　元	大邀铺		西钓台	小张屯	
南坝台			圈　里		胜　利	梁头村	小河滩	东　元	常家村		纪庄子	翟家圈	
一　堡			小张庄		建　设	孙庄子	西五里	谭庄子	三呼庄		胡辛庄	马辛庄	
南二堡			东家村		九十堡	东河头		张庄子	小刘村		小赵家洼	鲁辛庄	
中二堡			堂　上		凤仪村	于家村		罗庄子	王庄子		大赵家洼	良辛庄	
北二堡			郑　庄		王家营	东柳木		沿庄村	赵庄子				

续表

东淀			文安洼		贾口洼									
三　堡			南苗头		苟家营	西柳木		流　庄	吴庄子					
四　堡			北苗头		刘家营	南柳木		小　河	周庄子					
五　堡					冯家村	肖民庄		吉祥村						
大六分						前　邓		郎　洼						
姜家场						后　邓		东　港						
								西　港						
								当滩头						
								西滩头						
								西禅房						
								当禅房						
								东禅房						
18	4	1	15	6	16	18	10	24	15	4	12	12	7	
23			21		118									

续表

团泊洼											
静海镇	双塘镇	大丰堆镇	良王庄乡	陈官屯镇	西翟庄镇	唐官屯镇	蔡公庄镇	团泊镇	杨成庄乡	大邱庄镇	独流镇
东五里	杨学士	齐小王	四小屯	高泽村	安庄子	烧窑盆	蔡公庄村	团泊村	管铺头	万全街	王庄子
西边庄	李靖庄	齐庄子	罗阁庄	吕官屯	杨小庄	国庄子	杨家场	宫家堡	砖　垛	津美街	南肖楼
东边庄	杨家园	胡庄子	十里堡	张官屯	东翟庄	大十八户	顺小王	吴家堡	董庄窠	尧舜街	北肖楼
徐庄子	东双塘	高庄子	普提洼	王官屯	中翟庄	小十八户	刘祥庄	孟家房子	闫家琢	津海街	尚庄子
前　毕	增福堂	大王庄	良　一	高官屯	西翟庄	郑家庄	土河村	张家房子	双窑村	满井子	北刘村
后　毕	八里庄	高小王	良　二	东钓台	吕家沟	英官屯	惠丰西	小邱庄	梅厂村	王虎庄	杜家咀
前　杨		大丰堆	良　三	陈一街	顺民屯	薛庄子	惠丰中	孟铺子	宫家屯	大　屯	下　圈
后　杨		史庄子	邢庄子	陈二街	张庄子	慈儿庄	惠丰前	薛房子	前　寨	庞庄子	十一堡
静一街		靳庄子	于家堡	陈三街	矫庄子	亚庄子	惠丰东		后　寨	胡连庄村	
静二街		于庄子	李家楼	南长屯	贺新村	东沟乐	四　南		西　寨	五美城	
静三街		前明庄	陆家村	北长屯	佟庄子	西沟乐	四　西		东　寨	三间房	
静五街		中明庄	张家村	袁　村	周庄子	小郝庄	四　东		杨成庄	刘房子	
静六街		后明庄	胡家村			大郝庄	四　中			丁房子	
北五里		前双树	岳家园			孙坝口	四　后			邢家堼	
魏家村		后双树	五家院			夏庄子	朱家房子			东房子	

续表

团泊洼											
静海镇	双塘镇	大丰堆镇	良王庄乡	陈官屯镇	西翟庄镇	唐官屯镇	蔡公庄镇	团泊镇	杨成庄乡	大邱庄镇	独流镇
付家村		丰普村	李家院			满意庄	幸福村			巨庄子	
高家楼			府君庙村			大张屯村				东尚码头	
范庄子			白杨树			长张屯				西尚码头	
王家楼						只官屯				前尚码头	
杨李院						赵官屯				北尚码头	
上三里						靳官屯				官　坑	
下三里						王千户				太平村	
胡家园						刘上道				岳庄子	
曹官庄						刘下道				白公坨	
孙家场						夏官屯				崔庄子	
刘官庄						唐一街				李八庄	
韩家口						唐二街					
镇　直						唐三街					
						唐四街					
28	6	16	18	12	12	29	16	8	12	26	8
191											

第四节 自 然 灾 害

静海县的自然灾害以洪涝灾害和旱灾为主，风雹灾害次之。1991—2010年静海发生了不同程度的灾害，造成农田被毁，损失严重，县政府对造成生活困难的群众下拨救灾救济款，发放救济粮。

一、洪涝灾害

1991年水涝灾。7月发生水涝灾2次，全县普遍遭受灾害，成灾面积8004公顷，绝收2668公顷，倒塌民房754间。

1994年7月12—13日，受第6号台风和高空西风槽的共同影响，静海县大丰堆降雨量66.7毫米，造成静海县200公顷农田积水、被淹。

1996年8月，海河流域发生了自1963年以来的最大洪水。8月13日12时，静海县台头镇水位达到6.78米，超过警戒水位78厘米，流量达到599立方米每秒。22日，在静海县老龙湾破口行洪。此次洪水，静海县农作物受灾面积4787公顷，绝收面积3711公顷，减少粮食16011吨，经济作物10650吨。被淹房屋34间，破坏公路4.4千米，损坏输电线杆174根、长13.8千米，损坏水闸10座，桥涵262座，扬水点28个，机井196眼，堤防6.6千米，淡水养殖损失40公顷、产量600吨，造成直接经济损失6213.4万元。

1998年涝灾，静海县受涝灾害面积33180公顷，成灾面积19980公顷。

2005年8月，静海、梁头、陈官屯、双塘、子牙、唐官屯、良王庄等13个乡镇不同程度遭受暴雨袭击，局部降雨量最大172.8毫米，并伴有短时大风，农田积水面积4501.6公顷，农作物倒伏面积2659.3公顷，成灾面积1102.7公顷，直接经济损失360万元。

二、旱灾

1991年旱灾，全县旱情较为严重，受灾面积584.67公顷，成灾面积266.33公顷。

1992年旱灾。耕地欠墒面积85%以上，受灾面积70035公顷，成灾面积55334公顷，绝收8070.7公顷，全年粮食计减产5327万千克，经济损失7327万元。

1993年旱灾。全县受旱灾害面积30566.27公顷，成灾面积19935.93公顷。

1994年，先旱后涝，严重干旱造成静海县农田受灾面积37436.6公顷，成灾面积23958.6公顷。

1997年，全县因旱受灾害面积54259.27公顷，成灾面积43871公顷，秋粮损失101779吨。

2001年，静海县连续干旱第6年，全县因干旱造成农业作物受灾面积达16814.2公顷，384个村出现不同程度的饮水困难。

2002年，静海县连续干旱第7年，严重干旱不仅给静海农业生产造成严重的损失，而且造成部分农村人畜饮水困难。据统计，全县384个自然村中有288个村出现了不同程度的饮水困难。

2005年春旱。麦田欠墒面积3.33公顷，白地欠墒面积3万公顷，4万公顷春播大田等雨待播。

2006年旱灾。受灾面积69368公顷，成灾面积43355公顷，绝收面积16675公顷，全年粮食减产1.3亿公斤，直接经济损失3亿元。

2007年旱灾。成灾面积8340公顷，受灾人口5.7万人。

2009年旱灾。成灾面积33300公顷，受灾人口23.6万人。

2010年旱灾。成灾面积12700公顷，受灾人口8.98万人。

三、风雹灾

1991年4—9月，发生风雹灾5次，强龙卷风1次，全县不同程度遭受特大风雹袭击，最大风力10级，受灾农作物面积26685.2公顷，成灾面积22331.8公顷，倒塌房屋770间，受伤15人，经济损失42.3万元。

2001年6—8月，蔡公庄、陈官屯、梁头等8个乡镇4次分别不同程度的遭受风雹袭击，造成盛果期的果树落果折枝，大面积玉米、葵花倒伏并减产。4次风雹灾害造成经济损失2450万元。

2002年7月1日19—20时，暴雨、大风夹杂冰雹。最大风速10级以上，全县平均降水量45.9毫米。其中台头、王口、梁头分别降水150.0毫米、208.0毫米和103.0毫米，梁头、静海镇受灾面积687公顷。

2003年7月4日21—22时，陈官屯、唐官屯、西翟庄、蔡公庄、中旺、沿庄、子牙、梁头等8个镇遭受冰雹袭击，并伴有七八级大风。风雹持续半小时左右，冰雹大如鸡蛋、小似玉米粒，每平方米降雹300～500粒，最大密度每平方米千粒以上。全县受灾面积1.8万公顷，成灾面积1.5万公顷，34.6万株树木被风刮断或折断，1401间房屋不同程度损坏。造成直接经济损失 1 亿元。

2004 年 6 月 24 日零时 30 分至 1 时 40 分，中旺、蔡公庄、西翟庄、唐官屯、陈官屯 5 镇，77 村遭受风雹袭击。最大风力 10 级左右，并伴有零星冰雹，农作物受灾面积 1.2 万公顷，成灾面积 4468.9 公顷。果树受灾面积 466.9 公顷、19 万株，损失果品 350 万千克。大风刮折、刮断、连根拔起树木 1.2 万株，刮折、刮断通信及电力线杆 152 根、高压线路铁塔 8 座。风雹灾造成直接经济损失 816 万元。

2006 年 6 月 25 日 18 时至 18 时 30 分，大邱庄、团泊、蔡公庄、中旺 4 镇 44 个村，遭受风雹袭击，冰雹粒径 5～20 毫米不等，并伴有短时 7～8 级大风。全县农作物受灾面积 6608.4 公顷、成灾面积 1817.2 公顷，民房 576 间、鸡舍 47 个、蔬菜大棚 11 个不同程度损坏，直接经济损失 2124.7 万元。

2007 年 6 月 23 日 16 时左右，团泊、大邱庄、蔡公庄 3 镇 13 个村遭风雹袭击，降雹时间最长 20 分钟，雹粒大如枣，小如玉米粒，降雹密度每平方米 600 粒左右。并伴有龙卷风，龙卷风风柱高数十丈。风雹造成全县农作物受灾面积 7337 公顷、成灾面积 5069.2 公顷，造成直接经济损失 1255 万元。

7 月 5 日 17 时 20—40 分，中旺、蔡公庄、大邱庄、西翟庄、唐官屯、独流 6 镇 72 个村遭受风雹袭击，降雹密度每平方米 700 粒左右，并伴有 10 级以上的短时大风。风雹造成农作物受灾面积 1.1 万公顷、成灾面积 7330.5 公顷，民房 780 间、鸡舍 31 间和企业厂房 48 间损坏或倒塌，电线杆 12 根、铁塔倒斜 1 座，被电击死亡 1 人、被砸伤 2 人，造成直接经济损失 6643 万元。

第二章

水资源

1991—2010年，静海县境内年均降水量431.72毫米，供农业用水主要靠外来水及地下水解决。年自产水为1.35亿立方米。外调水4837万立方米，地下水开采6000万立方米。静海县位于大清河系下游，水资源主要有降水和外来水，属严重缺水地区。为合理利用有限的水资源，依据《中华人民共和国水法》和《天津市取水许可管理规定》等法律法规，加强水资源的管理，合理开发利用地下水资源。面对水资源短缺的实际情况，静海县加强节约用水工作，稳步推进节水型社会建设。

第一节 地表水

一、降水量

1991—2010年，全县年均降水量为431.72毫米，年均汛期（6—9月）降水量341.07毫米，年均径流深95.4毫米，年均自产水量1.35亿立方米。具体降水情况见表2-1-6和表2-1-7。

表2-1-6 **1991—2010年静海县雨量监测站降水监测情况**

年份	降水量/毫米	团泊水库降水量/毫米	雨量最大		雨量最小		降水量>500毫米监测站个数/个	降水量<200毫米监测站个数/个
			监测站	降水量/毫米	监测站	降水量/毫米		
1991	544.7	540	胡连庄	713	陈官屯	440	20	0
1992	408.8	368	府君庙	516	中旺	286	1	0
1993	370.6	390	杨成庄	438	胡连庄	305	0	0
1994	661.6	654	陈官屯	829	大庄子	487	24	0
1995	702.1	827	陈官屯	832	独流	572	26	0
1996	400.9	412	静海	537	大庄子	233	3	0
1997	294.8	369	团泊	401	台头	225	0	0
1998	368.7	347	府君庙	502	唐官屯	239	1	0
1999	214.4	183	大张屯	290	蔡公庄	144	0	12
2000	406.5	403	中旺	565	团泊	238	4	0

续表

年份	降水量/毫米	团泊水库降水量/毫米	雨量最大		雨量最小		降水量>500毫米监测站个数/个	降水量<200毫米监测站个数/个
			监测站	降水量/毫米	监测站	降水量/毫米		
2001	332.7	333	大丰堆	449	陈官屯	239	0	0
2002	314.0	335	静海	459	西翟庄	193	0	3
2003	599.9	625	静海	742	陈官屯	442	16	0
2004	530.3	596	大丰堆	640	陈官屯	413	13	0
2005	465.3	419	子牙	622	台头	330	5	0
2006	255.4	256	团泊	337	王口	169	0	1
2007	429.7	348	中旺	507	水库	348	1	0
2008	536.0	454	台头	697	王口	443	14	0
2009	447.3	431	大丰堆	532	中旺	335	5	0
2010	351.2	280	陈官屯 大丰堆	425	水库	280	0	0

表2-1-7 **1991—2010年静海县各月降水量统计表** 单位：毫米

年份	1月	2月	3月	4月	5月	6月	7月	8月	9月	10月	11月	12月	累计
1991			6.3	42.3	38.7	60.1	286.8	30.5	67.3	11.9	0.9		544.7
1992					7.2	54.9	180.2	84.5	15.2	62.2	4.6		408.8
1993				5.0	3.1	70.3	161.2	47.1	36.2	4.2	43.6		370.6
1994			2.7	9.6	34.7	33.9	253.8	299	20.5	0.3	7.6		661.6
1995				5.7	52.6	154	217.4	185	34.7	53.3			702.1
1996					12.4	55.0	104.1	157.4	28.5	42.6	0.9		400.9
1997		11.9	27.8	4.8	18.6	35.3	46.2	78.1	43.3	8.9	10.5	9.5	294.8
1998		26.3	4.0	59.1	75.2	32.1	53.2	70.9	13.2	30.9	3.9		368.7
1999				11.3	5.0	39.2	39.0	62.7	31.1	12.0	14.0		214.4
2000				12.4	25.0	8.2	150.1	170	19.8	21.2			406.5
2001				17.9	0.7	120	108.2	12.6	6.1	33.6	33.6		332.7
2002				10.5	1.3	93.5	104.5	88.7	7.7	7.8			314.0
2003			9.6	13.5	69.9	89.2	99.2	107.0	40.9	149.7	20.9		599.9
2004		11.5	6.6	19.9	45.7	137.3	108.7	81.8	100.4	9.1	7.7	1.7	530.3
2005	2.2	8.9		2.1	35.7	70.3	157.0	161.7	27.4				465.3
2006				3.5	47.7	39.8	164.4						255.4
2007			29.8	0.3	56.2	75.4	83.1	74.3	59.1	51.4			429.7
2008			21.3	48.1	25.3	143.6	131.1	49.6	74.4	42.6			536.0
2009		8.8	3.6	38.4	11.8	115.2	127.8	91.7	50.0				447.3
2010				3.2	26.3	74.9	111.1	67.4	36.3	32.0			351.2

二、外来水

外来水主要是三大河系南运河、子牙河、大清河上游的入境水。1991—2010年通过引黄济津、海河水置换、北水南调引水等引调客水9.67亿立方米；多年平均4837万立方米，其中外调水1107万立方米，境外客沥水1909万立方米，一级河道行洪1821万立方米。

三、地表水资源量

地表水资源总量多年平均18334.8万立方米，其中自产水量13497.8万立方米，境外来水量4837万立方米。平水年地表总水资源量14607.9万立方米，其中自产水量11630万立方米，境外来水量2977.9万立方米。枯水年水资源量5867.7万立方米，其中自产水量4878.2万立方米。静海县地表水资源量见表2-1-8。

表2-1-8 **静海县地表水资源量情况表**

产水来源	地区	多年平均/万立方米	受水面积/平方千米	单位面积产水量/万立方米每平方千米		水资源量/万立方米	
				$P=50\%$	$P=75\%$	$P=50\%$	$P=75\%$
自产水量	运东地区	7175.0	752.10	9.7	4.45	7295.37	3346.85
	运西地区	4001.3	419.43	7.23	2.59	3032.48	1086.32
	马厂减河南	1081.1	113.33	2.95	0.76	334.32	86.13
	子牙河以西	604.4	63.36	7.54	2.76	477.73	174.87
	东淀地区	636.0	66.67	7.35	2.76	490.02	184.01
	小计	13497.8	1414.90	8.22	3.45	11630	4878.2
境外水量	马厂减河南		355.1	2.85	0.76	1012	269.88
	黑龙港河上游	1909	260.7	7.54	2.76	1965.9	719.62
	过境水	1821	—	—	—	—	—
	外调水	1107	—	—	—	—	—
	小计	4837	—	—	—	2977.9	989.5
总计		18334.8	—	—	—	14607.9	5867.7

第二节 地 下 水

全县地下水可开采量 8214 万立方米，其中深层水 3631 万立方米，浅层水 4583 万立方米。多年平均开采量 7199 万立方米，其中深层水 5208 万立方米，浅层水 1991 万立方米。

一、浅层淡水

浅层淡水主要分布在子牙河、南运河两侧及大清河北部一带，一般宽度 1～3 千米，面积近 280 平方千米。主要由河水入渗形成，以冲积层潜水为主，浅水层厚度一般 20～30 米，在河流交汇处厚度较大，可达 30～40 米，远离河道变薄，为 10～20 米。含水层岩性一般为粉细砂，在降深 4～5 米时，涌水量在 400～500 立方米每天，一般成井深度 20～30 米。

浅层微咸水多在浅层淡水外围分布，含水砂层厚度与浅层淡水相似，含水岩性也以粉细砂为主，涌水量多在 100～300 立方米每天。

二、深层水

深层水为承压水，在县内几乎普遍分布。不同地区和不同深度，含水层埋藏条件和水质水量有一定差异，自上而下有含水层次增多、厚度增大，富水性变强的特点。深层水划分为四个含水组。深层水开采深度以 300～350 米居多，运西地区以开采第二含水组为主，运东地区以开采第三含水组居多，东部和南部开采深度较大，多为混合开采。

三、地热水

在县城东部团泊、孟家房子、四党口和唐官屯一带，埋藏 350～450 米深度，有 30～40 摄氏度的热水，呈近南北向及北东向至南西向条带状分布。热水的分布与基底断裂有关，是深层地热沿断裂上升活动的结果，它预示着在深部有温度更高的热水分布，值得进一步勘探开发。

四、咸水

全县由地质环境形成广布的咸水。浅层淡水浮于咸水之上，形成上淡下咸结构；咸水下部又有稳定分布的深层淡水，形成上咸下淡结构。咸水底界深度受古地理条件的影响，在城关至梁头一带最浅，埋深在50～60米，县北部和南部在100～120米，局部地区在120～160米，其余地区在60～100米。咸水含水层也以粉细砂为主，浅部以潜水为主，下部为承压水。

第三节 水 质

一、地表水水质

全县灌排渠系形成河网状，相通相连，工业污水和生活污水无专门渠道，雨水、污水混流，导致地表水水质污染，无法正常使用。水质检测结果显示，大部分河渠水质为Ⅴ类或超Ⅴ类，河流水体以有机污染为主，水中主要超标污染物有氯化物、氨氮、全盐和高锰酸盐指数，已经超过了农用水标准。大邱庄及邻近地区的水污染物与其行业特点有关，地表水中的氯化物、悬浮物、石油类、铁等项指标均超过农灌水质标准。

二、地下水水质

浅层淡水矿化度多小于2.0克每升，一般为1.0～1.5克每升，以 $HCO_3 \cdot Cl^- Na$ 及 $Cl \cdot HCO_3^- Na$ 水为主。浅层微咸水分布于淡水的外围地区，处于浅层淡水与咸水的过渡地带，矿化度多为2～3克每升，以 $Cl \cdot SO_4^- Na$ 水为主。浅层淡水和微咸水水质基本符合农田灌溉水质要求。

地下咸水矿化度多为3.0～16.0克每升，并自西向东及东南部矿化度增高，但水化学类型较稳定，以 $Cl \cdot SO_4^- Na \cdot Mg$ 型为主。咸水矿化度较高，不适宜饮用和农灌，需改造利用。

深层淡水矿化度为0.5～2.0克每升，并由北向南逐渐增高，以北部独流一带最低，中旺以南较高。水化学类型也有类似变化，由北部的 $HCO_3^- Na$ 型及 $HCO_3 \cdot Cl^- Na$ 型向南变为 $Cl \cdot HCO_3^- N$ 及 $Cl \cdot SO_4^- Na$ 型，水质基本符合生活饮用要求。但南部矿化度较高，水质较差。另外，深层水含氟量普遍偏高，一般为1～2毫克每升，东部多为2～3毫克每升，大体与矿化度变化趋势一致，向南增高，在安庄子、韩庄子、程庄子等地含量达3.5～3.9毫克每升，超过饮用标准。

三、水质检测

1981年12月，静海县环境保护监测站成立。1982年初，开始对水质进行监测，包括地表水、地下水、污水酸碱度、化学需氧量、高锰酸盐指数、全盐、悬浮物、挥发份、氰化物、六价铬、总铬、氨氮、水温、色度、氯化物、电导率、氟化物、浊度、砷、酸度及碱度、透明度、非离子氨、总磷、磷酸盐、总氮的测定。

1994年，购置原子吸收分光光度计，水质监测能力有所增强。当年开展水质原子吸收项目铜、锌、铅、镉、镍、钾、钠、钙、镁的测定，同时陆续开展水质苯胺、硝基苯、硫酸盐、硫化物、余氯的监测。

2001年，增红外测油仪1台，新增水和废水中石油类、动植物油、铁、锰的测定。

2006年，新增水和废水中硒、汞、阴离子表面活性剂的测定。

2008年，新增水和废水中苯系物、非甲烷总烃、甲醛的测定，监测站具备水质监测能力47项。

截至2010年，监测站设有国控监测点位2个，每月监测溶解氧、化学需氧量等28项；市控监测点位6个单月监测溶解氧、化学需氧量等18项。

第四节 供 需 平 衡

一、水资源总量

本地水资源包括地表水资源和地下水资源。其中地表水分为自产水和外来水；地下水分为深层水和浅层水。

自产水：1991—2010年，降水资料分析静海县年平均降水量为431.72毫米。年自产水为1.35亿立方米。

外来水：1991—2010年，静海县通过海河水置换、北水南调引水、引黄济津、市供饮用水四种途径引调外来水9.67亿立方米，多年平均引调外来水4837万立方米。

地下水：地下水年控制开采量4700万立方米（实际开采量7199万立方米左右）。

全县累计水资源总量年平均为 2.3 亿立方米。2010 年，天津市人均水资源占有量 160 立方米，为全国人均水资源量的 1/8，属严重缺水地区，静海县人均水资源占有量低于全市平均水平，缺水更为严重。

二、水资源需求量

2010 年，全县年用水需求量 3.74 亿立方米，包括生活用水、禽畜养殖、工业需水、农业灌溉、林业用水、渔业养殖、绿地苗木、蒸发和渗漏量。

生活用水需水量。根据 2010 年统计，全县人口 56.16 万人，其中城镇非农业人口 11.07 万人，农业人口 45.09 万人，城镇居民用水定额为 100 升每天每人，农村居民用水定额为 80 升每天每人，全县居民生活用水年需水量 0.2 亿立方米。

畜禽养殖需水量。根据 2010 年统计数字（表 2-4-9），禽畜养殖年需水量 354 万立方米。

表 2-4-9 **2010 年禽畜养殖需水量**

禽畜类别	数量/万头	标准/立方米每天每万头	需水量/万立方米
大牲畜	3.64	400	53
猪	50	150	270
羊	20	40	30
鸡	22	1.2	1
合　计	95.64		354

工业需水量。2010 年工业增加值 931.8 亿元，按照天津市万元增加值耗水量为 24 立方米每万元计算，工业需水量 0.22 亿立方米，另根据静海县产业结构实际用水量为 0.3 亿立方米。

农业灌溉需水量。根据 2010 年统计数字（表 2-4-10），农业灌溉年需水量合计 1.593 亿立方米。

林业及设施农业用水量。2010 年，全县果园面积 6.53 千公顷，林地面积 34 千公顷（需灌溉林地面积 20 千公顷），设施农业 4.67 千公顷，林业及设施农业年需水量合计 0.67 亿立方米。

渔业养殖用水量。2010 年，全县渔业养殖面积 2.33 千公顷，鱼塘用水定额为 10725 立方米每公顷，年用水 0.3 亿立方米。

绿地苗木用水量。2009 年，绿化苗木种植 1.1 千公顷，绿地用水定额为 3000 立方米每亩，年用水 0.04 亿立方米。

表 2－4－10 **农业灌溉需水量（25%损耗）**

农作物	数量/千公顷	标准/立方米每公顷	需水量/万立方米
小麦	4.80	3000	1800
玉米	42.67	1200	6400
豆类	8.13	1800	1830
菜田	5.33	5400	3600
棉花	13.33	1200	2000
其他作物	1.73	1500	300
合　计	74.29		15930

蒸发、渗漏量。水库蒸发渗漏消耗 0.4 亿立方米，支渠以上河道蒸发渗透量 0.2 亿立方米，合计 0.6 亿立方米。

三、调蓄水能力及可利用水量

县内有大型水库一座，总库容 1.8 亿立方米，兴利库容 1.42 亿立方米，考虑团泊水库作为生态和景观水源为主，水库向外调蓄用水量暂定为 2000 万立方米；一、二级河道蓄水 1150 万立方米，坑塘蓄水 510 万立方米，深渠河网蓄水 3040 万立方米，调蓄水能力总计 6700 万立方米，城市生活供水约 400 万立方米，地下水可开采量控制在 4700 万立方米，可调蓄利用水总量为 1.18 亿立方米。

四、水资源供需分析

全县年需水总量 3.74 亿立方米，水资源总量约 2.3 亿立方米，供需差水资源总量尚缺 1.44 亿立方米，属资源性缺水地区。水资源平衡分析见表 2－4－11。

表 2－4－11 **水源平衡分析表**

名　　称	数量/亿立方米
水资源总量	2.3
水资源年需求总量	3.74
水资源供需差	1.44

第五节 水资源管理

一、取水许可管理

严格执行取水许可审批程序。在取水许可审批环节，坚决杜绝越权审批、不按法定程序审批等行为，坚持“未经验收不准发证、验收不合格不准发证”的“两个不准”原则，从源头上减少和抑制违法行为发生。严格遵守地下水管理权限，不越级审批。

为促进水资源的合理开发利用，1995 年开始对直接取用地下水的单位发放取水许可证，全县有 458 个单位，发证 458 套。1999 年对全县 1344 眼机井进行年审换证工作，核发取水许可证 458 套，审批总水量 5986.65 万立方米。2001 年对权限 1563 眼深机井进行审验，共换发取水许可证 487 套，审批总水量 5169.7 万立方米，其中生活井 88 套、工业井 103 套、农业井 296 套。2003 年对权限 4126 眼机井进行审验，共换发取水许可证 462 套，取水许可总量 5570.49 万立方米。2003 年核发取水许可证 485 套，取水许可总量 5756.66 万立方米。至 2010 年，静海县取水许可证保有量达 783 套。

二、机井建设与管理

静海县于 1969 年建立打井队，打井高潮在 70 年代专门成立县机井建设指挥部，1980 年合并水利局，1981 年以前打机井管材主要是石棉管、水泥管和两结构。取水主要是第一、二含水层。机井队最多有井架 23 台套，至 1995 年只剩下 3 台套，1981 年以后，由于地下水下降，打井深度加大，工艺要求高，逐步改成钢管井和铸铁管井。1990 年底，机井累计 2382 眼，其中深井 1187 眼、中井 132 眼、浅井 1063 眼。1999 年年底，机井累计 3417 眼，其中深井 1344 眼、中井 45 眼、浅井 2028 眼。2010 年底，机井累计 4565 眼，其中工业 313 眼、生活 379 眼、农业 3873 眼。

1995 年，根据市水利局农水处的要求，6—7 月对权限机井工程进行全面普查。普查重点指导思想为“力争各乡镇普查工作要细，数字清楚”。县水利局成立了普查领导小组，由农水科负责地上工程，地下水资源管理办公室负责机井工程。经调查，静海县有机井 2421 眼，其中深机井 1448 眼、中井 47 眼、浅井 926 眼。生活井 433 眼，深井 420 眼，中井 2 眼，浅井 11 眼；企业井、深井 193 眼（包括县办企业工业井）；农业井 1795 眼，其中深井 835 眼、中井 45 眼、浅井 915 眼。从静海县深机井管材结构划分，主要有钢管、铸铁、两结构、水泥管（素管）、石棉管。从年限上划分，1981年以前是石棉管、水泥管及两结构，属于老化井范围，1981—1995年，机井管材全部为钢管及铸铁管。从普查情况看，1448眼深井中，大于15年的两结构、水泥管及石棉管井共有597眼，其中生活井203眼、企业井27眼、农业井267眼，老化率占深机井总数的41%，由于分机井的管材损坏率高，处于逐年淘汰，但机井的输电线路、配电系统齐全，还配有输水管道，机井所处位置都是高产稳产田，只需维修更新后即可发挥效益。

2007年，针对深机井数量发展迅速和地下水资源短缺的现状，县水利局再次对权限区域内的深机井情况进行了调查摸底，对权限深机井结构、使用年限、使用状况及坐落位置进行了详细的整理。截至2007年8月，全县深机井保有数2341眼，其中农用井1245眼、饮用井605眼，企事业单位用井491眼。

为牢固树立和全面落实以人为本、人水和谐和可持续的科学发展观，推进节水型社会建设进度，提高全县居民的节水意识，健全以科技进步为主的节水设施体系，静海县水务局以提高水资源利用效率和效益为核心，坚持科学技术是第一生产力的发展方向，以引进先进的科学技术为目的，提高地下水资源费征收工作效率，促进查收分离体制健全，提高地下水资源管理管理水平。2008年，编制了《建设水表远程遥测系统的五年计划》，计划用五年时间将全县企事业单位274眼机井的计量设施升级为远传遥测设备。

2008年底，进行了试点建设，对该系统的实用性进行测试，选了天海同步器厂、静海一中、静海高速服务区东区和西区4个试点，共计投资97340元（其中包括中心站建设费用），2009年试点通过验收，认为可以达到预期目标。

2009年开始有计划地分片更新用水计量设施，共安装设备49套，投资72.54万元。其中改造企事业单位机井水表30个，投资50.88万元；农村集中供水厂安装远程水表19块，投资21.66万元。2009年底对已安装的全部53套设备又进行了验收，远程遥测系统运行正常。

2010年，随着科技的不断进步和地下水资源管理工作需要，县水利局向开发远传遥测系统的天津飞普科技有限公司提出了一些意见和要求，该公司针对本套系统进行了升级，数据监测从脉冲式计数升级为直读式计数，数据上传从手动招测数据升级为定时上传，电源从外接电源升级为自备电池，从中心站软件到子站终端设备，得到进一步完善，较之前的设备更加适应实际需要。2010年度，对33家企业的40块水表进行了升级改造，对11个农村集中水厂的计量设施进行了升级，工程总投资107.1万元。

应用：2010年3月，水表远程遥测系统正式运行了9个月的时间，其间各子站运行基本正常。3月19日，通过中心站巡查，发现某企业近期遥测数据未发生明显变化，用水量曲线异常。工作人员立即到现场进行调查，经现场测试，终端设备未发现异常，随即对水表进行检查，发现计量设施被破坏。此次事件充分显现出水表远传系统能够为提高地下水资源管理工作效率提供技术支持，水利局领导提出了新的要求，远传系统不仅要为提高地下水资源费征收工作效率服务，更要发挥监测计量设施运行的作用，要加大数据监测频率，发现异常要马上处理。

三、地下水动态监测

截至2010年，静海县有水位监测井55眼，其中手动监测井43眼（表2-5-12）、自动监测井12眼（表2-5-13），静海县水利局定期进行地下水位动态监测。通过对历年水位监测数据对比，地下水位呈逐年下降趋势，其中第3含水组平均水位埋深65.3米，第四含水组平均水位埋深68.5米，下降趋势较为明显。

表2-5-12　　地下水位监测井统计表（手动监测井）

序号	统一编号	位置	成井日期	起始监测日期	井深/米	含水组别
1	01050001	府君庙刘家营（浅井）	1997-4-22	1999-11-14	30	1
2	01050002	台头镇政府内（浅井）	1999-04-16	1999-11-14	30	1
3	01052003	十一堡东北	1978-11-03	1999-11-14	202	2
4	01053004	靳官屯村西	1990-10-13	1999-11-14	296	3
5	01053005	五美城村西	1982-10-30	1999-11-14	295	3
6	01053006	东双塘村东	1992-10-12	1999-11-14	306	3
7	01053007	沿庄敬老院	1998-03-15	1999-11-14	320	3
8	01054008	大庄子养鱼队	1978-09-27	1999-11-14	383-5	4
9	01054010	大黄庄村北400米	1970-12-28	1978-01-05	359	4
10	01054011	独流镇西（供水站）	1980-07-05	1989-10-05	380	4
11	01053012	北元西北	1976-05-12	1978-01-05	316	3
12	01053013	大丰堆中明村	2002-08-16	2002-10-09	334	3
13	01053014	孙庄子饮水井	1975-08-03	1979-05-02	351	3
14	01052015	张家村北700米	1978-04-27	1986-08-05	191	2
15	01054017	沿庄乡砖厂	1976-12-12	1979-07-05	389	4
16	01053018	北长屯村东北	1984-09-01	2002-09-15	272	3
17	01053019	慈庄子村东南	1986-10-20	2003-01-01	320	3

续表

序号	统一编号	位置	成井日期	起始监测日期	井深/米	含水组别
18	01053020	西翟庄村东	2001-10-10	2002-09-15	345	3
19	01053034	杨学士村西100米	1984-05-31	1986-08-05	350	3
20	01053036	李八庄村东北50米	1995-11-21	2003-01-01	350	3
21	01054037	孟庄子西北300米	1983-05-17	1986-08-05	393	4
22	01053039	苟家营村西1000米	1997-12-25	2003-01-01	300	3
23	01053040	良一礼堂西北10米	1978-07-31	1986-08-05	313	3
24	01052042	堂上西北10米	1983-10-26	2003-01-01	205	2
25	01053043	团结村西	1996-09-16	1999-01-05	300	3
26	01050044	朱家村（浅井）	2000-10-07	2004-03-01	26	1
27	01052045	大黄庄村南400米	1977-08-25	1978-01-05	228	2
28	01053046	环海冷食院内	1994-08-10	2003-03-01	310	3
29	01052047	沿庄乡林场流庄村南500米	1978-11-18	1986-06-05	217	2
30	01052048	北元村西北100米	1978-03-16	1978-04-05	202	2
31	01053049	双楼村东南100米	1975-11-14	1980-01-05	262	3
32	01053050	翟家圈村西50米	1976-12-08	1977-01-05	300	3
33	01053051	夏庄子村东南	1986-10-20	2003-01-01	320	3
34	01050052	东钓台村中（浅井）	1972-02-04	1974-05-05	13	1
35	01052053	安庄子村南	1976-02-24	1986-06-05	243	2
36	01054055	孟家房子村东北150米	1978-01-27	1979-07-05	423	4
37	01053056	邢家堼村东北10米	1994-07-05	2003-01-01	300	3
38	01053058	清河村南100米	1981-12-11	2003-01-01	336	3
39	01054059	中旺村中心	1971-10-13	1979-01-05	357	4
40	01053160	二堡村南	2003-01-12	2008-01-01	300	3
41	01053062	民生新村东批发市场院内	1997-04-20	2003-01-01	320	3
42	01053063	大寨村西北100米	1974-09-27	1978-01-05	290	3
43	01054064	大邱庄镇北800米	1995-04-20	2005-03-05	400	4

表 2-5-13 **地下水位监测井统计表（自动监测井）**

序号	监测站名称	监测站位置	东经/(°)	北纬/(°)	设计井深/米
1	良王庄泵站 1	静海县良王庄泵站院内	117.0112	39.0222	18.00
2	良王庄泵站 2	静海县良王庄泵站院内	117.0112	39.0222	43.00
3	良王庄泵站 3	静海县良王庄泵站院内	117.0113	39.0222	155.00
4	良王庄泵站 4	静海县良王庄泵站院内	117.0113	39.0222	310.00
5	团泊水库 1	静海县团泊水库管理处院内	117.0681	38.8564	24.00
6	团泊水库 2	静海县团泊水库管理处院内	117.0681	38.8563	50.00
7	团泊水库 3	静海县团泊水库管理处院内	117.0680	38.8563	160.00
8	团泊水库 4	静海县团泊水库管理处院内	117.0680	38.8563	290.00
9	薛庄子泵站 1	静海县薛庄子泵站院内	117.0384	38.7076	30.00
10	薛庄子泵站 2	静海县薛庄子泵站院内	117.0385	38.7076	60.00
11	薛庄子泵站 3	静海县薛庄子泵站院内	117.0384	38.7077	170.00
12	薛庄子泵站 4	静海县薛庄子泵站院内	117.0385	38.7076	300.00

四、控沉管理

地面沉降监测主要采用大地水准测量手段。静海县有监测站点 216 个（表 2-5-14），监测周期为每年一次，构成地面沉降监测网。

表 2-5-14 **静海县标石监测站点**

序号	站点名	分乡镇明细	标　　石
		团泊镇	
1	JC983-1	团泊镇大邱庄农场	混凝土钢标志
2	JC964-1	团泊镇独流减河大堤 18+600 处	混凝土钢标志
3	JC-964	团泊镇独流减河大堤 18+600 处	混凝土钢标志
4	JC-965	团泊镇独流减河大堤 21 米处	混凝土普通水准标石
5	JC-966	团泊镇独流减河大堤 25 米碑处	混凝土普通水准标石

续表

序号	站点名	分乡镇明细	标　石
6	JC-967	团泊镇独流减河团泊洼大桥西	混凝土普通水准标石
7	JC-968	团泊镇	混凝土普通水准标石
8	JC-909	团泊镇团泊村	混凝土普通水准标石
9	JC-970	团泊镇华辰养殖总场育肥猪肠	混凝土普通水准标石
10	JC-972	团泊镇原胡连庄乡政府院外	混凝土普通水准标石
11	JC-973	团泊镇刘家房子村广源线材厂门口	混凝土普通水准标石
12	JC-979	团泊镇太平庄村西北约1千米路边	混凝土普通水准标石
13	JC-980	团泊镇尧舜扬水站旁	混凝土普通水准标石
14	JC-981	团泊镇天津市摩托车技术中心测试场门口外	混凝土普通水准标石
15	JC-982	团泊镇吴家堡天泰制管有限公司院门口外	混凝土普通水准标石
16	JC-983	团泊镇大邱庄农场	混凝土普通水准标石
17	JC-984	团泊镇大邱庄农场 团泊洼低荒资源改造工程碑旁	混凝土普通水准标石
18	JC-985	团泊镇畜牧检疫站外	混凝土普通水准标石
19	JC-986	大邱庄镇团泊路尧舜村乾隆湖加油站	混凝土普通水准标石
20	JC-987	大邱庄镇团泊路2730养殖场西南	混凝土普通水准标石
21	JC-646	团泊镇村南邢家埕村南亿利达 金属制品厂外	混凝土普通水准标石
22	DJ-004	团泊洼生活基地二分厂家机队门外	混凝土普通水准标石
23	JC971A-1	团泊镇大港污油净化厂门外	混凝土普通水准标石
24	CJH吴家堡	团泊镇吴家堡村中心小学北	GPS、水准共用标石
25	CJH大港石油 职工医院	静海县大港石油生活区职工医院西	GPS、水准共用标石
26	JC-988	大邱庄镇2730养殖总场北	混凝土普通水准标石
西翟庄镇			
27	JC-1031-1	西翟庄镇东尚码头村	混凝土铜标志
28	JC-1033-1	西翟庄镇北尚码头村西	混凝土铜标志
29	唐小3	唐官屯镇薛庄子扬水站院内	混凝土普通水准标石
30	测绘局水准点	唐官屯镇大十八户村 南约50米，马厂减河桥北岸	混凝土地面标石
31	JC-2162	唐官屯镇国庄子东南约1千米马厂减 河桥北岸堤北侧胜利闸墙西侧	墙上标志（铸铁）

续表

序号	站点名	分乡镇明细	标　石
32	JC－1030	西翟庄镇庞庄子钢厂大门口	混凝土普通水准标石
33	JC－1032	西翟庄镇顺民屯村北砖瓦厂院内	混凝土普通水准标石
34	JC－1034	西翟庄镇巨庄子村委会路东	混凝土普通水准标石
35	JC－1035	西翟庄镇巨庄子村西	混凝土普通水准标石
36	JC－1036	西翟庄镇前尚码头村	混凝土普通水准标石
37	JC－1037	西翟庄镇周庄子北约 2.8 千米	混凝土普通水准标石
38	JC－1038	西翟庄镇周庄子西北京福高速 39.6 千米碑南约 400 米	混凝土普通水准标石
39	JC－1039	西翟庄镇周庄子北约 1.8 千米桥南丹拉高速北约 300 米	混凝土普通水准标石
40	JC－1040	西翟庄镇周镇庄子村内	混凝土普通水准标石
41	JC－1041	西翟庄镇周镇庄子村扬水站	混凝土普通水准标石
42	JC－1042	西翟庄镇东北场地上	混凝土普通水准标石
43	JC－1043	唐官屯镇东沟乐村通联工贸有限公司	混凝土普通水准标石
44	JC－1044	西翟庄镇东翟庄储蓄所院内	混凝土普通水准标石
45	JC－1045	西翟庄镇安家庄客站北	混凝土普通水准标石
46	JC－1056	西翟庄镇吕家沟道班门口前	混凝土普通水准标石
47	CJH－西翟庄	西翟庄村西北	GPS、水准共用标石
杨成庄乡			
48	JC－1172	杨成庄乡梅厂村委会房东墙上	墙脚标志（铸铁）
49	JC－1980	杨成庄乡东寨村东拔丝厂南老东风电器厂院内办公室西墙上	墙脚标志（铸铁）
50	JC－961	静海县西琉城大桥南静交加油站旁	混凝土普通水准标石
51	JC－989	杨成庄乡双窑村东南场上	混凝土普通水准标石
52	JC－990	杨成庄乡砖垛村中国移动发射塔院门口外	混凝土普通水准标石
53	JC－991	杨成庄乡天保利车业有限公司门口外	混凝土普通水准标石
54	JC－998	杨成庄乡西寨村	混凝土普通水准标石
55	JC－999	杨成庄乡砖垛村西	混凝土普通水准标石
56	JC－1000	天津市静海县廊坊农场西南	混凝土普通水准标石
57	JC－1001	天津市静海县振兴砖厂西	混凝土普通水准标石

续表

序号	站点名	分乡镇明细	标　　石
58	JC992－1	杨成庄双窑村东路口处	混凝土普通水准标石
59	JH008	杨成庄董庄窠村北（应东寨北）	混凝土普通水准标石
60	CJH 双窑西	杨成庄双窑村西	GPS、水准共用标石
中旺镇			
61	JH022	中旺镇西湾河成人学校	混凝土铜标志
62	JH024	中旺镇王官庄学校	混凝土铜标志
63	JH01	中旺镇李高庄小学	混凝土铜标志
64	CJH 砖垛	中旺镇垛庄村南	GPS、水准共用标石
65	CJH 姚庄子	中旺镇姚庄子村	GPS、水准共用标石
66	M193	小王庄镇湾河村湾河液化气站院外西北角	钢管普通水准标石（二等标）铜标志
67	M194	中旺镇大庄子村天津市恒源电器元件有限公司大门西侧	钢管普通水准标石（二等标）铜标志
68	M195	中旺镇团瓢村育英小学	钢管普通水准标石（二等标）铜标志
69	M196	中旺镇曾家河村委会	钢管普通水准标石（二等标）铜标志
70	M197	中旺镇李庄子村	钢管普通水准标石（二等标）铜标志
台头、王口			
71	JH023	台头镇建设村	混凝土铜标志
72	M176	台头镇台头村村东扬水站	钢管普通水准标石（二等标）铜标志
73	M177	台头镇黄岔村新立大队	钢管普通水准标石（二等标）铜标志
74	M178	台头镇台头村（本点西至坝台村约 400 米）	钢管普通水准标石（二等标）铜标志
75	TT	台头镇台头大桥大清河南岸 2.2 千米处	混凝土普通水准标石（铜标志）
76	CJH 台头镇	台头镇和平村北	GPS、水准共用标石
77	JH009	台头镇压西贾口村西	混凝土普通水准标石（铜标志）

续表

序号	站点名	分乡镇明细	标　石
78	JH014	台头镇东贾口村西北	混凝土普通水准标石（铜标志）
79	JH0015	台头镇三堡村	混凝土普通水准标石（铜标志）
80	JH0016	王口镇砖瓦厂西侧	混凝土普通水准标石（铜标志）
81	JH0018	王口镇小瓦头村	混凝土普通水准标石（铜标志）
82	CJH 南苗头	王口镇南苗头村西	GPS、水准共用标石
83	Ⅱ津唐 15－6	王口镇北万营村	混凝土普通水准标石（二等）
84	药王庙	王口镇迸庄村药王庙东	GPS、水准共用标石
85	JH001	王口镇郑庄村小学校大门口	混凝土普通水准标石（铜标志）
86	M179	王口镇段堤村	钢管普通水准标石（二等标）铜标志
独流镇			
87	点 527	独流镇十一堡村西南运河东北角	混凝土普通水准标石
88	JC1010－1	府郡庙养殖场	混凝土普通水准标石
89	WB	大清河堤扬水站东果园边大堤	混凝土普通水准标石
90	不 1108	独流镇中国银行南电力管理站院内南侧房北墙上	墙脚标志（铸铁）
91	不 1124	独流镇下圈村东北生产桥东南桥膀上	墙脚标志（铸铁）
92	不 1132	苟家营村王汉群房西墙上	墙脚标志（铸铁）
93	JC－962	独流减河大堤 12 千米碑处	混凝土普通水准标石（铜标志）
94	JC－1105	独流镇尚庄子村永鑫纸业有限公司	混凝土普通水准标石（铜标志）
95	JC－1006	独流给水所院门口外	混凝土普通水准标石（铜标志）
96	XQ047	独流镇九十堡子牙河桥西北 1.4 千米去老龙湾水闸的公路边民主街泵房旁	混凝土普通水准标石（铜标志）
97	杨唐 3	进洪闸内大门外井内	混凝土普通水准标石（铁标志）

续表

序号	站点名	分乡镇明细	标石
98	JC1268	独流镇天津市广联工贸有限公司院内	混凝土普通水准标石（铜标志）
99	XQ048－1	独流镇去台头的公路子牙河桥西加油站墙上	混凝土普通水准标石（铜标志）
100	BBJZ	独流镇八堡村大清河管理所院内	混凝土普通水准标石（铜标志）
101	DLJF	独流减河防潮闸管理处院外	混凝土普通水准标石（铜标志）
102	GDFZ	独流八堡村锅底分洪闸西	混凝土普通水准标石（铜标志）
103	LB	独流镇六堡村子牙河右堤	混凝土普通水准标石（铜标志）
104	WJY	独流镇王家营南运河大堤与25孔桥交口处	混凝土普通水准标石（铜标志）
105	CJH八堡	独流镇八堡村东北	GPS、水准共用标石
106	M175	独流镇七堡村猴山扬水站院内	钢管普通水准标石（二等标）铜标志
107	M180	独流镇王家营村	钢管普通水准标石（二等标）铜标志
108	M181	独流镇冯家村	钢管普通水准标石（二等标）铜标志
陈官屯、双塘			
109	杨唐8	陈官屯镇高泽村静海华夏机械厂院内	混凝土普通水准标石（铜标志）
110	不1916	张官屯火车站房东墙上	墙上标志（铸铁）
111	JC－1021	东双塘镇华成线材制品有限公司	混凝土普通水准标石（铜标志）
112	JC－1022	东双塘杨学士村北	混凝土普通水准标石（铜标志）
113	JC－1023	天津市静海县大丰堆镇静海县砖瓦厂双塘分厂西约500米	混凝土普通水准标石（铜标志）
114	JC－1057	双塘镇杨家园村	混凝土普通水准标石（铜标志）
115	Ⅱ津唐18	陈官屯镇高泽村天津市同星酱菜厂	混凝土普通水准标石（铜标志）二等标

续表

序号	站点名	分乡镇明细	标　石
116	Ⅱ津唐18	陈官屯镇东长屯村路口北侧	混凝土普通水准标石（铜标志）二等标
117	JC1058－1	陈官屯镇陈大公路争光渠桥东南侧	混凝土普通水准标石（铜标志）
118	JH020	陈官屯镇西长屯村西北	混凝土普通水准标石（铜标志）
119	JC1059－1	陈官屯镇104国道至尚马头交口处	混凝土普通水准标石（铜标志）
120	CJH陈官屯砖厂	陈官屯镇陈官屯砖厂	GPS、水准共用标石
121	CJH八里庄东	东双塘镇八里庄村东	GPS、水准共用标石
122	M186	陈官屯镇小集村西十字路口张进忠房西	钢管普通水准标石（二等标）铜标志
123	M187	陈官屯镇纪家庄村前进扬水站	钢管普通水准标石（二等标）铜标志
良王庄乡			
124	津塘103	良王庄乡十里堡村海旺板金厂院内	混凝土普通水准标石（铜标志）
125	JC－1125	良王庄四小屯村南公路南侧中包天津包装公司良王庄仓库食堂东房墙上	墙角标志（铸铁）
126	JC378	良王乡岳家园小学院内门口房西侧	混凝土普通水准标石（铜标志）
127	JC－1002	良王庄乡静海烈士陵园外	混凝土普通水准标石（铜标志）
128	JC－1003	良王庄乡岳家园村打谷场	混凝土普通水准标石（铜标志）
129	JC－1007	良王庄乡罗阁庄村委会院门口	混凝土普通水准标石（铜标志）
130	JC－1008	良王庄乡罗阁庄村南畜牧厂路口处	混凝土普通水准标石（铜标志）
131	JC1004－1	良王庄乡胡家村北独流减河特大桥西约500米堤北面	混凝土普通水准标石（铜标志）
132	CJH邢庄子	良王乡邢庄子村西南	GPS、水准共用标石
133	CJH十里堡	良王庄乡十里堡南	GPS、水准共用标石

续表

序号	站点名	分乡镇明细	标　　石
		静海县城及周边	
134	不1136	静海县城关乡王家楼村东1千米京福公路东侧老王家楼科技队西墙上	墙角标志（铸铁）
135	不1815	静海县城北约3.5千米，津静公路42千米碑+50米公路西侧涵洞上	墙角标志（铸铁）
136	JC-1009	静海县徐庄子乡北约2千米府郡庙砖瓦厂土路口处	混凝土普通水准标石（铜标志）
137	JC-1010	静海县府郡庙乡府郡庙砖瓦厂	混凝土普通水准标石（铜标志）
138	JC-1011	府郡庙乡十里堡村东约2.3千米	混凝土普通水准标石（铜标志）
139	JC-1012	静海县徐庄子乡前杨村	混凝土普通水准标石（铜标志）
140	JC-1013	徐庄子乡京福高速前毕庄收费站	混凝土普通水准标石（铜标志）
141	JC-1014	徐庄子乡静海县粮油批发交易市场	混凝土普通水准标石（铜标志）
142	JC-1015	徐庄子乡西边庄村	混凝土普通水准标石（铜标志）
143	JC-1016	静海县京福高速西侧，静海县大邱庄出口1千米批示牌东侧	混凝土普通水准标石（铜标志）
144	JC-1019	静海县开发区旭华道南头	混凝土普通水准标石（铜标志）
145	JC-1020	静海县长途汽车站北	混凝土普通水准标石（铜标志）
146	B-不1854	静海县城北G104东油脂仓库南去京福高速成路边	混凝土普通水准标石（铜标志）
147	JH019	静海县朴楼村	混凝土普通水准标石（铜标志）
148	JH021	静海县城关中国石化加油站	混凝土普通水准标石（铜标志）
		蔡公庄、大邱庄	
149	不1176	蔡公庄土河村供销社房东墙上	墙角标志（铸铁）
150	不1351	蔡公庄大屯村东大屯家工商联合公司东风水暖厂机床车间的东墙上	墙角标志（铸铁）

续表

序号	站点名	分乡镇明细	标　　石
151	JC－974	蔡公庄中心法院办公楼东	混凝土普通水准标石（铜标志）
152	JC－975	蔡公庄镇四党口村	混凝土普通水准标石（铜标志）
153	JC－976	蔡公庄镇压杨口村（至静王公路24千米＋100米碑处可达本点）	混凝土普通水准标石（铜标志）
154	JC－977	蔡公庄大屯村大屯农场门口	混凝土普通水准标石（铜标志）
155	CJH 刘家房子	蔡公庄镇刘家房子村南	GPS、水准共用标石
156	JC－1046	蔡公庄道班门口	混凝土普通水准标石（铜标志）
157	JC－1047	蔡公庄镇顺小王庄西变电房旁	混凝土普通水准标石（铜标志）
158	JC－1048	蔡公庄镇刘详庄	混凝土普通水准标石（铜标志）
159	JC－1064	蔡公庄中镇中党口村扬水站	混凝土普通水准标石（铜标志）
160	KC978－1	蔡公庄镇压官坑村东官坑扬水站	混凝土普通水准标石（铜标志）
161	CJH 大屯场	大邱庄镇大屯农场打谷场内	GPS、水准共用标石
162	JC－1028	大邱庄镇福瑞特印铁厂大门口	混凝土普通水准标石（铜标志）
163	JC－1029	静海县大邱庄镇	混凝土普通水准标石（铜标志）
大丰堆镇			
164	不 1525	大丰堆镇高庄子道班内道班房西墙上	墙角标志（铸铁）
165	JC－993	大丰堆镇高小王庄 WFP－2730 扬水站房南	混凝土普通水准标石（铜标志）
166	JC－994	大丰堆养鸡场东南角泵房南派出所北	混凝土普通水准标石（铜标志）
167	JC－995	大丰堆镇后明庄宏健针织厂东	混凝土普通水准标石（铜标志）
168	JC－996	大丰堆镇后树村	混凝土普通水准标石（铜标志）

续表

序号	站点名	分乡镇明细	标　　石
169	JC－997	大丰堆镇丰普村	混凝土普通水准标石（铜标志）
170	JC－1017	大丰堆镇史家庄村	混凝土普通水准标石（铜标志）
171	JC－1018	大丰堆镇于家庄村	混凝土普通水准标石（铜标志）
172	JC－1024	大丰堆镇于家庄村京福高速文安小王庄出口2千米指示牌南	混凝土普通水准标石（铜标志）
173	JC－1025	大丰堆镇齐庄子丁约2千米公路边上	混凝土普通水准标石（铜标志）
174	JC－1026	大丰堆胡家庄泵房	混凝土普通水准标石（铜标志）
175	JC－1027	大丰堆镇崔家庄废品回收站	混凝土普通水准标石（铜标志）
176	CJH 李八庄 C165	大丰堆镇李八庄村南	GPS、水准共用标石
唐官屯镇			
177	JC－208	唐官屯镇东北京福公路与去小王庄路交口路南侧边上	混凝土普通水准标石（铜标志）
178	JC－1049	唐官屯镇亚庄子小学前	混凝土普通水准标石（铜标志）
179	JC－1050	唐官屯镇薛庄子村西泵房旁	混凝土普通水准标石（铜标志）
180	JC－1051	唐官屯镇郑庄子北约600米	混凝土普通水准标石（铜标志）
181	JC－1052	唐官屯镇大十八户村北1.2千米	混凝土普通水准标石（铜标志）
182	JC－1053	唐官屯镇夏庄子小学操场	混凝土普通水准标石（铜标志）
183	JC－1054	唐官屯镇满意庄储蓄所前	混凝土普通水准标石（铜标志）
184	JC－1055	唐官屯镇孙坝口村西北约600米	混凝土普通水准标石（铜标志）
185	JC－1060	唐官屯镇东约1千米处	混凝土普通水准标石（铜标志）

续表

序号	站点名	分乡镇明细	标石
186	JC－1061	唐官屯镇烧窑盆西约1千米处	混凝土普通水准标石（铜标志）
187	JC－1062	唐官屯镇烧窑盆东约0.7千米处	混凝土普通水准标石（铜标志）
188	JC－1063	唐官屯镇慈儿庄马厂减河大堤17＋700处	混凝土普通水准标石（铜标志）
189	JH010	唐官屯镇大张屯砖厂	混凝土普通水准标石（铜标志）
190	JH013	唐官屯镇胡辛庄村	混凝土普通水准标石（铜标志）
191	CJH郑庄子C176	唐官屯镇郑庄子村	GPS、水准共用标石
梁头镇			
192	静海1046	梁头镇地震台	GPS、水准共用标石
193	JH－006	梁头镇于家庄村南福字墙北面	混凝土普通水准标石（铜标志）
194	JH－007	梁头镇后邓村薛洪祥加工厂外	混凝土普通水准标石（铜标志）
195	CJH孟庄子C152	梁头镇压孟庄子西	GPS、水准共用标石
196	CJH南柳木C161	梁头镇南柳木村南	GPS、水准共用标石
197	M182	梁头镇罗塘村冯运祥房东（罗塘学校校长）	钢管普通水准标石（二等标）铜标志
198	M183	梁头镇西柳木村委会	钢管普通水准标石（二等标）铜标志
199	M184	梁头镇吴庄子村凯达五金厂	钢管普通水准标石（二等标）铜标志
沿庄镇、子牙镇			
200	大黄庄（二等）	子牙镇大黄庄西北约1.5千米	GPS、水准共用标石
201	JH002	子牙镇尚庄子村东约1千米	混凝土普通水准标石（铜标志）
202	JH003	子牙镇小邀铺村南去西子牙村路口处	混凝土普通水准标石（铜标志）
203	JH004	子牙镇三呼庄北约2千米津涞公路47.3千米桩处	混凝土普通水准标石（铜标志）

续表

序号	站点名	分乡镇明细	标石
204	JH005	子牙镇三呼庄南约1千米大邀铺村路口北，津涞路50.5千米桩东	混凝土普通水准标石（铜标志）
205	JH012	静海县元蒙口村东	混凝土普通水准标石（铜标志）
206	CJH 东子牙 C163	子牙镇子牙村	GPS、水准共用标石
207	CJH 南张庄子 C164	沿庄镇南张庄子村南	GPS、水准共用标石
208	CJH 小河村 C173	沿庄镇小河村	GPS、水准共用标石
209	CJH 王匡村 C174	沿庄镇王匡村	GPS、水准共用标石
210	M185	沿庄镇南张庄子村石海青房东南角	钢管普通水准标石（二等标）铜标志
211	M187	沿庄镇东禅房村天津市煊林油泵零件加工厂	钢管普通水准标石（二等标）铜标志
212	M188	王二庄村天津市静海县华海工艺品厂	钢管普通水准标石（二等标）铜标志
213	M189	沿庄村大堤上蔡洪展养猪场东南角	钢管普通水准标石（二等标）铜标志
214	M190	大黄庄村西港河桥西南	钢管普通水准标石（二等标）铜标志
215	M191	沿庄镇双楼村王跃忠养殖场大门东南原乡科研队	钢管普通水准标石（二等标）铜标志

2007年静海县平均沉降量51毫米，比2006年减缓1毫米。主要沉降漏斗分布于两大区域，分别为独流镇、台头镇及良王庄乡一带；杨成庄乡、大丰堆镇、大邱庄镇、团泊镇、双塘镇、陈官屯镇、西翟庄镇及蔡公庄镇部分地区一带。沉降漏斗区域内平均沉降量均在50毫米以上，漏斗面积与2006年相当。最大沉降量88毫米，位于崔家庄（JC 1027）。部分地带平均沉降量为：静海县城44毫米，大邱庄镇56毫米，杨成庄乡一带70毫米，大丰堆镇一带76毫米，东双塘乡地区66毫米，团泊镇地区57毫米，蔡公庄镇一带52毫米，唐官屯镇及大张屯以东地区41毫米，京沪铁路以西地区44毫米。

2010年静海县平均沉降量55毫米，较近三年平均水平增加8毫米。最大沉降量89毫米，位于大邱庄镇、大丰堆镇和团泊镇交界处（JC 986）。沉降主要分布在两大区域，分别为独流镇、台头镇和梁头镇一带；杨成庄乡、大丰堆镇、大邱庄镇、团泊镇、双塘镇、陈官屯镇、西翟庄镇及蔡公庄镇一带。沉降量大于30毫米的面积为1383平方千米，基本覆盖了静海县所有区域；沉降量大于50毫米的面积为818平方千米；沉降量大于70毫米的面积为291平方千米。静海镇平均沉降量51毫米，大邱庄镇平均沉降量62毫米，杨成庄乡平均沉降量79毫米，大丰堆镇平均沉降量81毫米，双塘镇平均沉降量68毫米，团泊镇平均沉降量59毫米，蔡公庄镇平均沉降量55毫米，唐官屯镇平均沉降量43毫米。

五、节约用水管理

静海县通过大力开展城市节水工作，坚持“节流为先、治污为本、科学开源、综合利用”的原则，通过科学规划，为合理开发利用和保护水资源提供了有力依据；通过制定城市供水、节水方面的规范性文件，使节水工作纳入法制化管理轨道；通过深入开展节水型企业（单位）活动，节水器具得到更广泛的推广与应用，用水工艺、设施得到更合理的建设与改良。

（一）节水型社会建设

根据《天津市节水型社会建设试点规划》（津政函〔2006〕86号），按照天津市政府批准的《批转市水利局拟定的天津市节水型社会建设试点建设实施方案（2006—2008年）的通知》（津政发〔2007〕1号）精神，为推进静海县节水型社会建设，结合静海水资源紧缺的实际和城市总体规划，于2007年3月31日建立以县长陶润立为组长，以县建委、农委、工委、水利局、农业局、林业局、畜牧水产局、环卫局、环保局主要领导为成员的节约用水领导小组，下设办公室，办公地点为静海县水利局。静海县节约用水办公室主任由水利局局长李义刚担任，副局长孙景起为副主任，4月编制完成《静海县节水型社会建设试点实施方案（2006—2008年）》，县政府于2007年6月18日批复同意此方案，并要求上报天津市建设节水型社会领导小组办公室。该方案以推进节水型社会建设为工作目标，至2008年形成节水型社会的基本框架，节水体系、节水制度比较完善，节水意识深入人心，节水器具、节水工艺广泛使用，污水处理率和中水利用率大大提高，全社会用水高效合理，水资源的经济、社会和生态效益明显提高，满足生产、生活和生态发展对水的需求。通过两年的工作，节水型社会建设取得了一定成效。一是建立健全节水管理机构。建立从县—街道、乡镇—居委会和村民委员会三级节水管理网络，强化各级政府节水管理职能，共建立乡镇级节水机构18个，街道、居委会及村级节水机构418个。二是加强地下水总量控制管理。根据市水利局下达给的地下水限采、压采规划，确定全县地下水取水总量控制指标，加大地下水开采计量管理力度，为地下水总量控制管理提供技术支持。2008年年底为天宇科技园、静海镇开发区、静海县开发区共4眼机井切换了水源。三是探索出农村集中供水新模式。解决了农村群众饮水不安全和不方便问题，实现了地下水资源控采、压采。2001—2010年，累计兴建运行30处农村集中供水厂，共计节约地下水3500余万立方米。四是节约用水宣传。每年投入宣传经费用于“世界水日”“中国水周”“全国城市节水宣传周”等水事节日开展宣传活动，并在县城部分公交站台设置节水宣传图画。五是推广节水型器具使用。2008年8月对行政机关、事业单位、学校、医院、饭店共68家单位进行了节水器具的检查，对不合格器具，当场责令限期更换。

（二）节水宣传

静海县节约用水办公室（简称县节水办）以“世界水日”“中国水周”“全国城市节水宣传周”等重要水事节日为契机，通过开展形式多样的宣传活动，广泛深入地宣传节约用水，提高公民节水意识，创造良好的社会氛围。

2007年3月22日，在“世界水日”“中国水周”宣传活动期间，以“全面推进可持续发展水利，实现水资源可持续利用”为主题，开展了大型宣传活动。县水利局在静海主要街道、健身广场、大邱庄广场及主要河道，通过发放宣传品、宣传材料、播放露天电影等形式向广大群众宣传节水的重要性，其间邀请了新闻媒体（报刊、电台、电视台）跟踪报道。活动中放发了宣传品：手提袋1000件、纸杯40000个、宣传材料10000份；放映露天电影200场次；共计投入6.5万元。

2008年县节水办投入宣传经费40余万元用于节约用水宣传，除用于水事节日宣传活动外，还在县城部分公交站台设置节水宣传图画，全年进行五次画面更新。

2009年5月12日，县节水办以“创建节水型城市，实施可持续发展”为主题，在县健身广场组织举办了静海县2009“城市节水宣传周”启动仪式，县节水办领导讲话并宣布“城市节水宣传周”正式启动。其间开展了节水法律法规宣传、城市节水知识以及节约用水生活器具展览、节水漫画图片展览等形式多样的宣传活动。在为期一周的宣传活动中，还组织了社区“节水好家庭”评选表彰、“节水伴我在校园、我把节水带回家”、节水进企业等一系列节水宣传活动。制作宣传展牌6块、布标20幅，发放台历2000册、纸杯50000个、提袋2000件、标牌40000个、宣传册5000册，租用公交站牌10处，共投入16.8万元。

2010年3月22日，在“世界水日”“中国水周”期间，县节水办重点围绕“珍爱水资源、优化水环境、保障水安全”的主题，开展进校园、进企业、流动宣传、参观节水科技馆等多种形式的宣传活动。本次宣传出动60余人、车辆20余辆次、印发宣传材料1万余份，制作宣传布标30余幅、宣传展牌6块、宣传品3000件。5月16—21日，“全国城市节水宣传周”期间，以“节水全民行动，共建生态家园”为主题，组织举办了形式多样、内容丰富、覆盖面广的大型宣传活动。全年宣传活动投入资金36万元。

第三章

防汛抗旱

1991—2010 年，静海县防汛抗旱工作全面落实责任制，建立健全防汛抗旱组织机构，落实各级行政首长负责制。制定并逐年完善各项防汛预案，落实抢险队伍和抢险物资，防洪工程建设力度不断加强。加大对蓄滞洪区安全建设的投入，建有一定规模的避水房和撤退路，以解决安全避险和快速转移；逐年实施的应急度汛工程，为安全度汛打下了坚实的基础。1991—2010 年，静海县境内多为干旱，1996—2002 年连续 7 年发生特大干旱。由于水源严重短缺，部分乡镇村发生了饮水困难，面对严重干旱，静海县委、县政府高度重视，积极采取相应措施，县水利（水务）局充分发挥职能部门的作用，多方协调，千方百计引调水源，缓解旱情，降低灾害损失。

第一节 防 汛

全县共有 4 个洼淀，即东淀洼、文安洼、贾口洼、团泊洼，是国家防总确定的蓄滞洪区，面积达 1259.1 平方千米，占全县面积的 89.0%。担负着保卫天津市和津浦铁路汛期安全的重要使命。

流经静海县的一级行洪河道有 6 条，即大清河、子牙河、南运河、独流减河、马厂减河、子牙新河，河道总长 179.18 千米，堤防总长 285.885 千米；二级河道 2 条，即黑龙港河和青静黄排水渠，河道总长 42.16 千米，堤防总长 84.32 千米。全县建有国有扬水站 24 座，设计总排水能力 357.3 立方米每秒。大（2）型水库 1 座，蓄水能力 1.8 亿立方米；6 条一级河道沿河闸涵 84 座，干渠闸涵 59 座。全县有干渠 36 条，总长 555.9 千米；支渠 386 条，总长 1030 千米。全县初步形成了调蓄结合、排灌结合、工程与非工程措施结合，渠渠相通、站站相连的水利格局。

一、防汛组织

静海县防汛抗旱工作涉及全县各部门，指挥机构根据各部门人事变动情况，每年对防汛抗旱指挥部成员进行调整。防汛抗旱指挥部由县长任指挥，相关单位主要领导为指挥部成员，下设防汛办公室（简称县防办），办公室主任由水利（水务）局主要领导兼任，见表 3 - 1 - 15。防汛指挥部下设 11 个防汛分部，见表 3 - 1 - 16。

表 3-1-15 1991—2010 年静海县防汛指挥部机构名单

年份	指挥	副指挥	成员单位	办公室主任
1991—1992	查禄忠（县长）	刘家安（副县长）、赵占民（武装部部长）、宋颜岭（炮团团长）、郭振亮（水利局党委书记）	农经委、县政府办公室、财政办、计经委、农经委、水利局、商业局、公安局、电力局、物资局、交通局、邮电局、林业局、粮食局、农机局、财政局、组织部、畜牧水产局、技术监督局、农业局、城乡建委、广播局、火车站	曹欣柏（水利局局长兼）
1993	只升华（县长）	刘家安（副县长）、赵占民（武装部部长）、宋颜岭（炮团团长）、刘建国（县长助理兼政府办主任）、魏宗靖（县长助理）、曹欣柏（水利局党委书记）	财办、计经委、水利局、商业局、物资局、公安局、电力局、林业局、交通局、邮电局、粮食局、农机局、财政局、民政局、畜牧水产局、技术监督局、农业局、城乡建委、广播局、体委、法院、团泊水库管理处、税务局、火车站	王庆增（水利局局长兼）
1994—1995	李占发（县长）	刘家安（副县长）、赵占民（武装部部长）、宋颜岭（炮团团长）、刘建国（副县长）、曹欣柏（水利局党委书记）、钟广和（农委主任）	财办、计经委、水利局、供销合作社联合社、物资局、公安局、电力局、农业局、林业局、交通局、邮电局、粮食局、农机局、财政局、民政局、畜牧水产局、技术监督局、城乡建委、广播局、体委、法院、团泊水库管理处、劳动局、税务局、火车站、乡镇企业经济委员会、工业局、卫生局	王庆增（水利局局长兼）
1996	李占发（县长）	刘家安（副县长）、宫玉新（公安局局长）、袁景生（武装部部长）、宋颜领（炮团团长）、朱泽广（县长助理）、钟广和（农经委主任）、王庆增（水利局党委书记）	财贸办、计经委、城乡建委、乡镇企业经济委员会、体委、水利局、供销合作社联合社、物资局、电力局、农业局、林业局、交通局、邮电局、粮食局、农机局、财政局、民政局、畜牧水产局、技术监督局、广播局、法院、团泊水库管理处、劳动局、税务局、工业局、卫生局、气象局、火车站	李金武（水利局局长兼）
1997	张柏捷（县长）	刘家安（副县长）、魏宗靖（宣传部部长）、宫玉新（公安局局长）、袁景生（武装部部长）、董景发（人大副主任）、宋颜领（炮团团长）、朱泽广（县长助理）、钟广和（农经委主任）、王庆增（水利局党委书记）	财贸办、计经委、城乡建委、乡镇企业经济委员会、体委、水利局、供销合作社联合社、物资局、电力局、农业局、林业局、交通局、邮电局、粮食局、农机局、财政局、民政局、畜牧水产局、技术监督局、广播电视局、法院、团泊水库管理处、劳动局、税务局、工业局、卫生局、气象局、火车站	李金武（水利局局长兼）

续表

年份	指挥	副指挥	成员单位	办公室主任
1998	张柏捷（县长）	刘家安（副县长）、魏宗靖（宣传部部长）、宫玉新（公安局局长）、袁景生（武装部部长）、董国民（县人大）、董景发（政府顾问）、宋颜领（炮团团长）、朱泽广（县长助理）、钟广和（农经委主任）、王庆增（水利局党委书记）	水利局、商委、计经委、城乡建委、乡镇企业管理局、体委、供销合作社联合社、物资局、电力局、农业局、林业局、交通局、邮电局、粮食局、农机局、财政局、民政局、畜牧水产局、技术监督局、广播电视局、法院、团泊水库管理处、劳动局、税务局、工业局、卫生局、气象局、火车站	李金武（水利局局长兼）
1999	张柏捷（县长）	刘家安（副县长）、魏宗靖（宣传部部长）、宫玉新（公安局局长）、袁景生（武装部部长）、董国民（县人大）、董景发（政府顾问）、朱泽广（县工会主席）、张现民、（武装部部长）、钟广和（农经委主任）	水利局、商委、计经委、城乡建委、乡镇企业管理局、体委、供销合作社联合社、物资局、电力局、农业局、林业局、交通局、邮电局、粮食局、农机局、财政局、民政局、畜牧水产局、技术监督局、广播电视局、法院、团泊水库管理处、劳动局、税务局、工业局、卫生局、气象局、火车站	李金武（水利局局长兼）
2000	张柏捷（县长）	刘家安（副县长）、魏宗靖（宣传部部长）、宫玉新（公安局局长）、袁景生（武装部部长）、董国民（县人大）、董景发（政府顾问）、朱泽广、（县工会主席）张现民、（武装部部长）、钟广和（农经委主任）	水利局、商委、计经委、城乡建委、乡镇企业管理局、体委、供销合作社联合社、物资局、电力局、农业局、林业局、交通局、邮电局、粮食局、农机局、财政局、民政局、畜牧水产局、技术监督局、广播电视局、法院、团泊水库管理处、劳动局、税务局、工业局、卫生局、气象局、火车站	李金武（水利局局长兼）
2001	张胜利（县长）	刘家安（副县长）、魏宗靖（宣传部部长）、宫玉新（公安局局长）、袁景生（武装部部长）、董国民（县人大）、朱泽广（县工会主席）、张现民（武装部部长）、钟广和（农经委主任）	水利局、预备役部队、商委、计经委、城乡建委、乡镇企业管理局、体委、供销合作社联合社、物资局、电力局、农业局、林业局、交通局、邮电局、粮食局、农机局、财政局、民政局、畜牧水产局、技术监督局、广播电视局、法院、团泊水库管理处、劳动局、税务局、工业局、卫生局、气象局、火车站	汪绍盛（水利局副书记兼）

续表

年份	指挥	副指挥	成员单位	办公室主任
2002	张新景（县长）	陶润立（副县长）、姚同田（副县长）、魏宗靖（副县长）、宫玉新（公安局局长）、朱泽广（县工会主席）、张现民（武装部部长）、钟广和（农经委主任）、李义刚（水利局书记、局长） 顾问：刘家安	计经委、统计局、城乡建委、乡镇企业管理局、供销合作社联合社、物资局、电力局、农业局、林业局、交通局、邮电局、粮食局、农机局、财政局、民政局、畜牧水产局、技术监督局、广播电视局、团泊水库管理处、劳动局、税务局、工业局、卫生局、法院、气象局、火车站、预备役部队、水利局	李义刚（水利局书记、局长兼）
2003	陶润立（县长）	张现民（副县长）、张绵生（副县长）、孙橄（政府办主任）、钟广和（农经委主任）、赵军（公安局局长）、李义刚（水利局书记、局长） 顾问：刘家安	计经委、统计局、城乡建委、乡镇企业管理局、供销合作社联合社、规划和国土资源管理局、物资局、电力局、农业局、林业局、交通局、邮电局、粮食局、农机局、财政局、民政局、畜牧水产局、技术监督局、广播电视局、环保局、劳动和社会保障局、工业局、卫生局、气象局、预备役部队、团泊水库管理处、火车站、水利局	李义刚（水利局书记、局长兼）
2004	陶润立（县长）	张现民（副县长）、李宝成（公安局局长）、张绵生（副县长）、李绍峰（政府办主任）、李义刚（水利局书记、局长） 顾问：刘家安	计经委、统计局、城乡建委、乡镇企业管理局、供销合作社联合社、规划和国土资源管理局、物资局、电力局、农业局、林业局、交通局、邮电局、粮食局、农机局、财政局、民政局、畜牧水产局、技术监督局、广播电视局、环保局、劳动和社会保障局、工业局、卫生局、气象局、预备役部队、团泊水库管理处、火车站、水利局	李义刚（水利局书记、局长兼）
2005	陶润立（县长）	张绵生（副县长）、孙橄（政府办主任）、李壮虎（武装部部长）、李宝成（公安局局长）、李绍峰（农经委主任）、李义刚（水利局书记、局长） 顾问：刘家安	计经委、统计局、城乡建委、乡镇企业管理局、供销合作社联合社、物资局、电力局、农业局、林业局、交通局、规划和国土资源管理局、静海通信分公司、粮食局、农机局、财政局、民政局、畜牧水产局、技术监督局、广播电视局、环保局、劳动和社会保障局、工业局、卫生局、气象局、预备役部队、团泊水库管理处、火车站、水利局	李义刚（水利局书记、局长兼）

续表

年份	指挥	副指挥	成员单位	办公室主任
2006	指挥：陶润立（县长）	李宝成（公安局局长）、张绵生（副县长）、李壮虎（武装部部长）、李绍峰（农经委主任）、李义刚（水利局书记、局长） 顾问：刘家安	计经委、统计局、城乡建委、工业经委、供销合作社联合社、物资局、电力局、农业局、林业局、交通局、规划和国土资源管理局、静海通信分公司、粮食局、农机局、财政局、民政局、畜牧水产局、技术监督局、广播电视局、环保局、劳动和社会保障局、卫生局、气象局、预备役部队、团泊水库管理处、火车站、水利局	李义刚（水利局书记、局长兼）
2007	陶润立（县长）	李宝成（公安局局长）、李壮虎（武装部部长）、张绵生（副县长）、李绍峰（农经委主任）、李义刚（水利局书记、局长） 顾问：刘家安	计经委、统计局、城乡建委、工业经委、供销合作社联合社、物资局、电力局、农业局、林业局、交通局、规划和国土资源管理局、静海通信分公司、粮食局、农机局、财政局、民政局、畜牧水产局、技术监督局、广播电视局、环保局、劳动和社会保障局、卫生局、气象局、团泊水库管理处、预备役部队、火车站、水利局	李义刚（水利局书记、局长兼）
2008	陶润立（县长）	李宝成（公安局局长）、李壮虎（武装部部长）、张绵生（副县长）、李绍峰（农经委主任）、李义刚（水利局书记、局长） 顾问：刘家安	计经委、统计局、城乡建委、工业经委、供销合作社联合社、物资局、电力局、农业局、林业局、交通局、国土资源分局、网通静海分公司、粮食局、农机局、财政局、民政局、畜牧水产局、技术监督局、广播电视局、环保局、劳动和社会保障局、卫生局、安全生产监督管理局、气象局、团泊水库管理处、预备役部队、火车站、水利局	李义刚（水利局书记、局长兼）
2009	陶润立（县长）	李宝成（公安局局长）、李壮虎（武装部部长）、张绵生（副县长）、李绍峰（农经委主任）、李义刚（水利局书记、局长） 顾问：刘家安	计经委、统计局、城乡建委、工业经委、供销合作社联合社、物资局、电力局、农业局、林业局、交通局、国土资源分局、网通静海分公司、粮食局、农机局、财政局、民政局、畜牧水产局、技术监督局、广播电视局、环保局、劳动和社会保障局、卫生局、安全生产监督管理局、气象局、团泊水库管理处、预备役部队、火车站、水利局	李义刚（水利局书记、局长兼）

续表

年份	指挥	副指挥	成员单位	办公室主任
2010	陶润立（县长）	李宝成（公安局局长）、李壮虎（武装部部长）、张绵生（副县长）、李绍峰（农经委主任）、李义刚（水务局书记、局长）、赵树茂（大清河处处长）	计经委、统计局、城乡建委、供销合作社联合社、电力局、农业局、林业局、交通局、国土资源分局、粮食局、农机局、财政局、民政局、质量技术监督局、文化广播电视局、新闻中心、环保局、人力资源和社会保障局、卫生局、安全生产监督管理局、气象局、团泊水库管理处、网通静海分公司、预备役部队、静海火车站、水务局	李义刚（水务局书记、局长兼）

表 3-1-16　**2010 年静海县防汛分部及驻扎地**

序号	分部名称	驻扎地	备注
1	大清河分部	驻台头镇	
2	东淀分部	驻大清河河道所	
3	子牙河分部	驻子牙河河道所	
4	马厂减河分部	驻马厂减河河道所	
5	独流减河分部	驻独流减河河道所	
6	南运河西钓台分部	驻南运河西钓台河道所	
7	南运河北五里分部	驻南运河北五里河道所	
8	黑龙港河分部	驻梁头镇政府	
9	子牙新河分部	驻中旺镇政府	
10	团泊水库分部	驻团泊水库管理处	
11	县城分部	驻县水务局	

防汛指挥部对流经静海县境内的 6 条一级河道（南运河、马厂减河、独流减河、大清河、子牙河、子牙新河）；4 个蓄滞洪区（贾口洼、团泊洼、东淀洼、文安洼）；4 处分洪口门（大清河清北、清南口门、六堡分洪口门、南运河对开口门）；位于一级河道上的 30 处闸站（小河闸、流庄闸、文静闸、隔淀堤闸、五堡闸、锅底闸、锅底船闸、八堡引水闸、争光引水闸、烧窑岔闸、湾头闸、革新闸、一灌所闸、东房子闸、二灌所闸、东淀引水闸、五堡进水闸、团结站闸、猴山站闸、老龙湾站闸、低水引水闸、管铺头进水闸、前小屯闸、刘上道闸、陈官屯闸、双塘闸、花园闸、北五里闸、王家营闸、下圈闸）和团泊水库进行了明确的责任划分，由县政府、县直机关和乡镇的主要领导任负责人，确保防汛责任制的落实。

二、防汛准备

（一）防汛预案

静海县是海河流域南系洪水汇流的主要蓄滞洪区，担负着保卫天津市区和津浦铁路安全的重要使命。针对境内河道淤积、堤防下沉、防洪工程设施老化、防洪能力下降的现状，在现有工程设施低于规划标准条件下，制定科学的防洪预案，做到有计划、有准备地防御洪水，防患于未然，对保障人民生命、财产安全和经济建设的顺利进行，最大限度地减少洪水灾害损失是十分必要的。县防办针对本县可能发生的各种类型的洪水，制定了《静海县防洪应急预案》，包括洪水调度（含蓄滞洪区运用），工程抢险，蓄滞洪区群众安全转移，防洪抢险人员组织、物资调配、通信联络等对策、措施，为各级防汛部门指挥决策和防洪调度、抢险救灾提供依据。

为有效应对和处置洪涝灾害等防汛突发事件，使洪涝灾害处于可控状态，保证防汛抢险工作高效有序进行、最大限度地减少人员伤亡和财产损失，保障经济社会全面协调可持续发展，县防办制定了《静海县大清河系河道防汛抢险应急预案》。

为了提高对静海县团泊水库可能发生的各类突发事件的应对能力，做好团泊水库遭遇突发事件时的防洪抢险调度和险情抢护工作，确保团泊水库的工程安全，最大限度地保障人民群众的生命财产安全，县防办制定了《静海县团泊水库防汛抢险应急预案》。

为了保证蓄滞洪区工程正常运用，确保蓄滞洪区运用前，洼内群众安全及时转移，县防办制定了《东淀蓄滞洪区应急工作预案》《文安洼蓄滞洪区应急工作预案》《贾口洼蓄滞洪区应急工作预案》《团泊洼蓄滞洪区应急工作预案》。

按照市防办要求，结合静海县实际，县防办对《群众安全转移预案》《群众安全转移交通疏导和社会治安预案》《农田除涝预案》《卫生防疫工作预案》《分洪运用方案》《主要行洪河道抢险预案》《分洪口门扒口预案》《团泊水库运用预案》和《团泊水库周边地区群众转移预案》等预案进行了修订和完善，并编制《静海县蓄滞洪区运用方案》。

按照静海县防汛指挥部防汛工作部署，为保证静海县城区汛期安全度汛，确保在汛期居民日常生活不受影响，能在汛期及时、快速地做好排水抢险工作，制定《县城城区排水防汛抢险预案》。按照静海县防汛“安全第一，常备不懈，预防为主，全力抢险”的工作方针，为加强对城区防汛工作的领导，成立静海县城区排水防汛抢险领导小组，在县防汛指挥部和县城分部的领导下，行使城区防汛排水抢险的指挥职能，领导和指挥城区的防汛抢险工作。城区防汛抢险领导小组下设办公室作为日常办事机构，办公室设在城区排水管理所。按照城区防汛抢险工作需要，由防汛抢险技术骨干力量组建城区排水防汛抢险队，并设东、西城两支分队，主要应对在城区汛期防洪中所发生的险情，在发生重大险情时完成防洪抢险任务，要在汛期投入工作岗位，关注汛情，加强对工程的检查、观测，分析险情，做好防汛抢险有关技术准备工作。同时，制定了《城区防汛工作责任制》。

（二）抢险队与防汛物资

为应对突发事件，静海县每年成立应急领导小组、防汛专家组和防汛专业抢险队，抢险队配备专业设备，同时，每年储备防汛物资。至2010年应急救援队装备及物资储备情况，见表3－1－17、表3－1－18。

表3－1－17　　**2010年应急救援队装备登记表**

名　　称	型号（规格）	数量/台	用　　途	备　　注
挖掘机	轮式詹阳动力W4－60C	1	防汛抢险	
水　泵	2’自吸	3	防汛抢险	
装载机	轮式ZL10	1	防汛抢险	
后翻斗车	ZH1115	3	防汛抢险	
挖掘机	链式小松PC360－7	1	防汛抢险	
装载机	轮式ZL－50E	1	防汛抢险	
合计		10		

表3－1－18　　**2010年应急物资储备登记表**

物资名称	规格型号	数量	存放地点	备　　注
桩　木	根	200	县粮食局东城储备库	
草　袋	条	700	供销合作联社土产仓库	
麻　袋	条	2000	县粮食局东城储备库	
		5000	供销合作联社天津绳麻仓库	
苇　席	片	120	供销合作联社土产仓库	
铁　锨	把	200	县防办	
		20	县粮食局东城储备库	
		400	供销合作联社土产仓库	
苫　布	平方米	100	供销合作联社土产仓库	
麻　绳	千克	3000	供销合作联社天津绳麻仓库	
彩条布	平方米	6000	供销合作联社天津绳麻仓库	
编织袋	条	21000	供销合作联社天津绳麻仓库	
		6500	供销合作联社土产仓库	
		50000	供销合作联社农乐制配有限公司	
草帘	片	100	供销合作联社土产仓库	
救生衣	个	100	县防办	

三、抗洪抢险

（一）1996 年洪水

1996 年 8 月初，河北省大部分地区连降大暴雨，其特点是面积大且集中。8 月 2—5 日，河北省中南部地区降水量超过 100 毫米的地区有 10 万平方千米，大于 200 毫米的地区有 1.78 万平方千米，大于 300 毫米的地区有 1 万平方千米，大于 500 毫米的地区有 0.11 万平方千米。暴雨中心一是在平山县县城鹿泉西部至井陉一带，中心雨量平山县南西焦 651 毫米；另一个在野沟门水库周围，中心雨量野沟门水库 619 毫米。径流洪水约 20 亿立方米，引起洪水下泄，致使静海县受洪水的威胁。1996 年 8 月 5 日，大清河新盖房分洪道和白洋淀枣林庄分洪闸同时向东淀和大清河分洪，泄洪量为 240 立方米每秒和 192 立方米每秒。

8 月 6 日，市水利局水文站进驻台头镇，在大清河台头桥进行水文观测。15 时 51 分进行了第一次观测，台头流量 116 立方米每秒，水位 4.41 米。

8 月 7 日，新盖房分洪道最大分洪流量 1000 立方米每秒。根据上游水情和台头水位上涨情况，县防汛抗旱指挥部进行了分析研究，根据分洪运用方案决定：当第六埠水位达 6.0 米时，需在台头西向淀北分洪。按照县武装部制定的爆破方案，决定先调运炸药。县防办于 7 日 19 时向市防办请示，8 日 18 时将炸药运到台头，并得到市防办同意。

8 月 8 日 18 时 30 分，市防办同意县防办请示，将 4.6 吨 TNT 炸药运到台头，存放在台头铜厂仓库。

8 月 10 日，静海县召开县委扩大会议，研究分析当前防汛形势。会议根据当日 8 时第六埠水位已达 5.85 米，且水位继续上涨的趋势，依照分洪调度方案决定：11 日在台头西清北口门实施爆破分洪，口门长 100 米。市防办在 10 日作出指示，在 11 日 9 时做好分洪的一切准备。10 日上午，市长张立昌来静海视察汛情，并作出指示从武清县调用某部队执行爆破任务。15 时部队到达台头镇大清河防汛前线。根据现场勘察调整了爆破方案，将原爆破方案的单列炸药坑调整为双列炸药坑，每列 25 个，每个药坑直径 1.5 米，深 3.0 米，炸药埋长 90 米，所需炸药由 4.6 吨调整为 8.6 吨。22 时台头镇出动民兵 120 人，某部队官兵 60 名，动用翻斗车 8 辆，潜水泵 16 台，经过一夜奋战于 11 日 5 时，将 50 个药坑全部挖完。

8 月 11 日 4 时，市防办将所缺 4 吨炸药运到爆破地点。9 时，8.6 吨 TNT 炸药埋设完毕，等待分洪爆破命令。10 时 20 分，市防汛指挥部朱连康、陆焕生、李凤河、刘振邦等 4 人来静海再次视察汛情，根据汛情的发展势态和水情变化审时度势，决定暂缓爆破分洪。晚上县委、县政府召开了防汛紧急会议，传达了市防汛指挥部的决定，按照市防汛指挥部的部署作出了要全力以赴，固守堤防，以南堤为主，不放弃北堤的重大决策，并布置了抢险方案。

8月12日、13日两天，县直机关26个单位的3000名干部和台头、北肖楼、独流3个在大清河责任段的乡镇7000名群众上堤投入抢险，完成大清河右堤15千米900个土牛，1万余立方米的土方抢险任务。

8月13日，台头桥和第六埠出现最高水位，分别为6.78米和6.35米。

8月14日，大清河水位开始回落，进洪闸出现最大流量为755立方米每秒。同时东淀分洪水头于2时到台头镇台辛路。

8月16日，台头桥最大行洪流量599立方米每秒。

8月17日，白洋淀枣林庄分洪闸最大分洪流量488立方米每秒。

8月18日，东淀大清河清北达最高水位6.18米。

8月17日、18日两天，根据大清河水位日益下降的趋势，市防办决定，将埋设在爆破口门的炸药全部取出。部队工兵60名与台头镇的10名人员担任保卫工作，安全地将8.6吨炸药取出，由于炸药浸水失效报废。

8月19日14时，部队官兵圆满完成任务，撤离台头镇大清河防汛前线。

8月22日，为尽快将清北洪水退出，市防汛指挥部决定在大清河左堤静海与西青交界处，扒长150米的退水口门，采用机械作业（挖掘机）。16时8分实施扒口，挖深2.2米，具体实施由西青区水利局负责。

9月9—11日，根据退水情况市防办调来挖泥船一艘，在原挖150米长的退水口门处又挖了两个深槽，槽深2.3米。

9月10—11日，台头镇将台辛路断开，挖长30米，深1米的退水口，过水流量30立方米每秒。路两侧上下水位差0.3米。

9月11日，市水文站驻台头观测组撤离回津。

9月12—13日，为打通阻碍迅速退水，市防办调来挖泥船，又将辛章渠、杨芬港渠、肖家堡渠和率家地渠的渠埝扒开退水口，动土约600立方米。

9月25日，东淀清北水位与大清河水位基本持平。至此，市防办通知关闭西河闸，大清河仍保持下泄100个流量，为使大清河河水不倒灌至清北，恢复退水口门。

9月27日，静海县水利局河道所组织实施口门恢复任务。由于取土区含水量太高，无法作业，只是先将深槽部分予以恢复，其余部分于10月5日完成。

9月18日至9月底，为迅速排除积水，台头镇东风、光明两座扬水站同时开车向大清河排水，日排水量30万立方米。9月底至10月6日为间断性排水，日排水量10万立方米。10月6日积水全部排除。

1996年大清河洪水是1963年以来的最大洪水，给静海县带来了严重的经济损失。农作物受灾面积4790公顷，绝收面积3710公顷，粮食减产16011吨，其他经济作物损失10650吨。被淹房屋34间，破坏公路4.4千米，损坏输电线杆174根，长13.8千米。损坏水闸10座，桥涵262座，扬水点28个，机井196眼，堤防6.6千米，淡水养殖损失40公顷、产量600吨，造成直接经济损失6213.4万元。清北农田积水于10月6日全部排除，并播种了冬小麦。

（二）2009年强降雨

2009年7月22—23日静海县发生强降雨，平均降雨量为67.2毫米，部分地区达102毫米。由于降雨时间短、强度大，使运东排干、六排干、七排干等渠道水位迅速升高，为及时降低渠道水位，防止沥涝发生，静海县水利局7月23日相继开启了良王庄扬水站、管铺头扬水站、小团泊扬水站的12台机组排水，共排沥水68.67万立方米。

第二节 防洪工程

一、应急度汛工程

全县境内6条一级河道，堤防累计长285.885千米，河道长179.18千米，由于河道历史悠久，造成行洪标准较低，加之年久失修，河道自然淤积，堤防险工险段多处；静海县大部分沿河闸涵自建成以来，除市管闸涵和大清河右堤的几座水闸及子牙河上的文静闸、小河闸维修外，其他闸涵从来未投资维修，致使相当一部分闸涵结构老化，胸墙开裂，护坡塌陷，护砌冲坏，闸门腐烂，锈蚀，启闭设施失灵，大部分已不能正常使用。河道治理注重河道潜在亲水功能和服务功能的开发，处理好人与水、人与河的关系。对现有河道，在不违背生态的条件下，该治的治、该疏的疏、该改的改。

1991—1996年，静海县投资574.75万元，完成15项应急度汛工程项目建设。其中1991年完成大清河右堤砌石护坡；1994年完成子牙河右堤（K12＋790～K13＋010，K14＋090～K14＋290）除险加固；1995年完成南运河左堤除险加固、大清河右堤苗头闸除险加固、子牙河砌石护坡、大清河右堤隐患处理；1996年完成子牙河右堤（K23＋960～K24＋240）除险加固、子牙河八堡节制闸维修、锅底闸下游护坡重建、大清河右堤灌浆处理、大清河右堤砌石护坡、南运河左堤复堤加固、前小屯闸维修、南运河左堤隐患处理。

1997年，为修复1996年较大洪水侵袭导致的闸涵、地方损坏，静海县加大水利工程修复力度，共投资928.44万元，对15处度汛工程进行重建和加固。包括茁头引水闸重建、猴山进排闸重建、老龙湾进水闸重建、大清河右堤10～15千米灌浆、大清河右堤15.25千米堤防整修、大清河左堤退水口门堵复、大清河左堤台头口门恢复、大清河右堤堤防9.4千米堤顶碎石路、老龙湾撤退路、台头围埝新建排水涵洞2座、子牙河右堤隐患处理、新建安全房5478平方米、建设子牙河四堡桥。

1999年，投资377.49万元，完成除险加固工程7项，包括大清河右堤护砌、子牙河右堤灌浆加固、子牙河右堤獾洞处理、子牙河右堤裂缝处理、子牙河小河闸维修、独流减河右堤整修、南运河高喷防渗遗留工程。

2001年，投资420.88万元，完成除险加固工程5项，包括子牙河旧分洪口门开挖加固处理、独流减河右堤灌浆工程、独流减河隐患处理工程、独流减河右堤应急度汛工程、锅底闸维修工程。

2002年，投资245万元，完成应急度汛工程2项。包括拆除重建迎丰站闸涵、独流减河右堤隐患獾洞处理工程。

2003年，投资425.57万元，完成除险加固工程5项，包括独流减河右堤堤防灌浆、独流减河右堤堤防修复、大清河右堤五堡闸重建、大清河左堤东风站重建、马厂减河左堤复堤工程。

2004年，投资50万元，完成大清河左堤灌浆工程。

2005年，投资138.44万元，完成度汛工程4项，包括马厂减河左堤复堤加固、独流减河右堤复堤、南运河右堤复堤、大清河右堤整修。

2006年，投资230万元，完成度汛工程2项，包括独流减河右堤复堤工程、管铺头站排水闸拆除重建工程。

2008年，投资169.22万元，完成度汛工程3项，包括独流减河右堤复堤加固、大清河左堤灌浆加固、马厂减河右堤复堤加固。

（一）2005年马厂减河左堤复堤加固工程

静海县境内马厂减河左堤由津浦铁路至小王庄桥（K3＋000～K25＋260），堤防长22.26千米，现状堤顶高程K6＋500处8.64米，K11＋000处8.56米。多年来由于车轧、风雨侵蚀等作用堤中心逐年降低，已形成两肩高中心低的凹槽，使2000年及2002年的引黄保水工作受到很大影响，特别是每到雨季堤顶积水严重，防汛抢险车辆更难以通行。市水利局以《关于静海县2005年河道维修加固工程设计的通知》（津水管〔2005〕49号）文件下达设计批复，同意对K6＋500～K11＋000进行复堤加固处理，复堤长度为4500米，堤顶设计宽度为8.0米，堤顶高程为8.77～9.03米（85国家高程基准），堤中心起拱20厘米，两侧边坡坡比为1：2。

工程于2005年10月12日开工，至同年11月15日全部完工。加固长4500米，共完成筑堤土方18570立方米。实际完成投资38.04万元，其中人工费9.07万元，材料费2.18万元，机械使用费25.03万元，管理费0.39万元，其他费1.37万元。

（二）2005年独流减河右堤复堤工程

独流减河是大清河系洪水的主要入海尾闾，自1970年以来，右堤未进行过较大规模的治理，堤身内部纵横裂缝较多，堤顶高程达不到设计标准，特别是K19＋000～K27＋000段河道与团泊水库，形成两水夹堤，该堤段内獾洞较多，存在较多安全隐患。为保证独流减河的度汛安全，根据上级主管部门意见，静海县水利局委托河北省水利水电勘测设计研究院于2005年6月完成设计、编制了《独流减河右堤应急度汛复堤工程初步设计报告》并上报市水利局。市水利局以《关于静海县独流减河右堤应急度汛复堤工程设计的批复》（津水调〔2005〕10号）文件下达设计批复，市水利局、市财政局以《关于下达2005年应急度汛工程第一批投资计划的通知》（津水计〔2005〕39号、津财农联〔2005〕35号）文件下达资金计划通知，同意对独流减河右堤K23＋300～K23＋600堤段进行应急度汛复堤加固，投资50万元，均为中央特大防汛补助费。

独流减河右堤应急度汛复堤工程，全长300米，在原堤基础上进行加高培厚，堤顶高程平均加高1.5～1.7米，堤顶宽8.0米，迎、背水坡边坡1：3。堤防填筑采用《堤防工程施工规范》（SL 260—98）及设计技术要求，每层填土厚度控制在20～25厘米，土料含水量控制在17.3％～24.3％（由于含水量较大需进行翻晒）设计干容重1.50克每立方厘米；清基范围包括堤顶、堤身及堤脚，厚度为0.3～0.5米，原迎水坡抛石全部清除，搬运至新堤坡坡脚以外，进行整平作为防冲措施；堤段内的獾洞隐患作为基础处理，每处獾洞追挖到底，分层夯填；由于取土区地下水位较高，需挖排水沟排水来降低地下水位；在取土区内需修施工道路。

工程计划开工日期2005年10月11日，竣工日期12月5日。由于独流减河有水淹没了河道内的计划取土区致使工程无法按时开工，2006年春，经请示改在堤外侧的团泊水库内取土，工程得以开工，实际开工日期2006年4月12日，同年5月30日全部完工。由于河中水位较高，复堤加固工程增加了木桩加花格布防护的土围堰。共完成筑堤土方2.53万立方米，獾洞处理填土方0.15万立方米，围堰0.28万立方米。

工程下达投资计划50万元，资金全部到位。实际支出50万元，其中人工费11.2万元，材料费2.69万元，机械使用费30.92万元，管理费1.12万元，其他费4.07万元。

（三）2006年独流减河右堤复堤工程

为保证独流减河的度汛安全，根据上级主管部门意见，静海县水利局委托河北省水利水电勘测设计研究院于2006年5月设计、编制了《2006年静海县独流减河右堤应急度汛复堤工程初步设计报告》并上报市水利局。市水利局以《关于静海县独流减河右堤应急度汛复堤设计的批复》（津水调〔2006〕5号）文件下达设计批复，市水利局、市财政局以《关于下达2006年第一批防汛费资金计划的通知》（津水财〔2006〕11号、津财农联〔2006〕21号）文件下达资金计划，同意对独流减河右堤23＋600～23＋900堤段进行应急度汛复堤加固，投资55万元，资金来自市防汛费。

流减河右堤应急度汛复堤工程，全长300米，在原堤基础上进行加高培厚，堤顶高程平均加高1.5～1.7米，堤顶宽8.0米，迎、背水坡边坡1∶3。堤防填筑采用《堤防工程施工规范》（SL 260—98）及设计技术要求，每层填土厚度控制在20～25厘米，土料含水量控制在17.3％～24.3％（由于含水量较大需进行翻晒），设计干容重1.50克每立方厘米；清基范围包括堤顶、堤身及堤脚，厚度为0.3～0.5米，原迎水坡抛石全部清除，搬运至新堤坡坡脚以外，进行整平作为防冲措施；堤段内的獾洞隐患作为基础处理，每处獾洞追挖到底，分层夯填；由于取土区地下水位较高，需挖排水沟排水来降低地下水位；在取土区内需修施工道路。

工程于2006年6月24日开工，同年8月25日全部完工。由于水位较高，复堤加固工程增加了木桩加花格布防护的土围堰，同时取土区改在堤外侧的团泊水库内。实际共完成筑堤土方2.42万立方米，獾洞处理填土方0.15万立方米，围堰0.26万立方米。

工程下达投资计划55万元。实际支出55万元，其中人工费11.2万元，材料费4.69万元，机械使用费33.92万元，管理费1.12万元，其他费4.07万元。

二、蓄滞洪区安全建设

1991—2010年，国家一直在加大对蓄滞洪区安全建设的投入。安全建设内容包括就地避洪措施和安全撤离措施。在滞洪水位较浅、滞洪时间较短的蓄滞洪区内，应采取高村台、围村埝等措施，滞洪时，洪水只淹农田，损失一季粮食，不打乱群众生活秩序，方便滞洪区调度运用。在一些来水较快的蓄滞洪区，可结合公益事业修建一定数量的、有一定规模的避水楼房。

静海县有四个分洪洼淀，即东淀、文安洼、贾口洼、团泊洼，包括17个乡镇，353个村，52.6539万人，面积1259.1平方千米，占全县总面积的89％；洼内有大清河、子牙河、南运河、独流减河和马厂减河5条一级河道。包括二级河道1条即黑龙港河，大（2）型蓄水水库1座。

静海县从1993年实施蓄滞洪区安全建设，截至2010年，静海县建设安全楼14处，面积18322平方米，可安置6591人，其中国补资金195.47万元；建设安全房60处，面积50984平方米，可安置16995人，其中国补资金465.7万元；建设楼代台3处，面积4714平方米，可安置1572人，其中国补资金37.71万元；建设撤退路47条，长175.5725千米，可安置121355人，其中国补资金4846.4万元；修建独流镇围埝及配套1处，其中国补资金134.3万元，修建水毁项目，国补资金232.4万元。

东淀。共建设安全楼9处，面积8035平方米，可安置2678人，其中国补资金83.6万元；建设撤退路6条，长12.232千米，可安置9858人，其中国补资金265.8万元；修建水毁项目，国补资金232.4万元，其中大清河口门恢复2处，子牙河四堡人行桥1座，台头围埝排水涵洞2座，大清河右堤碎石路9.4千米，老龙湾抢险撤退路2.3千米。

文安洼。共建设安全房9处，面积3255平方米，可安置1085人，其中国补资金27.3万元；建设撤退路6条，长25.212千米，可安置22448人，其中国补资金697.59万元。

贾口洼。共建设安全楼5处，面积10287平方米，可安置3429人，其中国补资金111.87万元；建设安全房51处，面积47729平方米，可安置15910人，其中国补资金438.4万元；建设楼代台3处，面积4714平方米，可安置1572人，其中国补资金37.71万元；建设撤退路34条，长124.6935千米，可安置80517人，其中国补资金3507.41万元；修建独流镇围埝及配套1处，国补资金134.3万元。

团泊洼。建设撤退路1条，长13.435千米，可安置8532人，其中国补资金375.6万元。

1993—2010年静海县撤退路建设情况，见表3-2-19。

表3-2-19　**1993—2010年静海县撤退路建设统计表**

序号	洼淀	乡镇	村庄数	人口数/人	名称	起止地点	建设年份	技术指标	长度/千米	总投资/万元	其中	
											国补/万元	自筹/万元
1	东淀	台头镇	1	337	西四路	四堡至西台路	1993	柏油，宽4米	4	24	24	
2		独流镇			老龙湾路	西台路至大清河老龙湾	1997	柏油，宽4米	2.3	95.6	40.6	55
3		独流镇			七堡路	七堡至大清河	1998	石子路，宽4米	2.1	15.7	15.7	

续表

序号	洼淀	乡镇	村庄数	人口数/人	名称	起止地点	建设年份	技术指标	长度/千米	总投资/万元	其中	
											国补/万元	自筹/万元
4	东淀	台头镇	3	4675	涞三路	津涞路至三堡村	2006	混凝土，宽6米	0.782	66	40	26
5		台头镇	2	2994	黄岔路	梁台路至幸福村	2008	混凝土，宽4.5米	1.75	148.26	92.6	55.66
6		王口镇	2	1852	茁头路	茁头村至梁台路	2008	混凝土，宽4米	1.3	84.74	52.9	31.84
	小计		8	9858					12.232	434.3	265.8	168.5
7	文安洼	子牙镇	6	8303	西堤南路	陈大路至堂上	1999	柏油，宽4米	5.9	54.59	54.59	
8		王口镇	5	4390	郑庄路	民主至堂上	2004	柏油，宽4～5米	7.57	338	215	123
9		子牙镇	1	514	东高庄路	东高庄至西堤南路	2005	混凝土，宽4米	1.425	72	48	24
10		子牙镇	1	726	尚家村路	尚家村至西堤南路	2005	混凝土，宽4米	1.291	75	49.5	25.5
11		子牙镇	1	806	王家村路	王家村至西堤南路	2005	混凝土，宽5米	1.35	78	51.5	26.5
12		王口镇	4	7709	西堤北路	静文路至北茁头村	2006	柏油，宽4米	7.676	445	279	166
	小计		18	22448					25.212	1062.59	697.59	365
13	贾口洼	台头镇	1	758	一堡路	一堡至梁台路	1994	柏油，宽4米	4	24	24	
14		梁头镇			贾孟路	孟庄子至贾口	1995	柏油，宽4米	5	30	30	
15		沿庄镇			陈沿路	沿庄至陈大路	1995	柏油，宽4米	4.3	25.8	25.8	
16		陈官屯镇	4	3932	谭小路	陈大路至潭村	1998	柏油，宽4米	4	36	36	
17		唐官屯镇			林九路	林庄子至九宣闸	1999	柏油，宽4米	6	45	45	
18		梁头镇	5	4080	港河西路	静文路至周庄子	1999	柏油，宽4米	7	52.5	52.5	
19		沿庄镇	2	1919	双谭路	陈大路至双楼村	2000	柏油，宽4米	8.5	309.53	206.35	103.18

续表

序号	洼淀	乡镇	村庄数	人口数/人	名称	起止地点	建设年份	技术指标	长度/千米	总投资/万元	其中	
											国补/万元	自筹/万元
20	贾口洼	梁头镇	2	2060	于梁路	静文路至于庄子	2000	柏油，宽4米	3.5	128.83	85.89	42.94
21		沿庄镇	4	3344	东郎路	东港至郎洼	2000	柏油，宽4米	5	185.9	123.93	61.97
22		陈官屯镇	7	8208	大小路	大赵洼至小钩台	2001	柏油，宽4米	8.55	335.81	223.87	111.94
23		王口镇	1	2267	朱家村路	朱家村至津涞路	2001	柏油，宽4米	2.838	122.53	81.69	40.84
24		梁头镇	2	2251	张大路	张庄子至大口子门	2002	柏油，宽5米	5.83	322.11	214.74	107.37
25		陈官屯镇	1	1302	新村路	西长屯至新村	2002	柏油，宽4米	3.271	132.04	88.04	44
26		陈官屯镇	2	2058	北小路	小集至北长屯	2003	柏油，宽4米	1.8	69.18	46.1	23.08
27		王口镇	1	1031	长兴路	大刘村至津涞路	2004	柏油，宽4米	1.58	73	47	26
28		王口镇	1	384	三排路	小刘村至津涞路	2004	柏油，宽4米	1.93	85	54.6	30.4
29		静海镇	4	2793	义塘路	义渡口至小高庄	2004	柏油，宽5～6米	4.24	285	182.9	102.1
30		双塘镇	4	2846	西朴路	西双塘至朴楼	2004	柏油，宽4米	3.04	143	91.8	51.2
31		静海镇	5	2133	小义路	小河滩至义渡口	2004	柏油，宽4米	2.21	84	53.9	30.1
32		子牙镇	1	2900	大涞路	大黄庄至津涞路	2004	柏油，宽4米	1.2	71	45.5	25.5
33		子牙镇	1	700	涞许路	许庄子至津涞路	2005	柏油，宽5米	2.629	123	41	82
34		独流镇	8	2155	独静路	冯家村至独流镇	2005	柏油、混凝土，宽4～6米	6.85	453	302	151
35		梁头镇	4	5600	邓吴路	邓庄子村至吴庄子村	2006	混凝土，宽4米	3.3	226.2	142	84.2

续表

序号	洼淀	乡镇	村庄数	人口数/人	名称	起止地点	建设年份	技术指标	长度/千米	总投资/万元	其中	
											国补/万元	自筹/万元
36	贾口洼	梁头镇	5	7369	贾孟路	贾口村至孟庄子村	2006	混凝土，宽5米	2.6	183.4	117.2	66.2
37	贾口洼	子牙镇	2	1988	周焦路	周庄子村至焦庄子村	2006	混凝土，宽4米	2	150.8	94	56.8
38	贾口洼	子牙镇	2	4342	遨铺路	小遨铺村至大遨铺村	2006	混凝土，宽4米	1.85	108.6	68.8	39.8
39	贾口洼	唐官屯镇	7	3689	林九路	林庄子村至九宣闸	2007	混凝土，宽4米	5.635	323	202	121
40	贾口洼	王口镇	1	666	丁村路	丁家村至津涞路	2008	混凝土，宽4米	2.264	164.4	102.7	61.7
41	贾口洼	陈官屯镇	1	1826	吕官屯路	104国道至大赵家洼村	2008	混凝土，宽4.5米	1.635	121.22	75.7	45.52
42	贾口洼	梁头镇	2	780	于邓路	于家村南至前邓村	2008	混凝土，宽5米	3.232	255.78	159.9	95.88
43	贾口洼	陈官屯镇	1	537	大良路	大赵家洼村至良辛庄村	2008	混凝土，宽4米	0.437	31.12	19.5	11.62
44	贾口洼	沿庄镇	1	1837	陈滩路	陈大路至东滩头村	2008	沥青油面，宽5米	2.43	181.8	109.5	72.3
45	贾口洼	沿庄镇	3	3254	黄港路	小黄洼村至东港村	2008	混凝土路面，宽4米	3.3875	266.1	161	105.1
46	贾口洼	陈官屯镇	1	1508	古城洼路	陈大路至西钓台村	2008	混凝土路面，其中4.5米宽的792米，5.0米宽的1863米	2.655	254.1	152.5	101.6
	小计		86	80517					124.6935	5402.75	3507.41	1895.34
47	团泊洼	唐官屯镇	8	8532	薛唐路	薛庄子至唐官屯	2003	柏油，宽4米	13.435	564	375.6	188.4
	小计		8	8532					13.435	564	375.6	188.4
	合计		120	121355					175.5725	7463.64	4846.4	2617.24

三、通信工程建设

1992年前使用的电台为150MHz－308系列。1993年由市县筹资3.6万元配置5部TM－231型150MHz。1994年8月由海委配置TKR－820型和TK－808型400MHz的电台5部，与150MHz的电台同时使用。1995年水利部、市水利局和县水利局共同投资36.3万元，配置TKR－820、TK－808、JZE－401型400MHz电台18部，对原有150MHz电台进行了更新，淘汰了150MHz电台。安装了通信预警系统，警报发射机2台，警报接收机190部，150MHz手持对讲机14部。1996年海委调拨9部TK－808型400MHz基地台。2000年4月由静海县水利建筑公司完成县水利局院内防汛铁塔混凝土基础工作，投资24.6万元，土方40立方米，浇筑混凝土68立方米；5月由河北省景县华北铁塔厂完成高66米铁塔安装；8月由北京长城环海有限公司完成ST－853M400兆准集群反馈系统的安装调试，该系统覆盖面为运西13个乡镇153个村，工程总投资165万元（国补）。2001年400兆准集群蓄滞洪区反馈系统正式投入使用，运行良好。2001年10月铁塔避雷针加高3米，塔高由66米增至69米；800兆防汛指挥系统天线安装完毕。2002年完成了对全县蓄滞洪区19部防汛专用无线电台的安装调试，于5月31日全部通话，并协助市水利局通讯处完成了800兆防汛指挥系统设备安装工作。2005年县防办有19部防汛专用电台，再次进行调试，5月底全部畅通。配合塘沽水科所完成了全县雨水情自动测报系统中18个雨量计、1个水位计的基础设施安装，于7月投入试运行。2006年，县防办与廊坊市水文局订立雨情水情有偿服务协议，其后分别于2008年3月、2009年4月及2010年4月对自动采集信息系统进行了检修和维护，并及时开通全县18个雨量水位自动采集测报站，确保雨水情测得准、报得出、传得快。

第三节 除 涝

一、除涝小区划分

依据《天津市平原地区农田除涝水文手册》中，产流分区结果，静海所属排水分区为Ⅱ4区，全县按排水封闭区域划分为运东大三角、马厂减河以南、运西、子牙河以西、东淀清南、清北六个排涝小区。各排涝小区排除沥涝主要通过排沥河道、扬水站和水库（以蓄代排）三种基本除涝设施。

二、排沥河道

承接本区域内骨干渠道和农田排水渠道的来水，通过坐落在排沥河道尾端的扬水站，将水排入一级行洪河道入海，发挥着沥涝排水，旱时蓄水的重要作用。区内主要排沥河道 26 条，分别是黑龙港河、青静黄排水渠、五堡渠、郑茁排干、王口排干、西连接渠、黑龙港河东沟、黑龙港河西沟、东连接渠、运西排干、流庄排干、大邀铺排干、小河引渠、纪庄子排干、港团河、争光渠、运东排干、迎丰渠、六排干、七排干、青年渠、新幸福河、十槐村排干、大庄子排干、唐家洼排干、光明渠、东风渠。排沥河道总长 407.16 千米，现状蓄水能力 1293.4 万立方米。河道淤积 0.5～1.5 米，淤积量 807.06 万立方米。

一级河道 6 条：大清河、子牙河、南运河、独流减河、马厂减河和子牙新河。

三、排水泵站

静海县共有国有扬水站 24 座，其中涉及单排站 13 座，排灌两用站 10 座，排蓄站 1 座，总装机容量 30395 千瓦，设计总排水能力为 357.1 立方米每秒，设计排涝面积 80.01 千公顷，设计灌溉面积 18.63 千公顷。

全县多数泵站建于 20 世纪 60—70 年代，设备老化失修，有的站已无法运行。由于多年干旱灌溉渠道损坏严重，实际灌溉面积远远达不到设计能力。

四、除涝机制

静海县地势低洼封闭，无自然排水出路，一遇暴雨，全部地面产水量除田间滞蓄和河网、坑塘滞蓄一部分外，其余均需机提强排。根据《天津市平原地区农田除涝水文手册》中分区结果，静海所属排水模数分区为Ⅱ4 区，所选定的 24 小时设计降雨量为：3 年一遇 106 毫米，5 年一遇 128 毫米，10 年一遇 166 毫米，相应排涝模数（涝区平均每平方千米排水面积的最大排水流量称为排水模数）分别为 3 年一遇为 0.144～0.15 立方米每秒・平方千米，5 年一遇为 0.149～0.204 立方米每秒・平方千米，10 年一遇为 0.242～0.335 立方米每秒・平方千米；径流深 3 年一遇 25.5～28.5 毫米，5 年一遇 36.5～41 毫米，10 年一遇 61～69 毫米。

如遭遇 3 年一遇降雨，各小区内坑塘、排沥河道可以调蓄全部涝水，除清南、清北两小区外，泵站能满足3年一遇排水要求。

如遭遇5年一遇降雨，各小区内坑塘、排沥河道可以蓄积涝区90%以上的沥水，对于局部低地不能自流入排涝容积的，则需另设抽水设备，将沥水抽排入附近沥水区。运东、运西小区的泵站能满足5年一遇排水要求。其余小区没有达到5年标准。

如遭遇10年一遇降雨，各小区内坑塘、排沥河道可以调蓄50%涝水，运东小区的泵站能满足10年一遇排水要求。其余小区没有达到10年标准。

调度原则坚持统筹兼顾，全面安排的方针，因地制宜地采取综合治理措施。高低水分开，内外水分开，主客水分开，就近排水，自排为主，抽排为辅。

农作物的受淹时间和淹水深度有一定的限度，如果超出允许的淹水时间和淹水深度，将影响作物的正常生长，轻者招致减产，重者甚至死亡。对于旱作地区，通常地面不允许集聚水量，以免造成淹涝，危害作物，地下水一般不允许上升至根系吸水层范围以内，以免造成渍害。根据静海县旱田作物需要，应保证雨停田干，及时排除明渠水、暗渠沥水，将地下水位控制在1.5米以下。排涝历时一般选定一日暴雨2日排除。

渠道畅通，直接影响着农田的排沥。在雨季到来前，搞好清理沟渠工作，防止“一尺不通，万尺无用”。阴雨天勤检查，保持沟沟相通，排水通畅，雨停田干，保证不渍水。

第四节 抗 旱

一、抗旱组织

截至2010年底，县级抗旱服务组织单位1个，即水利技术推广服务中心，共有职工11人，为自收自支事业单位。乡镇级服务站18个，从事抗旱服务的人员54人。连续多年干旱，抗旱服务组织发挥了重要作用，每年开动深浅机井2000余眼，开动临时泵点1000余处。全县抗旱服务组织的浇地能力达到每天1.33千公顷。2000—2010年，解决33万人、10万头大牲畜的饮水困难，抗旱浇地666.67千公顷次，粮食增产1亿公斤，换回经济作物损失6亿元，充分发挥了抗旱减灾作用。1991—2010年机井建设，见表3-4-20。

表 3-4-20 **1991—2010 年机井建设一览表** 单位：眼

机井建设	1991 年	1996 年	2000 年	2005 年	2010 年
总眼数	2392	2783	3825	4248	4565
已配套数	2385	2773	3744	3882	4199
农用井数	2011	2304	3147	3561	3873
农用井配套数	2011	2303	3147	3224	3537

二、旱情及抗旱措施

1996—2002 年，静海县连续 7 年发生特大干旱，全年降雨量偏少。各年度降雨量分别为 1996 年 400.9 毫米，1997 年 294.9 毫米，1998 年 368.8 毫米，1999 年 214.3 毫米，2000 年 406.4 毫米，2001 年 332.7 毫米，2002 年 314 毫米。比多年平均降雨量 556.5 毫米偏少 4～6 成。2000 年 1—5 月底降雨量为 39.5 毫米，1999 年秋至 2000 年 5 月底连续 270 天没有一次有效降雨，造成地表水源严重枯竭，地下水位急剧下降。1999 年深水位下降 4 米，2000 年仅 5 个月就又下降 1.8 米。由于水源严重短缺，使种植面积大幅度减少，部分乡镇村发生了饮水困难。

面对严重干旱，县委、县政府带领广大干部群众积极投入到抗旱工作中去，力争把损失降到最低限度。①以开采浅、深层地下水为重点的水源工程，在有浅层资源的地区积极鼓励打浅井，经济条件好的地区，鼓励打深井；②推广先进的节水技术，新建防渗渠，购置“小白龙”，将可利用的水做到水滴水入田；③发挥水利部门职能作用，组织强有力的技术队伍为农服务，组织两台凿井机组昼夜施工，调集技术水平高、责任心强的专业技术人员成立了机井维修组和机电维修组，下去支农服务，24 小时值班，随叫随到，水利技术服务中心准备了充足的水利设备，方便农户；④加大领导力度，全面做好抗旱工作，县乡村领导深入生产第一线，实行现场指导，制定了县领导包乡镇，乡镇领导包村的包保责任制，农口各部门按各自的职能下去指导服务。

2005 年，静海县农村春季需水量为 16870 万立方米，实际可利用水资源量为 7000 万立方米，尚欠 9870 万立方米。麦田缺墒面积 3.33 千公顷，白地缺墒面积 30 千公顷，40 千公顷春播大田等雨待播。为了保证春耕生产县水利局合理配置水资源，按照先生活后生产的原则，地下水优先满足农村人畜饮水，农业灌溉用水尽量使用地表水。加快农村水利工程建设。结合京沪高速公路建设，加大骨干渠道清淤整治力度，使灌排体系输配水畅通；紧紧围绕农业结构调整，加快以管道输水、喷灌、微灌等高效节水技术为主的农业节水工程建设。大力加强抗旱水源工程建设，因地制宜开展小型、微型抗旱蓄水工程建设，增强雨洪水资源储备和利用能力。在宜井区增打一部分深、浅井。更新和维修农用机井，配套各种节水灌溉措施，努力扩大水浇地面积。

2006 年，静海地区持续干旱，全县水库、河道均未蓄上水，地下水位普遍下降。由于水源紧缺，给城市饮水和农业灌溉带来极大困难。面对旱情，各级领导高度重视，落实好各项抗旱措施，搞好开源节流，确保城乡供水安全。通过开动抗旱设施，合理调配水资源，使仅有的水资源得到充分利用。全年投入抗旱人数 6 万余人次，开动深浅机井 1100 眼，开动临时泵点 1200 余处，播种的 10.66 千公顷冬小麦，普浇一水。适时搞好春播工作，对全县 48.67 千公顷春播地有计划地做了深耕细耙。

2007 年，新打农用深机井 201 眼，其中农业综合开发 36 眼，小农水 25 眼，植树打井 140 眼。完成全县 30 眼人工监测井每月 6 次监测任务和 20 眼自动监测井每月监测 1 次水位动态工作。2007 年静海地区持续干旱，水库、河道均为蓄上水，地下水位普遍下降。由于水源紧缺，给城市饮水和农业灌溉带来极大困难。面对旱情，各级领导高度重视，落实好各项抗旱措施，搞好开源节流，确保城乡供水安全。通过开动抗旱设施，合理调配水资源，使仅有的水资源得到充分利用。全年投入抗旱人数 6 万余人次，开动深浅机井 2000 眼，开动临时泵点 1000 余处，播种的 3660 千公顷冬小麦，普浇一水。适时搞好春播工作，对全县 54 千公顷春播地有计划地做了深耕细耙。为发展生态林业，静海县水利局机井队 2007 年秋后奋战 74 天，完成植树打井 140 眼。

2008 年，新打、更新农用深机井 108 眼，其中农业综合开发 78 眼，小型农田水利工程 30 眼。及时编制《静海县抗旱预案》，调研分析静海县旱情形势，在严重缺水的情况下，制定相关应对措施，合理调配水资源，使仅有的水资源得到充分利用。全县投入抗旱人数 6 万余人次，开动深浅机井 2000 眼，开动临时泵点 1000 余处，抗旱工作取得显著效益，播种的 306 千公顷冬小麦，普浇一水。适时搞好春播工作，对全县 68.6 千公顷春播地有计划地做了深耕细耙。静海县水利局机井队为农业综合开发、小型农田水利工程新打更新机井 108 眼。

2009 年春季，多风少雨，农田干旱严重，静海县水利局及时编制《静海县抗旱预案》，调研分析静海县旱情形势，在严重缺水的情况下，制定相关应对措施，合理调配水资源，使仅有的水资源得到充分利用。全县投入抗旱人数 3 万余人次，开动深浅机井 2000 眼，开动临时泵点 1000 余处，抗旱工作取得显著效益，播种 3070 千公顷冬小麦，普浇 2～3 水。完成春播面积 54.43 千公顷。其中浇地抢播 16.01 千公顷，雨后播种 38.42 千公顷。2009 年打深机井 173 眼，其中绿化打井 6 眼、新建水厂打井 21 眼、农业综合开发打井 63 眼、设施农业打井 5 眼、小农水工程打井 38 眼、自筹打井 40 眼。

2010年降雨量少，地表水资源缺乏。为做好抗旱工作，县委、县政府建立了县领导包片、乡镇领导包村的包保责任制。充分利用现有蓄水、节水工程，加大水源调蓄力度，努力为春耕生产提供较多水源。保证农村生活生产用水需求，推广先进的节水灌溉技术和节水定额制度，扩大灌溉面积，保证春播作物适时播种。加强对再生水、咸水、微咸水等非传统水源的开发利用，最大限度增加农业灌溉水源。人畜饮水主要靠地下水，采取打深井提取深层地下水方式，解决饮水水源问题。2010年生活供水打井11眼。春耕生产采取措施利用现有水源，“多浇一亩是一亩，多浇一分是一分”，把旱灾降低到最低限度。全县投入抗旱人数3万余人次，新打农用深机井39眼，开动深浅机井2000眼，开动临时泵点1000余处，抗旱工作取得显著效益，冬小麦普浇2～3水，完成春播面积52.56千公顷。

第五节 引黄济津应急调水

为解决天津市水资源不足问题，1972—1982年，天津市曾实施了5次引黄济津应急调水，2000—2010年，又实施了6次引黄济津应急调水。

1972年天津大旱，为了解决天津市的水源危机，国务院决定从河南省人民胜利渠引黄河水接济天津，从1972年11月20日至1973年2月15日，天津市九宣闸收水1.63万立方米，经南运河送往天津。

1973年由于旱情没有解决，天津市用水仍处于严重紧张状态，中央决定再次引黄济津应急调水。从1973年5月13日起人民胜利渠以40立方米每秒向天津送水，至6月28日，共输水1.6亿立方米，天津市九宣闸收水1.08亿立方米，暂时缓解了居民生活和工业用水的紧张局面。

1975年海河流域降水偏少，汛期无水，不得不再采取引黄济津应急调水措施。通过人民胜利渠引黄河水，从1975年10月18日至1976年2月15日止，天津市九宣闸实际收到来水4.4亿立方米。

1981年持续干旱，天津市遇到了半个世纪最严重到水荒。国务院批转《京津用水会议纪要》决定从黄河引水接济天津市。引黄输水线路共3条，从人民胜利渠引黄河水量4.23亿立方米，从位临干渠引黄河水量2.56亿立方米，从潘庄渠线引黄河水量3.233亿立方米。经天津市九宣闸收水，1981年10月27日至1982年2月4日，收水4.472亿立方米。

1982年持续干旱，国务院决定实施第5次引黄河水和岳城水库水济津。黄河从人民胜利渠线、位临干渠，潘庄干渠，漳河线，经南运河共送水 9.28 亿立方米，区间分出 1.7 亿立方米。岳城水库经南运河输水，天津市九宣闸 1982 年 10 月 1 日至 1983 年 1 月 5 日实收岳城水库水 6.02 亿立方米。

2000 年，为解决天津市严重缺水问题，经党中央、国务院批准，实施第 6 次引黄济津应急调水工程。此次引黄济津应急输水工程从 2000 年 8 月 15 日开始，至 2001 年 2 月 2 日结束，历时 172 天，其中输水时间 106 天，累计渠首放水量 8.53 亿立方米，静海县九宣闸收水量 4.01 亿立方米。引黄济津水源首先进入静海县境内，到达九宣闸后，水分两路，一路经南运河入海河供市区直接使用，另一路经马厂减河进北大港水库储备，在静海县境内的输水河道长 80 千米，其中南运河 49 千米、马厂减河 31 千米。静海县担负的主要工程内容为对输水河道进行清淤、对沿线 339 座闸涵及涵管进行临时封堵，清除河道内的垃圾、坝埝。整个工程累计动用施工机械 2363 台班，出工 8491 人次，使用土方 15.2 万立方米、编织袋 20.51 万条，完成封堵闸涵 40 座，封堵引水深涵管 13 处、浅涵管 286 处，拆除坝埝 17 处，清除河道内垃圾 11.16 万立方米，清除草障 171.5 万平方米，子牙河内打坝 1 条、复堤 1050 米。10 月 21 日 14 时，黄河水头到达天津市九宣闸，标志着引黄济津工作由工程阶段转向保水护水阶段。保水护水阶段时间较长，为确保进津水质水量，静海县防办成立了县、乡、村三级监察保水护水队伍，静海县水利局分四路派出了巡堤、抢险技术人员，明确职责，密切注视水情变化，发现问题及时解决。经过 172 天的不懈努力，此次引黄济津工作顺利完成。

2002 年，天津市仍面临缺水危机，需采取应急调水措施解决。国务院决定实施第 7 次引黄济津应急调水。调度路线与 2000 年调水相同。2002 年 11 月 10 日至 2003 年 1 月 24 日，位山闸累计放水 6.03 亿立方米，天津市九宣闸累计收水 2.47 亿立方米。

2003 年，天津市仍面临缺水危机，实施第 8 次引黄济津调水。调度路线与 2002 年调水路线相同。此次调水水量最多、输水秩序最好。按照计划，山东聊城调引黄河水 12 亿立方米，天津收水量为 5 亿立方米。2003 年 9 月 20 日至 2004 年 1 月 5 日，天津市九宣闸收水 5.1 亿立方米。

2004 年，汛期海河流域北部地区继续干旱少雨，天津市水源地潘家口、于桥水库蓄水量严重不足，无法满足天津城市用水需求。为此，国务院决定实施第 9 次引黄济津应急调水。此次调水仍采用 2003 年引黄济津输水线路，自黄河下游位山闸引水，经位山三干渠至临清立交穿卫枢纽，进入河北省境内的临清渠、清凉江，经清南连接渠入南运河至天津市九宣闸，一条线由南运河进入天津市区，另一条线经马厂减河进入北大港水库。整个输水线路全长 580 千米，其中山东段 105 千米，河北段 335 千米，天津段 140 千米。流经静海县南运河段为直供线路，长 49 千米，流量 15 立方米每秒；马厂减河为入库线路，长 31 千米，流量 40 立方米每秒，两线全长 80 千米。2004 年 10 月 19 日 9 时 18 分黄河水到达天津市九宣闸，至 2005 年 1 月 25 日结束，九宣闸总收水量 4.3 亿立方米。

2009 年，为解决天津市严重缺水问题，实施第 10 次引黄济津应急调水。此次引黄济津应急输水，采取南运河直供线路，河道长 49 千米，流量 20 立方米每秒，沿线涉及 101 个村庄。静海县水利局的主要任务是“三清一堵”、闸门更换及堤顶整平。9 月 25 日“三清一堵”、闸门更换及堤顶整平工程全线动工，“三清”工程由机关、河道所、排灌站、水政大队、水库管理处、工程队、机井队、推广中心 8 个单位负责实施。“一堵”工程由河道所和水利局机械化施工队负责实施。10 月 15 日工程全部完成，并通过市水利局验收。共封堵口门及拦河坝埝 32 个，深、浅涵管 299 个，污水口 109 个，共完成土方 125606 立方米，清垃圾 98965 立方米，清打杂草 215.8 万平方米，清除河道高秆作物 25.33 公顷，柴草垛 875 个，封拆厕所 4 处，粪堆 121 个，更换闸门启闭机 2 台套，堤顶整平实际完成 35 千米，共动用挖掘机、推土机 768 台次，车辆 1696 车次，出动人员 17236 人次。第 10 次引黄济津应急输水自 2009 年 10 月 21 日 12 时天津市九宣闸开始收水，至 2010 年 2 月 28 日 18 时，九宣闸收水 2.59 亿立方米。

2010 年，天津市政府决定实施第 11 次引黄济津应急输水。此次引黄济津应急输水工程的时间跨度历时 6 个月，2010 年 10 月 22 日至 2011 年 4 月 11 日，渠首累计放水 9.17 亿立方米，天津市九宣闸收水 4.34 亿立方米。2010 年引黄济津分为经南运河直供市区和经马厂减河入北大港水库两条线路，设计进津流量为 30 立方米每秒，入库流量为 40 立方米每秒。静海县境内的输水河道长 80 千米，其中南运河 49.02 千米、马厂减河 31.2 千米。为确保引黄济津应急输水工程在静海县境内的工程全部完成，静海县水务局制定了引黄济津应急输水工程实施方案，明确任务，划分责任，同时成立了工程建设领导小组，下设工程建设组、协调组、水政执法组、后勤保障组和办公室，各有关乡镇也成立了相应的组织机构。整个工程共封堵口门 45 个、封堵涵管 299 处、封堵排污口 200 个，清除垃圾 42135 立方米、清除杂草 277.93 万平方米、清除柴草垛 889 处、清除粪堆 165 处。保水护水阶段，为确保进津水质水量，静海县水务局一是严格执行市防办的调度命令，维修好安全口门的启闭设备，确保将黄河源头污水引入静海境内；二是在南运河沿线设立了 6 处打捞点，及时打捞漂浮物，不让漂浮物进入市区；三是制定了保水护水方案，形成县、乡、村三级保水护水体系。经过长达 6 个月的不懈努力，此次引黄济津工作全部完成。

第四章

农田水利

随着静海县现代农业、设施农业的快速发展，静海县农业灌溉水资源供需矛盾十分突出，对灌溉水的保证率提出了更高的要求，同时，为了抑制地面沉降，加大了地下水的压采限采力度，使得农业对地表水的依赖性更大。建设雨水滞蓄工程，增加农业灌溉水源，弥补农业灌溉水源不足，为农业种植结构调整提供了有力条件。农田节水灌溉工程，推广防渗渠、低压管道输水方式和喷灌微灌方式，提高农田灌溉节水效果。开展小型农田水利产权制度，提高农户、村社参与管理的积极性。加强水土流失防治，水土保持方案审批和监督检查工作，使静海县水土保持工作稳步发展。

第一节　蓄　水　工　程

一、团泊水库二期增容土方工程

为提高团泊水库的蓄水能力，于1993年进行二期增容土方工程，4月10日动工，7月5日竣工。仍按碾压式均质土坝设计施工，水库北堤在原有独流减河弃土基础上裁弯取直，填筑迎水坡，其他三堤中心线向库区内平移6米，主堤及防浪平台在原堤内坡上培坡加高。蓄水位由原来的4.5米增至6.0米，水库库容由原来的0.98亿立方米增至1.8亿立方米。团泊水库主要设计指标见表4－1－22。

表4－1－22　**团泊水库主要设计指标表**

部位	项　目	单位	设计	备注
水库	正常蓄水位	米	4.50/6.00	增容前/增容后
	死水位	米	3.2	
	总库容	亿立方米	0.98/1.8	增容前/增容后
	兴利库容	亿立方米	1.42	增容后
	死库容	亿立方米	0.38	增容后
	蓄水面积	平方千米	51	增容后

续表

部位	项　目	单位	设计	备注
围堤	围堤总长	米	33.6/33.22	增容前/增容后
	堤顶高程	米	7.0/8.5	增容前/增容后
	最大坝高	米	3.8/5.3	增容前/增容后
	堤顶宽度	米	10.0/10.0	增容前/增容后
	上游坡比		1∶4	
	下游坡比		1∶4	
水闸	小团泊扬水站1号涵闸	立方米每秒	20	钢筋混凝土
	胡连庄引水闸	立方米每秒	40	钢筋混凝土
	大邱庄扬水站机蓄闸	立方米每秒	40	钢筋混凝土
	管铺头机蓄闸	立方米每秒	24.3	钢筋混凝土
	管铺头低水闸	立方米每秒	10	钢筋混凝土

二、团泊水库蓄水

自1978年水库建成后，水库蓄水为农业灌溉、生态环境的改善发挥了效益。1991年水库蓄水5064万立方米，1992年水库蓄水3780万立方米。1993年水库增容施工，水库无水。1994年水库蓄水15120万立方米，1995年水库蓄水10940万立方米，1996年水库蓄水13100万立方米。1997年由于干旱，河道干枯，上游无排沥，团泊水库主汛期未能蓄水，加上蒸发渗漏，到汛末库容已接近死库容。为弥补库容严重不足，力争库区自然生态维护一个更长时期，从1997年8月24日至9月10日，借水库周边鱼池出坑弃水之机，开动大邱庄扬水站，向水库调集零散弃水1400万立方米，从而使水库水位升至3.7米，水库蓄水达到6400万立方米。1998年由于天气干旱水库没有蓄水，放水也只是给静海发电厂提供部分冷却水，约600万立方米，由于蒸发渗漏年底水库已近干枯。1999—2001年水库干枯。2002年水库蓄水2900万立方米，使干枯多年的水库呈现一片生机。2003年实施引黄济津，分流部分水源向团泊水库蓄水2003年12月1—29日，共分流4570万立方米，分流线路一是由西钓台扬水站出水闸经港团河入团泊水库，分流线路二是由团泊洼扬水站马圈引水出水闸经青年渠入团泊水库，包括境内水水库蓄水8042万立方米。2004年水库蓄水5100万立方米。2005年汛期有几次有效降雨，为充分利用雨水资源，县水利局采取有力措施，周密安排，合理调度，排蓄结合。在排除农田积水的同时，积极向水库蓄水1.3亿立方米。从2005年起，团泊水库蓄水作为生态和景观水源为主，水库向外调蓄用水量为2000万立方米。2006年水库蓄水1000万立方米。2007年团泊水库存水3000万立方米（为生态用水，不能用作抗旱水源）。2008 年水库存水 3000 万立方米。2009—2010 年水库实施除险加固，无蓄水。

三、北水南调工程

北水南调输水渠道是天津市委、市政府解决南部干旱地区缺水问题的措施。以北运河汛期来水为引水水源，引水路线从北运河土门楼为起点，经北运河至屈家店闸上游入泓河故道，再经永青渠、安光引渠、新开渠、凤河中支、上河头排水渠、新开渠，通过西河闸入子牙河，由子牙河引入静海，全长 107 千米。工程于 1999 年 12 月 8 日开工，2000 年 7 月 15 日具备通水条件，2000 年 9 月 30 日竣工。该工程是天津历史上最大的调水工程，动土 215.4 万立方米，投资 1.2 亿元，年可调水 1.14 亿立方米。静海占引水量的 80%。静海工程任务全长 7.62 千米，完成土方 118 万立方米，占总土方量的 60%。

四、小水源建设

按照“留住天上的雨水，截住上游的客水，引调北面的弃水”的治水思路，开展小型蓄水工程建设，通过清淤整治渠道和坑塘增加蓄水能力，为周边农田提供灌溉水源。1991—1996 年，完成土方 6661.74 万立方米，共清淤干支渠 20 条段，开挖坑塘 110 个。1997 年，清淤干支渠 1 条段，开挖坑塘 25 处。1999 年，清挖干支渠 36 条段，长 126.5 千米，清挖坑塘 55 个。2001 年，清挖干支渠 21 条段，长 130 千米，完成土方 184.1 万立方米，清挖坑塘 20 个。2002 年，清挖干支渠 9 条段，长 16 千米，清挖坑塘 20 个，完成土方 60 万立方米。2003 年，清挖干支渠 8 条段，长 8 千米，清挖坑塘 20 个。2004 年冬和 2005 年春农建工作于 5 月底结束，完成土方 566 万立方米，其中京沪高速用土 477.4 万立方米，农业综合开发 23.5 万立方米，整治河道 1 条，维修堤防 20 千米，清挖干支渠 27 条（段），长度 58 千米，平整土地 2 千公顷，清挖坑塘 21 个。增加蓄水能力 200 万立方米。新打农用深机井 42 眼，维修机井 120 眼，机泵更新 60 台套；新建扬水点 1 座，维修扬水点 3 座，新建维修闸涵 44 座。2006 年冬和 2007 年春农田水利基本建设完成总土方 81 万立方米，其中清挖二级河道 1 条段，长 2.4 千米，土方 40 万立方米；清淤干渠 1 条（段），长 2.8 千米，土方 8 万立方米，清挖支渠 3 条（段），长 6 千米，土方 5 万立方米；平整土地 0.06 千公顷，改造中低产田 1.33 千公顷，清挖坑塘、水柜 3 个，土方 28 万立方米。2008 年完成总土石方 127 万立方米。其中县办工程（迎丰渠改道工程）清挖干渠 1 条（段），长 17.12 千米，土方 50.6 万立方米，支渠 11 条（段），长 27 千米，土方 24 万立方米。乡镇办工程清挖支斗渠 30 条，长 60 千米，土方

42.4万立方米，清挖坑塘1个，土方10万立方米，完成以上土方工程，增加蓄水能力100万立方米。2009年完成总土石方149.3万立方米，其中县办工程清挖干渠2条（段），长17.6千米，土方104万立方米；乡镇村办工程清挖支渠4条，平整土地133.33公顷，完成土方25.3万立方米；农业综合开发工程清挖斗毛渠80条，完成土方20万立方米，增加蓄水能力100万立方米。2010年农建工程共完成土方196.2万立方米。其中县办工程清挖干渠4条（段），长42.2千米，土方183万立方米，乡镇村办工程清挖支斗渠38条，长101千米，土方13.2万立方米。平整土地26.67公顷，土方5万立方米，清挖坑塘1个，土方20万立方米，增加蓄水能力100万立方米。

第二节 灌 溉

一、灌溉方式

（一）地面灌溉

县内农田地面灌溉，多采用畦灌、沟灌、串灌和漫灌，依靠团泊水库、深渠河网蓄水供水灌溉。1991年以后，灌溉方式不再采用大水漫灌和串灌，主要的灌溉方式以小麦畦灌、玉米畦灌和沟灌、菜田畦灌和沟灌等为主。畦灌、沟灌是对落后的“大水漫灌”方式的改进，技术简单，推广见效快，节水效果好。

（二）节水灌溉

1991—2010年在静海县推广应用的节水灌溉方式主要有以下几类。

1. 防渗渠道

防渗渠道具有输水快，有利于农业生产抢季节、节省土地等优点，是静海县节水灌溉的主要措施之一。

1991年全县有防渗明渠273千米，2003年在静海镇高家楼村建设防渗明渠1.5千米，2004年在大邱庄镇津美街建设防渗明渠1.85千米，2005年在团泊镇薛家房子建设防渗明渠2千米，2008年在西翟庄镇东尚码头村，建设防渗明渠4.9千米，2010年沿庄镇东禅房村建设防渗明渠3.5千米，截至2010年12月底，全县防渗渠道达到374.4千米。

2. 低压管道输水

低压管道输水渗漏损失小，水的输送利用率可达95%。静海县井灌区的管道输水推广应用较快。管道输水与渠道输水相比，具有输水迅速、节水、省地等优点。1991

年全县铺设输水塑料管道 678 千米。2000 年全县铺设输水塑料管道 1231 千米。随着低压管道输水技术的逐渐成熟与推广，静海的渠道灌溉系统正在逐步被管道输水系统取代。截至 2010 年 12 月底，全县低压管道达到 3395.1 千米。

3. 喷灌

喷灌适应性强，灌水适量，不会破坏土壤耕作层，有利农业增产，一般可增产 30%～50%，且省工、省水、省本、减轻劳动强度；也可结合喷肥。静海县喷灌设备从 1979 年开始发展，20 世纪 80 年代初喷灌机械迅速增多，到 1991 年有固定、半固定喷灌装机 177 台，动力 1530 千瓦。之后，因土地征用、报废等原因，略有减少。1997 年 7 月，在西双塘高效节水示范区安装 2 台套奥地利包尔公司生产的卷盘式大型喷灌机及 18 台套天津英特泰克公司生产的脉通式微喷灌机，喷灌面积 120 公顷，卷盘式喷灌机靠管内动水压力驱动行走作业，与中心支轴式及平移式的大型喷灌机相比，具有机动灵活、适应大小田块、投资较低等优点。有良好发展前景的喷灌形式，适用于灌溉大田作物、蔬菜等。2003 年在静海镇小高庄建设半固定喷灌工程 1 处，喷灌面积 33.33 公顷。2007 年在台头一堡建设半固定喷灌工程 1 处，喷灌面积 80 公顷。2009 年在王口镇西岳庄建设半固定喷灌工程 1 处，喷灌面积 63.33 公顷。2010 年全县有固定和半固定喷灌设备装机达到 122 台，动力 1190 千瓦，喷灌面积达到 1.08 千公顷。

4. 微灌

滴灌。2001 年，于良王庄乡胡家村安装滴灌设备，建设滴管面积 33.33 公顷。2003 年东淀农田灌溉集中供水工程安装滴灌设备，发展滴管面积 46.67 公顷。静海镇小高庄发展滴管面积 46.67 公顷。2007 年独流凤仪村安装滴灌设备 100 套，发展滴管面积 40 公顷。良王庄乡王家院安装滴灌设备 100 套，发展滴管面积 80 公顷。

微喷灌。1997 年，县内首次于双塘镇西双塘村安装脉通式微喷灌机组 18 台套，建设微喷灌面积 63.33 公顷，2010 年南苗头村依托微喷灌技术种植香菇，建冷棚 600 个，铺设 PVC 塑料输水管道 6.6 千米，安装 PE 塑料输水管道 46 千米，总投资 80 万元，建设微喷灌面积 26.67 公顷。

小管出流。2008 年小管出流技术示范推广项目在良王庄乡王家院村实施，实施面积 6.67 公顷，种植大棚蔬菜面积 6.67 公顷。大棚温室蔬菜小管出流灌水比大水漫灌节水 35%，大棚蔬菜可提高 30% 收入。2009 年台头镇义和村暖棚应用小管出流技术。2009 年王口义和村安装小管出流灌溉设施，扩大花卉种植规模。

二、灌水机具

20 世纪 50 年代中期，灌水设备多采用混流泵。60 年代中期轴流泵兴起后，使用混流泵有所减少。轴流泵也称为螺旋桨式水泵，扬程低、流量大，更符合本县大部分地区的要求。自60年代中期推广以后，新建泵站几乎全部采用轴流泵。截至2010年年底，仅剩郑庄、五堡、茁头3座扬水站为混流泵外。1991年全县扬水站（点）141座，设备500台套，动力44790千瓦，灌溉面积29.35千公顷。随着改革开放和农业产业结构的调整，排灌设施有所发展。截至2010年年底，全县建有扬水站（点）163座，装机容量43640千瓦，灌溉面积19.34千公顷。机井提水采用潜水泵。

1991年、2000年、2010年静海县机电灌溉统计见表4-2-23。

表4-2-23 **1991年、2000年、2010年静海县机电灌溉统计表**

年份	固定站灌溉			流动机灌溉			配套机电井			喷滴灌	
	座	千瓦	千公顷	台套	千瓦	千公顷	眼	千公顷	台套	千瓦	千公顷
1991	141	44790	29.35	5700	56590	30.84	2284	14.21	177	15300	1.13
2000	162	43950	21.39	7197	67510	14.19	3147	15.15	119	10800	0.96
2010	163	43640	19.34	7203	66790	12.61	3537	16.24	122	1190	1.08

三、节水灌溉工程建设

静海农业节水着眼于服务社会主义新农村建设，坚持高标准，进一步完善农业节水发展规划，推广灌溉新技术，从改变输水和地面灌溉方式入手，因地制宜，大力发展地下输水管道，防渗渠道和喷灌，结合土地平整采用小畦灌、隔沟灌等措施，提高灌溉水的利用率，大力发展节水、高效、高产、低耗的高标准节水项目区建设。截至2010年年底，全县农用机井已达3873眼，已配套3537眼，有效灌溉面积达到55.47千公顷，铺设防渗明渠374.4千米，铺设塑料管道3395.1千米，节水灌溉面积达到43.45千公顷。

根据静海县设施农业发展重点，先后建成高效农业节水项目区169处，推广应用精准节水新模式、新技术，节约了水资源，降低劳动强度，有力地推动了设施农业的快速发展，取得了显著的经济效益和社会效益。实施节水灌溉工程后大田地平均每公顷增加产值3000余元，设施农业每公顷增加产值达60000元以上，实现了农业增产、农民增收。

2006年新打深机井11眼，铺设塑料管道69.5千米，防渗明渠2千米，建成子牙镇小邀铺，王口镇南茁头、郑庄，陈官屯镇北长屯、袁村等节水项目区10处。

2007年新打农用深机井25眼，铺设塑料暗管150.5千米，新建高家楼、十里堡、中旺李庄子、大十八户、中旺村、大丰堆齐庄子、齐小王、沿庄双楼、子牙镇（西高庄、王家村、尚家村）、胡连庄、王口南茁头、丁家村、梁头辛庄子、独流李家湾子、花园村、杨成庄西寨及蔡公镇共17处节水项目区。

深机井31眼，新建微喷灌1处，半固定喷灌1处，建成台头镇义和、一堡、姜家

2008年围绕设施农业，搞好节水项目区建设，铺设塑料暗管202.5千米，独流镇团结、凤仪、王庄子、良王庄乡王家院、王口镇西岳庄、段堤双塘镇西双塘、陈官屯西钓台等节水项目区21处。

2009年完成投资2596万元，先后完成了台头镇姜家场、友好、新立、民生、胜利，独流镇七堡村、建设街、十一堡、北肖楼、尚庄子、北流村，王口镇大瓦头、西岳庄、东岳庄，梁头镇孙庄子、前邓村、东柳木，罗塘、孟庄子、梁头村，中旺镇曾家河、清河、蔡公庄、李庄子、丁家村、赵齐庄，大丰堆镇岳庄子、齐小王、大王庄村，陈官屯镇东钓台、高官屯，唐官屯镇小郝庄，静海镇西五里、西翟庄镇东翟庄，双塘镇杨家园，子牙镇常家村，沿庄镇东禅房村，大邱庄镇大屯村，良王庄乡王家院、岳家园节水项目区40处，新建蔡公庄镇幸福扬水点1座，维修扬水点4座，铺设管道467千米，新增节水控制面积2.8千公顷，全年打深机井173眼，其中绿化打井6眼、新建水厂打井21眼、农业综合开发打井63眼、设施农业打井5眼、小农水工程打井38眼、自筹打井40眼。

2010年坚持“设施农业，水利先行”的工作思路，配合县设施农业、林下经济发展，加快微喷灌和节水项目建设，重点建设“一河两路”三个万亩现代农业示范区，即南运河两侧特色农业种植区，西台路两侧蔬菜大棚区，津涞路两侧林地经济种植区。完成投资1738万元，先后建成台头镇一堡、姜家场、独流镇团结街、良王庄乡府君庙、王口镇东岳庄、梁头镇孟庄子等节水项目区25处，新打农用深机井39眼，铺设管道223千米，新增节水控制面积1.8千公顷。

第三节　农村水利管理

一、乡镇水利管理站

乡镇水利管理站（简称水利站）为最基层的农村水利工作机构，承担乡（镇）防汛抗旱、水利建设、工程建设、区域水资源规划、水资源配置、水环境建设与保护、农业节水技术推广、农村水利建设组织和行政执法等基层农村水利工作任务。随着乡（镇）机构多次改革，水利管理站隶属关系不断变化。20世纪80年代初，静海县成立水利站，以乡为单位分级、分片管理支斗渠及其配套建筑物。

1986年，组建以水利站为主要形式的农村基层服务体系。水利站隶属县水利局为派出机构，实行县水利局和乡镇政府“条块结合、以条为主”管理形式，县水利局对水利站的人、财、物实行统一管理。1988 年，县水利站实行定岗定编，1988—1990 年，人员工资由财政从小型农田水利补助费中解决。从 1991 年开始，县财政不负担水利站所需经费，所需经费以水利站综合经营收入解决。1997 年，静海县水利局机构改革，水利站移交乡（镇）政府管理，县水利局对其进行业务指导。

二、小型农田水利产权制度改革

小型农田水利工程包括农用机井、小型泵站点、支渠一下桥闸涵等，是农村直接收益的水利基础工程，其产权分为国家和村集体两级所有。在工程管理上采取属地管理，即跨村工程由乡镇水利站管理，坐落在各村内的工程由属地村管理。工程维修养护及运行费以“谁受益，谁负担”为原则，当工程损坏严重、资金实难自筹时，国家给予适当补贴。小型农田工程运行处于管理粗放、资金难筹、维修缺失的状态，随着农村体制改革不断深入，承包土地的农户对自主经营土地上的水利设施没有自主权，故缺乏维护意识，造成乡、村对大量小型农田水利工程管不了、管不好。

1998 年 10 月，中共中央下发《关于农业和农村工作若干重大问题的决定》提出“鼓励农村集体、农户以多种方式建设和经营小型水利设施”。2000 年 2 月，天津市政府下发《关于小型水利工程产权制度改革意见的通知》，全面推动了天津市小型农田水利设施产权的改革。静海县在借鉴试点经验的基础上，对全县小型农田水利工程进行调查摸底，资产评估，产权界定。同年，静海县政府下发了《静海县农田水利产权制度改革实施意见》，8 月 6 日，小型水利工程产权制度改革试点开始，将东滩头乡双楼、王匡两个村的 4 眼深水井及设备先期出售给个人经营。

截至 2006 年，全县有农用深机井 1117 眼，其中承包 230 眼、拍卖 7 眼、股份制 12 眼、其他形式管理 14 眼、村集体管理 854 眼。浅机井 2444 眼，其中股份制 805 眼、其他形式管理 1639 眼。塑料输水管道 1942 千米，其中承包 194 千米、拍卖 13 千米、其他形式管理的 31.5 千米、村集体管理 1703.5 千米。扬水点 550 座，其中承包 5 座、村集体管理 545 座。防渗明渠 361.5 千米，村集体管理 358.5 千米，股份制管理 3 千米。

三、农民用水者协会

静海县在开展小型水利产权制度改革的同时，推行组建农民用水者协会，以破解田间工程管理无序的难题。农民用水者协会是小型农村水利工程或大中型灌区支渠、斗渠灌溉范围内的受益农户，在自愿的原则下，通过民主方式组建，依法成立的既是一个群体组织，又是具有法人资格，实行自主经营、独立核算的非营利的法人组织。

2005年10月，市水利局按照农业部《关于支持和促进农民专业合作组织发展的意见》（农经发〔2005〕5号）和水利部、国家发展改革委、民政部三部委下发的《关于加强农民用水户协会建设的意见》（水农〔2005〕502号）的要求，加快农民用水者协会组建工作步伐，在总结试点工作经验的基础上，于2006年1月，将国家三部委《关于加强农民用水户协会建设的意见》转发各农业区（县），同时提出开展农民用水者协会工作的任务、目标等，指导全市全面开展用水者协会组建工作，并将此项工作列入各年度全市农村水利建设和强化水资源管理的重要建设内容和目标。

2006年，针对小型农田水利工程管理，组建了陈官屯镇北长屯村、王口镇朱家村、沿庄镇东禅房村、小黄洼村、中旺镇中旺村、罗庄子村6个农民用水者协会，参与用水户协会的农户数2806户，农民用水户协会管理的灌溉面积1.16千公顷。农民用水者协会成立后，村民有了自己的用水组织，选出了自己信任的会员代表、副会长、会长，制定了农民用水户协会章程和制度。小型水利工程协会派专人管理，管理人员责任心强，随叫随到。小型水利工程使用按用水量收费，一水一结，用多少水，交多少钱，用水和交费有记录，实现了农户清清楚楚用水，明明白白交费。

2007年，组建高家楼、花园、李庄子、十里堡、齐庄子、辛庄子、沿庄、丁家村、南茁头9个农民用水者协会。8月18—20日，民建中央副主席路明到静海县调研农民用水者协会建设运行情况，天津市政协副主席、民建天津市委会主委周绍熹，民建天津市委会副主委冯培英等陪同调研，路明对静海县农民用水者协会建设运行情况给予充分肯定。

2008年，组建台头镇义和、一堡、姜家场，独流镇团结村、王庄子，良王乡良三村、王家院，中旺镇大曲河，王口镇段堤，唐官屯刘上道10个农民用水者协会。

2010年，组建独流镇六堡村、冯家村、生产街，沿庄镇西禅房村，中旺镇丁庄子村、赵齐庄村，大丰堆镇大庄子村，良王庄乡府君庙村，子牙镇东子牙村，陈官屯镇二街10个农民用水者协会。涉及4743户，14744人，耕地面积1943.6公顷。协会会员4743人，会员代表473人。有深机井42眼，成立用水组42个，协会管理灌溉面积1628公顷，管理灌区低压输水管道86.8千米。

截至2010年年底，全县建成农民用水者协会56个，改革对原有小型农田水利工程管理，全面推行用水收费制度，变“福利水”为“商品水”，逐步实现小型农田水利工程管理良性循环，凡原有小型农田水利工程用水不收费的，不再安排新的小型农田水利工程建设。凡新建节水工程实行农民用水者协会管理。农民用水者协会为农村水利工程管理注入活力。农民用水者自主参与灌溉管理和节水意识得到明显提高。农民用水者协会的组建，理顺了供水单位和用水者的关系，促进了科学灌溉管理，同时水费收缴工作得到群众支持，缴费工作较为顺畅。

四、水管体制改革

2006年，依据天津市政府下发的《关于批转市水利局市发改委市财政局市编制办拟定的天津市水利工程管理体制改革实施方案的通知》（津政发〔2004〕121号）文件精神，按照水利部、财政部下发的“两定标准”，静海县水利（水务）局对所属河道所、排灌站、水库3个水利工程管理单位进行定岗定员和工程维修养护费用测算，并编制完成《静海县水管体制改革实施方案》。该方案按部颁标准测算，3个水管单位定岗定员总人数为1072人（现岗职工375人），结合静海县具体情况，初步确定人数为474人；每年需水利工程维修养护费总额为3399.25万元，其中需市补资金1699.63万元，县配套1699.63万元。2006年10月，该方案报县政府审批。

2007年12月27日，通过县长办公会研究，以县政府“会议纪要（静海政纪〔2008〕1号）”决定，河道管理所、排灌管理站2个水管单位仍为县水务局所属科级事业单位，经费渠道由自收自支改为全额拨款。团泊水库管理处仍为县水务局所属副处级事业单位，经费渠道由自收自支改为差额拨款。3个水管单位开支渠道、交纳养老保险渠道不变，每年县财政给予80万元用于各种保险补贴及相关支出。关于人员编制，根据天津市机构编制委员会办公室下发文件，核定静海县河道管理所、排灌管理站2个单位事业编制73名和162名的基础上，增加事业编制50名。团泊水库管理处市编办没有核定编制。关于管养经费，县政府每年从财政预算中支付100万元，用于全县闸、涵、站、水库等维护费用，以保障水利设施运行安全。

第四节 水土保持

一、水土流失防治

2004年，天津市进行第一次全市水土流失面积、水土流失类型、水土流失程度及水土流失分布情况的调查。调查结果为：静海水土流失面积15.21平方千米（微度不计），占全市土地总面积的2.4%。其中轻度水土流失面积11.28平方千米，中度水土流失面积3.93平方千米。

2005年10月，水利部水土保持司下发《关于印发人为水土保持流失调查方案的通知》，按照通知要求，市水利局部署在全市开展开发建设项目水土流失调查工作，2005

年静海县水务局开展了水土流失调查工作。

2008年，静海县水土保持工作步入正轨，将水土保持工作纳入日常工作，设专人负责。静海县水利局始终把生态环境作为调整产业结构，促进产业升级，提升招商引资环境的有效手段，确定把水土保持工作当作一项长期的战略任务来抓的工作思路。

二、水土保持方案审批

依据《水土保持法》中“生产建设单位应当编制水土保持方案，报县级以上水行政主管部门审批”的规定，静海县水利局对于开发建设项目不落实水土保持方案的，不予审批，以约束开发建设项目单位执行水土保持工作制度，编制水土保持方案。

自从2006年京沪高铁项目和天津仁爱集团项目水土保持方案批复后，娱乐项目《松江高尔夫球场改扩建工程》水土保持方案于2007年5月16日通过专家评审，获市水务局批复。房地产项目《天津滨海投资发展有限公司芳湖园工程水保方案》水土保持方案于2008年7月18日通过专家评审，获市水务局批复。水利项目《团泊水库除险加固》水土保持方案于2009年1月20日通过专家评审，获市水务局批复。电力项目《静海500千伏输变电工程》水土保持方案于2019年10月13日通过专家评审，获市水务局批复。

2010年7月和11月，静海县水务局分别组织召开《静海县八堡扬水站更新改造工程水土保持设施竣工验收报告》《静海县大邱庄扬水站更新改造工程水土保持设施竣工验收报告》《静海县良王庄扬水站更新改造工程水土保持设施竣工验收报告》专家评审会和《天津子牙循环经济产业园区》开发建设项目水土保持方案评审会，其中天津子牙循环经济产业园区开发建设方案规划面积30平方千米，同时集工业、住宅、农业生态为一体的综合性水保方案在全国尚属首例。

2010年，水保监察人员深入到多个在建开发建设项目现场，严把开发建设项目水土保持方案的编报和审批工作，指导帮助建设单位完成水土保持方案的编制、上报、审批等相关手续，以提高水土保持方案审批效率。

三、监督检查

在水土保持工作开展以来，由于开发建设单位对水土保持环境建设认识不足，对水保监察人员产生较大抵触情绪，影响到水保工作的正常开展。县水务局水保监察人员及时调整工作方式，以水保法规宣教为主，做到不怕跑腿、不怕磨嘴的工作态度，积极开展工作，使当事人由抵触转变为主动咨询、了解水保法规，主动补报水保方案，积极采取补救措施。

静海县水务局以县域大中型开发建设项目为重点，以执法检查和监督管理为手段，推进开发建设项目水土保持“三同时”制度的落实。充分利用已掌握的情况和资料，对在建及已经完建但未开展水土保持治理工作的开发建设项目进行全面调查，建立档案，并对调查摸底情况进行了汇总分析。针对全县房地产开发、工业园区开发建设项目日益增多，随意破坏水土保持设施现象普遍的实际情况，抓住重点对象集中整治。

2008年上半年对天津无缝钢铁集团、天津天房集团开发建设项目、天津滨海投资发展有限公司进行多次执法检查，要求其及时编报水土保持方案，通过专家论证并经市局审批。下半年重点对京沪高速铁路、天津仁爱集团已批复的水保方案进行方案执行情况的监督检查，并要求建设单位依法缴纳水土保持设施补偿费。

2009年，预防保护和监督执法工作有较大进展。通过执法检查和监督管理，巩固了水土保持监督执法专项行动成果。多个在建的开发建设项目完成水土保持方案的编制、上报、审批等相关手续。同时积极查处开发建设单位在项目建设过程中违纪违规行为。坚持严把开发建设项目水土保持方案的编报和审批工作，提高水土保持方案审批效率。

2010年，静海县水务局依法行政，加强监管，努力遏制人为造成的新的水土流失。针对团泊新城、子牙循环经济产业园、静海县开发区等大型开发建设项目，通过执法检查和监督管理，基本实现工业经济与生态环境同步发展的目标，水土保持事业得到健康有序发展。

四、宣传工作

2010年加强了《水土保持法》宣传，使水土保持意识更加深入人心。在宣传方法上即面向社会，又针对容易引起水土流失的重点开发建设项目做到一般宣传与重点宣传相结合、经常宣传与集中宣传相结合，引起了社会共鸣，唤醒了全社会对水土流失的忧患意识，增强了广大干群保护水土资源的紧迫感，使保持水土、保护环境意识成为全社会的自觉行为。

第五章

供　排　水

1996—2001 年连续干旱，地下水位急剧下降，造成静海农村人畜饮水困难。为解决静海县农村出现的人畜饮水困难，市政府非常重视，实施了农村人畜饮水解困工程。随后实施的农村饮水安全及农村管网入户改造工程，不仅解决了农民“吃水难”的问题，而且使农村生存环境、生活条件和卫生状况得到了极大改善，上下水畅通，卫生洁净，洗衣机、热水器、太阳能等得到广泛应用，村容村貌显著改观，推动了乡村小城镇住宅楼建设，加快了农村城镇化建设的步伐。2010 年，静海县实施行政机构改革，静海县水务局接管静海县建设管理委员会城市政排水工作职责，成立天津市静海县水务局城区排水管理所，负责县城排水管网的施工，养护维修和城市污水排放水质监测以及城市排水设施损害赔（补）偿费、污水处理费的征收使用。

第一节　供　　水

静海县农村人畜供水坚持集中和单村供水两种方式。集中供水由静海县水务局供水管理站管理，标准为每天 24 小时供水，实行用水计量，按量收取水费。单村供水由村委会管理，每天供水 2～4 小时，水费按户收费或不收水费，所需费用由村委会承担。

一、人畜饮水解困

2001 年初，静海县 384 个行政村中有 288 个村的饮水井，不同程度出现饮水问题。2001 年 6 月，天津市委书记张立昌在梁头镇王庄子村召开“解决人畜饮水困难”现场办公会，把解决人畜饮水困难摆到重要议事日程，提出“着眼长远、统筹规划、分步实施、力争经过两三年努力，使天津市农村在干旱之年不再出现饮水困难”的目标。

2001 年，静海县被列为全市第一批解决农村饮水困难的重点县之一。市委、市政府及市有关部门十分关注静海的旱情，市委书记张立昌、市长李盛霖、市委副书记房凤友、副市长孙海麟、市水利局局长刘振邦等领导多次到静海检查抗旱打井情况，指导解决人畜饮水困难问题。面对静海县的农村饮水困难，县委、县政府高度重视，多次召开专门会议，研究解困工作。在市各部门的支持下，经过全县广大干部群众的不懈努力，到 2002 年年底，全县 288 个行政村的人畜饮水解困工程按计划全部完成，2003 年 1 月

8日工程通过验收。完成新打、更新饮水井156眼，其中新打井11眼，更新井145眼；兴建农村集中供水工程5处；总投资2559.24万元，其中市补助1042.03万元，县补助672万元，乡镇村自筹845.21万元。解决18.4万人、2万头牲畜的饮水困难。

2001年，建成高家楼水厂，于同年12月投入使用。高家楼水厂投入运行后，每天为高家楼、范庄子、王家楼、杨李院、小高庄、上三里、花园、八里庄8个村、2644户、8498余人及15家企业供水，平均每天供水200余立方米。每月收水费1万元左右，除去电费、人员工资、维修费等，每月略有盈余。日供水时间由建设前每天不足2小时，增加到16～18小时，改变了过去供水时间短、水压小、家用电器无法使用的现实生活问题，农民的生产生活质量得到了提高，也促进了农村经济的发展，为以后全县普及推广及进一步深化改革打下了良好基础。

2002年1月，建成王口水厂，水厂运行后可为和平、民主、义和、西岳庄、大瓦头、小瓦头6个村供水，使3989户、12987人受益。8月，建成沿庄水厂，水厂运行后可为沿庄、流庄、小河3个村供水，使2417户、8133人受益。12月，建成唐官屯水厂，水厂运行后可为长张屯、二街、三街、四街4个村供水，使6456户、13345人受益。

2003年12月，建成东禅房水厂，水厂运行后可为东禅房、当禅房、西禅房、当滩头、西滩头、郎洼、北元蒙口、南张庄、罗家庄、谭庄子、东元蒙口、南元蒙口、潘庄子、许庄子14个村供水，使4963户、15216人受益。

2004年，市水利局下达第二批农村人畜饮水解困计划，静海县在杜咀、陆家院、东沟乐村新打3眼饮水井，工程于12月底完成，2005年1月25日，通过市水利局专家组验收。

二、农村饮水安全及管网入户改造

2005年，国家启动了农村饮水安全应急工程，按照水质、水量、用水方便程度等指标衡量，依据《静海县2006—2010年农村饮水安全及管网入户改造工程规划》，到2010年，全县384个行政村中有320个村、11.3万户、37.3万人的饮水氟含量在1.2毫克每升以上，存在饮水水质不达标问题，需要实施饮水安全工程；有355个村、13.5万户、41.7万人因供水设施和供水管网老化失修，存在饮水不方便问题，需要实施管网入户改造工程。工程计划总投资20162.97万元。

（一）农村饮水安全

为扎实推进社会主义新农村建设，尽快解决天津市农村饮水问题，2006年开始实施农村饮水安全工程。本着因地制宜的原则，按照各村所处的自然地理位置，依托现有的人畜饮水解困机井为水源，单村建除氟改水理化设备站向居民提供符合国家饮用水标准的桶装水，改善了农村饮水水质。

2006 年建成除氟（降盐）供水站 23 处，涉及 2.43 万人。

2007 年建成除氟（降盐）供水站 130 处，建设管理房 6779 平方米，涉及 38 个村 4.37 万人；购安除氟（降盐）及灌装设备 52 套，灌装设备 52 套，投资 3069.32 万元。

2008 年建成除氟（降盐）供水站 51 处，11 个乡镇、72 个村、3.38 万户居民配置了家用饮水机 33819 台和套用饮水桶 67638 个，配置送水车 8 部。

2009 年建成后明村集中除氟降盐供水站，在后明村新上 5 吨每小时净化水设备 1 套，解决 49 个村、5.7 万人的饮水不安全问题。

2010 年于翟家圈、马辛庄、良辛庄、鲁辛庄、刘上道、刘下道、夏庄子 7 个村安装臭氧消毒设备 7 台套。

（二）农村管网入户改造

农村管网入户改造工程采取分散与集中相结合的形式。根据各村的自然环境、地理位置及人口居住稠密程度，联村、联片、跨村、跨乡镇建设集中供水工程，不能联村的单村建设供水厂，并安装恒压供水变频设备，装表计量，按吨收费。对每个集中供水工程安装消毒设备进行消毒，防止微生物超标。在联村、联片的乡村选择中心地带利用人畜解困井为水源建集中供水厂，铺设供水管道向周边辐射，采用恒压变频设备 24 小时高压供水。

2007 年农村管网入户改造，实施 5 处集中供水工程和 3 处单村供水工程。5 处集中供水工程分别是：台头集中供水工程、王官屯集中供水工程、四党口集中供水工程、西双塘集中供水工程、中旺集中供水工程。3 处单村供水工程分别是：小李庄单村供水工程、孙庄子单村供水工程、朱家村单村供水工程。全年投资 2468.81 万元，解决和改善 52 个村、22044 户、7.22 万人饮水不方便问题。铺设供水管道 730 千米，安装总水表 3079 块，入户分水表 22044 块，安装恒压变频设备 3 台套，建设管理房 1003 平方米，安装消毒设施 3 处。

2008 年农村管网入户改造工程，实施 8 处集中供水工程和 3 处单村供水工程。8 处集中供水工程分别是：良王庄集中供水工程、后明集中供水工程、蔡公庄集中供水工程、西翟庄集中供水工程、大河滩集中供水工程、南柳木集中供水工程、大邀铺集中供水工程、大黄洼集中供水工程。3 处单村供水工程分别是：小李庄单村供水工程、孙庄子单村供水工程、朱家村单村供水工程。

2009 年管网入户改造工程完成投资 6742 万元，建成梁头镇梁头村、中旺大庄子村、王口堂上、杨成庄大寨、大丰堆岳庄子、西翟庄尚码头、台头镇三堡、良王庄府君庙、独流、唐官屯夏庄子 10 处集中供水厂和王二庄、小黄庄、焦庄子、大丰堆村 4 个单村供水厂，解决 122 个村、13.8 万人的饮水不方便问题。

2010年管网入户改造工程，建设马辛庄、南长屯2处集中供水厂和27个村的原水厂续建工程及5个单村供水工程，共涉及58个村、5.48万人。共建设管理房836平方米，200立方米蓄水池2座，新打机井2眼，铺设管道1253.25千米，安装水表42681块，安装恒压变频设备7台套。

截至2010年年底，农村管网入户改造工程全部完成。

农村人畜饮水解困和管网入户改造工程的完成，静海县供水工程累计建成30处集中供水厂，使全县17个乡镇，350个村（含单村工程）、13.6万户、41.4万人饮水不方便问题得到解决，农村居民生活饮水实现城镇化。

农村生活集中供水厂情况统计见表5-1-24。

表5-1-24 **农村生活集中供水厂情况统计表（不含单村供水数据）**

序号	水厂名称	建成日期	受益户数	受益人口	受益村数	涉及村庄名称
1	高家楼水厂	2001年11月	2644	8498	8	高家楼、范庄子、王家楼、杨李院、小高庄、上三里、花园、八里庄
2	唐官屯水厂	2002年12月	6456	13345	4	长张屯、二街、三街、四街
3	王口水厂	2002年1月	3989	12987	6	和平、民主、义和、西岳庄、大瓦头、小瓦头
4	沿庄水厂	2002年8月	2417	8133	3	沿庄、流庄、小河
5	东禅房水厂	2003年12月	4963	15216	14	东禅房、当禅房、西禅房、当滩头、西滩头、郎洼、北元蒙口、南张庄、罗家庄、谭庄子、东元蒙口、南元蒙口、潘庄子、许庄子
6	台头水厂	2007年12月	5506	17616	7	胜利村、和平村、民主村、幸福村、友好村、新立村、义和村
7	四党口水厂	2007年12月	3066	10102	9	惠丰西、惠丰前、惠丰中、惠丰东、四党口南、四党口西、四党口东、四党口中、四党口后
8	中旺水厂	2007年12月	5944	17215	12	中旺、小中旺、李庄子、大曲河、小曲河、丁庄子、朵庄、韩庄子、罗庄子、港里、王官庄、姚庄子

续表

序号	水厂名称	建成日期	受益户数	受益人口	受益村数	涉及村庄名称
9	王官屯水厂	2007年12月	5250	16762	11	王官屯、高官屯、东钓台、吕官屯、张官屯、纪庄子、胡辛庄、小赵家洼、大赵家洼、西钓台、高泽村
10	西双塘水厂	2007年12月	4079	10483	9	西双塘、周家院、杨学士、杨家园、朴楼、东双塘、董莫院、李靖庄、增福堂
11	大河滩水厂	2008年12月	2312	6615	10	义渡口、小口子门、大河滩、小河滩、曹官庄、刘官庄、西五里、孙家场、付村、大口子门
12	大邀铺水厂	2008年12月	6354	21403	9	东子牙、大邀铺、小邀铺、大黄庄、三呼庄、常家村、宗保村、王二庄、小黄庄
13	蔡公庄水厂	2008年12月	4453	13463	8	蔡公庄、杨家场、顺小王、刘祥庄、土河、朱家房子、幸福村、大屯
14	后明水厂	2008年12月	2905	8723	10	大丰堆、靳庄子、于庄子、前明庄、中明庄、后明庄、前双树、后双树、丰普村、高小王
15	南柳木水厂	2008年12月	3124	10611	12	东河头、于家村、东柳木、西柳木、南柳木、肖民庄、王庄子、赵庄子、周庄子、吴庄子、前邓、后邓
16	西翟庄水厂	2008年12月	4075	11034	10	东翟庄、中翟庄、西翟庄、吕家沟、顺民屯、周庄子、贺新村、张庄子、矫庄子、佟庄子
17	大黄洼水厂	2008年12月	3189	11052	9	大黄洼、小黄洼、东港、西港、张村、王匡、双楼、东滩头、吉祥村

续表

序号	水厂名称	建成日期	受益户数	受益人口	受益村数	涉及村庄名称
18	良王庄水厂	2008年12月	4698	13019	12	良一村、良二村、良三村、四小屯、罗阁庄、邢庄子、于家堡、李家楼、陆家村、张家村、胡家村、岳家园
19	夏庄子水厂	2009年12月	5077	16509	16	东沟乐、西沟乐、小郝庄、大郝庄、孙坝口、烧窑盆、国家庄、郑家庄、英官屯、薛家庄、慈儿庄、亚家庄、小十八户、大十八户、夏庄子、满意庄
20	独流水厂	2009年12月	10359	28698	20	王庄子、尚庄子、北刘村、北肖楼、南肖楼、杜家咀、下圈、十一堡、胜利街、义和街、民主街、九十堡、工商街、建设街、凤仪村、民生街、团结街、和平街、生产街、友好街
21	大庄子水厂	2009年12月	3972	11924	12	大庄子、东小屯、西小屯、十槐村、清河村、西湾河村、刘家河村、团瓢村、北小屯村、小齐庄、赵齐庄、曾家河
22	前尚码头厂	2009年12月	3503	11541	8	巨庄子、东尚码头、西尚码头、前尚码头村、北尚码头、安庄子、杨小庄、庞庄子
23	府君庙水厂	2009年12月	2656	7605	10	王家院、李家院、府君庙、十里堡、菩提洼、白杨树、冯家村、刘家营、苟家营、王家营
24	梁头水厂	2009年12月	3350	10869	8	东贾口、西贾口、辛庄子、谷庄子、罗塘村、孟庄子、梁头村、北张庄
25	岳庄子水厂	2009年12月	3013	8714	9	齐小王、齐庄子、胡庄子、岳庄子、白公坨、崔庄子、李八庄、高庄子、大王庄

续表

序号	水厂名称	建成日期	受益户数	受益人口	受益村数	涉及村庄名称
26	大寨水厂	2009 年 12 月	5949	16930	10	宫家屯、大寨、西寨、前寨、后寨、杨成庄、砖垛、双窑、梅厂、董庄窠
27	三堡水厂	2009 年 12 月	4513	14592	16	南坝台、北坝台、一堡、中二堡、北二堡、南二堡、三堡、四堡、五堡、六堡、七堡、八堡、大六分、姜家场、李家湾子、南茁头
28	堂上水厂	2009 年 12 月	2199	7256	11	王家村、尚家村、东高庄、西高庄、小张庄、东家村、堂上、郑庄、小刘村、大刘村、丁家村
29	南长屯水厂	2010 年 12 月			13	陈三街、南长屯、北长屯、小集、潘村、一街、小钓台、二街、袁村、谭村、西长屯、曹村、邹家咀
30	马辛庄水厂	2010 年 12 月	1791	6083	7	翟家圈、马辛庄、良辛庄、鲁辛庄、刘上道、刘下道、夏庄子

三、工程效益

农村集中供水厂建成后，为避免“重建轻管”“建而不管”的不良现象，坚持建管并重，建立长效运行机制，确保农村饮水安全工程长久发挥效益。

依据 2010 年 4 月县政府颁布的《静海县农村集中供水工程运行管理办法》，按照“谁投资、谁所有”的原则严格界定供水设施产权。通过召开水价听证会，与村民代表面对面地进行协商定价并报县政府批准执行，最后确定的水价基本代表了供需双方的利益。具体标准为：居民生活用水 2.20 元每立方米，养殖专业户用水 2.50 元每立方米，机关事业单位用水 3.10 元每立方米，工业、交通、商业、金融、建筑用水 3.60 元每立方米，宾馆、娱乐业用水 4.6 元每立方米。

完善服务机制，推进规范化管理。统一制定了内部管理制度，全面实行农村集中供水服务承诺制度，承诺内容包括供水水质、供水调度、新增用户业务受理、给水工程设计、抄表收费、管网维修、家庭供水设施维修、供水热线服务、职业道德和文明用语等9项内容。特别是在供水水质监测方面，投资47万元建立了水质化验室，对净化设施、蓄水池进行定期清洗和消毒，并配备专用检测设备和专职检验人员，对水质定时检测化验，确保供水水质综合合格率。

通过农村集中供水工程，解决了农村居民饮用高氟水、苦咸水和饮水不方便问题，农村供水从过去的每天限时供水改为24小时全天候供水，水压、供水时间得到了保证，洗衣机、热水器、太阳能等得到广泛应用，加快了农村城镇化建设的步伐。实行计量收费，农村生活用水从“福利水”转变为商品水，全县350个村每天节水1.6万立方米，年节水589万立方米，促进了节水型社会建设。

四、城镇供水

1990年，天津水自来水集团静海水务公司前身静海供水站承担静海西城供水（范围南至下三里，北至北纬三路，西至运河，东至铁路)。

为解决地下水高氟高碱的现状，开始着手除氟站的建设，于1990年完工。随着静海县供水面积增大，用水需求量的增多，供水量随之增加，于1991—1995年新建东水厂、韩家口水厂与下三里水厂，实现静海县城东西供水分制，满足静海县城供水需求，并将原有定频技术升级为变频技术，减少能源消耗，实现昼夜稳定供水。

2002年，为彻底改善静海的饮用水条件支持静海经济社会发展，静海县政府与天津市自来水集团有限公司签订滦水入静协议，并于2003年实施滦水入静工程。工程主要从市区凌庄水厂铺设DN800输水管道至静海东水厂，全长28千米，投资8000万元。工程于2003年12月30日竣工通水。滦水入静工程将市区成品自来水引到静海县城，结束了城区广大人民群众世代引用高氟高碱地下水的历史，也使静海居民从此享受到城市化的供水服务。

滦水入静工程完成后，为更好地做好供水经营管理服务。经静海县政府与市自来水集团有限公司协商，将原静海建设管理委员会下属的自来水供应站的资产人员整建制划拨给市自来水集团。于2004年7月成立天津市自来水集团静海水务有限公司。公司为天津市自来水集团下属的子公司。

为保障城区的安全稳定供水，2003年年底实施东水厂扩建改造工程。投资2000万元建成当时全市工艺设施最先进、自动化程度最高的区域加压泵站。工程竣工后，静海城区完善了单点区域加压供水模式，由东水厂对市区来水进行加压处理后供给东西两个城区，其余水厂改为备用水厂。2005年配合全市抄表到户改造工程，对静海城区实施了自来水抄表到户改造工程，并对楼房用户实施IC卡表改造，将当时静海城区内所有楼房共1.6万具表进行改造，共投资1500万元。滦水入静后为彻底提升城区用水质量，2005—2006年实施了旧管网改造工程，共改造32千米管道，总投资2000万元。将管道换成新型的球沫和PE管材，彻底解决城区部分地段低压片水发黄的问题，从根本上改善了群众的用水质量。

在水源接入的基础上，2006年对营业售水服务实施信息化改造，从手工作业升级为自动化作业。2008年开通供水服务热线28942745，成立客户服务中心，实现供水业务受理一站式服务，并于2008年建成静海东城区营业厅。

静海水务公司秉承城镇发展供水先行的理念，着眼服务静海经济社会发展大局，于2006年扩大供水服务面积，开启推进城乡一体化供水的发展格局。2006—2007年，先后延伸管网至静海县经济开发区天宇科技园，改善了城区周边区域及产业园区的用水环境，为静海的企业发展和招商引资提供了良好的供水保障。

2007年，为支持静海新农村建设，经静海县和市自来水集团协商，实施了滦水入团泊新城大邱庄供水工程。工程投资9000余万元，从市区通静海DN800疏水管道杨成庄处开口，引DN600管道至大邱庄。于2007年7月开工，2008年7月竣工，同时在大邱庄建成大邱庄供水加压泵站，日供水能力5万立方米，2008年下半年通水。

1991—2010年东水厂年度城镇供水量统计，见表5-1-25。

表5-1-25　**1991—2010年东水厂年度城镇供水量统计**

年份	1991	1992	1993	1994	1995	1996	1997	1998	1999	2000
水量/万立方米	225.8	251.3	276.4	290.6	302.9	321.6	333.3	347.9	358.2	369.5
年份	2001	2002	2003	2004	2005	2006	2007	2008	2009	2010
水量/万立方米	378.7	389.4	399.9	407.8	424.6	446.7	468.3	480.6	511.7	580.9

第二节　城　区　排　水

一、排水管理

1991—2010年，静海县城区排水主要由静海县建设委员会所辖的市政工程管理站负责。2010年，静海县实施行政机构改革，县委、县政府以《关于印发〈静海县政府机构改革实施方案〉的通知》（静党发〔2010〕13号）文件明确，组建静海县水务局为县政府工作部门，将水利局的职能、建设管理委员会涉水事务管理的职责整合划入水务局，不再保留水利局。静海县水务局接管静海县建设管理委员会城市政排水工作职责，同时，接管建委市政排水23名工作人员。

2011年，根据县编委《关于县水务局成立城区排水管理所的批复》（静编字〔2011〕6号）文件精神，成立天津市静海县水务局城区排水管理所，负责县城排水管网的施工，养护维修和城市污水排放水质监测以及城市排水设施损害赔（补）偿费、污水处理费的征收使用，核定事业编制23名。至此，静海县城区排水工作纳入水务局。

二、排水区域划分

排水管理所负责的排水范围是：北至北华路，西至南运河，南至南宁路，冬至运东排干。总排水面积26.6平方千米。其中西城区约7平方千米，东城区约19.6平方千米。排水管网总长153.4千米，其中雨水管道长58.16千米，污水管道长53.65千米，合流管道41.5千米。各类检查井5067座，收水井3705座。城区排水泵站共7座，其中雨水泵站有2座，分别为东方雨水泵站、南外环雨水泵站；污水泵站2座，分别为南纬三路污水泵站、开发区污水泵站；混流泵站3座，分别为北泵站、争光渠东方红路泵站、前毕庄混流泵站。2010年静海县排水泵站分布情况，见表5-2-26。

表5-2-26 **2010年静海县排水泵站分布表**

序号	泵站名称	泵站位置	流量/立方米每秒
1	争光渠东方红泵站	争光渠与东方红路交口北	0.56
2	北泵站（北纬五路泵站）	北纬五路与联盟路交口北	3
3	东方雨水泵站	东方红路与曙光道交口南	10
4	南外环泵站	范庄子立交桥西	12
5	前毕庄混流泵站	前毕庄与东环路交口	1.5
6	南纬三路污水泵站	南纬三路与联盟路交口	0.097
7	开发区污水泵站	春曦道与东方红路交口北	0.018

城区从2002年开始实行排水管道雨、污水分流设置，城区排水规划自2003年才开始，城区排水分为西城排水和东城排水。

西城排水以东方红路为界，分为两个收水系统。西城区南北两侧均以联盟路为主干管，东方红路以北主要通过建设路、静文路、北纬一路、北纬二路、北纬三路、北纬五路以上6条干管带动各支管将现状合流管道汇入联盟路北部现状直径800～1800毫米合流管道，通过北泵站排入铁路耳河，进入团结渠。东方红路以南的合流管道主要通过东方红路、南纬一路、南纬二路、南纬三路以上4条干管汇入联盟路南部直径700～1200

毫米合流管道，接入南纬三路污水泵站，污水经提升后进入西城污水处理厂。雨水经南外环泵站提升后排入争光渠。

东城排水以十里长街为界，十里长街北部雨、污水管道排水主要通过前毕庄泵站排入运东排干。十里长街南部为雨污分流制排水区，而且管道布置比较完善。大部分雨水主要通过东方红路、十三排支直径800～2000毫米雨水管道接入东方雨水泵站提升后排入运东排干。还有一部分雨水通过东安道、旭华道、春曦道直径800～2000毫米管道排入静王公路边沟，最后进入运东排干。十里长街以南污水管道布置比较完善，以东方红路、十三排支为主干管自西向东敷设双排直径500～800毫米污水管道经开发区污水泵站提升通过直径1000毫米污水管道接入华静污水处理厂。

三、排水工程设施与维护

1999年，完善县城基础设施，投资8万元铺设自来水管道（十里长街）1000米；投资75万元完成南纬一路排水管道铺设；投资630万元完成东方红路西段改造工程；启动京福公路穿城段改造工程。

2004年城区排水工程被县政府列入改善城乡人民生活的实事之一。工程包括运东排干清淤（从良王庄扬水站至静王公路段）12.5千米；良王庄扬水站部分机电设备维修；运东排干13座节制闸涵维修改造及新建4座支渠闸涵。4月20日开工建设，6月25日竣工。完成清淤土方42.2万立方米，砌石3137立方米，浇筑混凝土173立方米，总投资766万元，其中市投资130万元，其余自筹。工程完成后，可通过良王庄扬水站，解决新老城区排水问题，并防止污水串流。

2007年，全县共铺设雨水管道6000米，污水管道8200米。13家企业新建污水处理设施13台套。区域内进入污水处理厂的45家企业中，10家实现零排放，35家企业完成排污口规划整治，拆除多余的外排设施，落实一厂一口、一口一牌，并安装在线监测装置。全年完成水质监测数据3950个。

2010年，投资2885.98万元，完成宇纬路、南纬三路泵站、污水处理厂配套管网和迎检路线道路大修、运东排干排水泵站改造等工程，完成道路面积10.62万平方米、便道面积4300平方米，铺设排水管道3940余米，建设0.118立方米每秒泵站1座、1.50立方米每秒泵站1座、排水闸涵3座。另外，争取各类补助资金，完成铺设雨水管道3500米、污水管道6710米。

2010年6月17日，静海城区骤降暴雨，降雨量达到68毫米，由于降雨时间短、强度大，县城多处地区积水严重。水务局防汛、水政、排水、河道等部门80余名职工按照责任分工，清理城区道路雨水箅子上的漂浮物及杂物、打开雨水井盖排水。及时开启

5台应急排水泵强排积水，到20时，城区道路16处积水全部排除。

2010年11月，对县城31条路的排水管道及各类检查井、收水井进行清掏。共清掏检查井3696座，收水井3619座。清淤过道管2758米。维修检查井10座、收水井12座，更换检查井盖213套，更换收水井篦109套。汛前又对县城排水管网全面进行了清掏疏通，共清掏雨、污检查井3742座，雨水收水井3526座，疏通管道128363米，同时完成县城排水泵站的检修工作。

第三节 污 水 处 理

针对静海县水污染问题，2003年县政府投资1400万元，对争光渠县城区段进行改造，通过石砌渠槽、绿化两岸、安装灯景、架设栏杆，使争光渠县城区的水质明显得到好转。为防止争光渠水再度污染，对沿岸33个排污企业进行治理和长期监管，确保污水达标排放。2008年，大邱庄镇投资7900万元，对港团河、青年渠大邱庄段进行清淤，水质得到改善。

2006年5月，依法取缔天津市纯芳有机化学生产车间等10家重污染小化工企业；停产治理、限期治理的化工企业43家。2007年，两次采取联合执法、借权执法的形式，取缔污染严重的蔡公庄镇4个违法硫酸亚铁生产点。同年12月17日，依法取缔治理无望的天津市致均钢衬加工厂等41家严重污染环境的企业。2008年1月，强制关停天津汇宇实业有限公司。同年3月25日，依法强制关停污染严重的天津市海蓝佳豪药业有限公司。同年8月，强制关停废水污染环境的10家小造纸厂。

一、污水处理厂

截至2010年，静海县建成大型污水处理厂4座。

（一）华静污水处理厂

2006年前，静海县东城区的污水大都未经处理直接排入农灌渠，给水体造成污染，影响居民生活环境。2006年1月，静海县政府与天津市华静污水处理有限公司签订BOT协议，由该公司出资在天津市静海县开发区天海道东侧，建设并运营华静污水处理厂，运营期限为20年，解决静海东城区污水出路问题。2006年10月该厂投入运行，设计规模1.5万吨每日，2017年12月提标改造后，出水水质达到DB 12/599—2015 A标准，主要处理静海县东城区范围内生活污水。污水处理系统主要采用多级A0＋深度处理＋臭氧工艺，污泥处理工艺采用带式压滤脱水方式，脱水后的污泥运送至天律彤泰成科技有限公司处置。

（二）大邱庄工业污水处理厂

2008年6月，大邱庄工业污水处理厂（清源污水处理有限公司）建成并投入运行，设计处理能力1.5万吨每日，处理后的污水可达《城镇污水处理厂污染物排放标准》(GB 18918—2002)。主要接纳大邱庄镇百亿工业区、恒泰工业区、西南工业区的工业污水，年处理污水量约255万吨，年削减化学需氧量290吨。至2010年年底，大邱庄147家水污染企业，全部配备水污染治理设施。

（三）天宇科技园污水处理厂

天宇科技园是面向21世纪、以高新技术为基础、汇聚众多科技人才的新型现代化科技园区。园区建设污水处理厂，处理园区内的工业和生活污水，可以为园区创造高质量的生态环境，提升形象，也为园区招商引资创造良好条件。2008年12月，天津市静海经济开发区管理委员会与天津静海创业水务有限公司签订BOT协议，由该公司出资在天津市静海县京沪高速辅道东侧，建设并运营天宇科技园污水处理厂，运营期20年。2009年9月该厂投入运行，设计规模1万吨每日，2018年12月提标改造后，出水水质达到DB 12/599—2015 A标准，主要接纳天宇科技园南区，东至静王公路、北至现状水渠、南至大丰堆村支渠、西至京沪高速公路范围内污水。污水处理系统主要采用奥贝尔氧化沟＋臭氧催化氧化工艺，污泥处理采用带式压滤脱水方式，脱水后的污泥运送至天津彤泰成科技有限公司处置。

（四）静海新城西城污水处理厂

随着静海县国民经济的迅速发展，静海县西城区逐渐发展成为以居住和商业职能为主的区域，工矿企业逐渐被迁出，最终形成以生活污水为主的污染源。由于污水的排放量逐渐加大，超出了周围水体的自净能力，不仅对当地生态环境造成极大的影响，而且危害地下水源，同时严重威胁南水北调水质水量，在静海新城新建污水处理厂势在必行。2010年12月，静海县政府与天津市华博水务有限公司签订BOT协议，由该公司出资在天津市静海县南外环范庄子村市政雨水泵站院内，建设并运营静海新城西城污水处理厂，运营期限为20年，解决静海西城区污水出路问题。2010年12月该厂投入运行，设计规模0.8万吨每日，2017年6月提标改造后，出水水质达到DB 12/599—2015 B标准，主要接纳东至京沪铁路、西至运河路、南至南宁路、北至北华路范围内生活污水，污水处理系统主要采用氧化沟＋深度处理工艺，污泥处理采用带式压滤脱水方式，脱水后的污泥运送至天津彤泰成科技有限公司处置。

全县建成村级污水处理站5座，分别为唐官屯镇长张屯村、沿庄镇西禅房村、西翟庄镇安庄子村、蔡公庄镇四党口村、陈官屯镇西钓台村生活污水处理站。

二、水质监测

1982年初，静海县环境保护监测站开始对水质进行监测。当年开展地表水、地下水、污水酸碱度、化学需氧量、高锰酸盐指数、全盐、悬浮物、挥发份、氰化物、六价铬、总铬、氨氮、水温、色度、氯化物、电导率、氟化物、浊度、砷、酸度及碱度、透明度、非离子氨、总磷、磷酸盐、总氮的测定。

1994年，购置原子吸收分光光度计，水质监测能力有所增强。当年开展水质原子吸收项目铜、锌、铅、镉、镍、钾、钠、钙、镁的测定，同时陆续开展水质苯胺、硝基苯、硫酸盐、硫化物、余氯的监测。

2001年，增红外测油仪1台，新增水和废水中石油类、动植物油、铁、锰的测定。

2006年，新增水和废水中硒、汞、阴离子表面活性剂的测定。

2008年，新增水和废水中苯系物、非甲烷总烃、甲醛的测定。此时，监测站具备水质监测能力47项。

同年，监测站设有国控监测点位2个，每月监测溶解氧、化学需氧量等28项；市控监测点位6个，单月监测溶解氧、化学需氧量等18项。全年报出水质常规监测数据122个。

三、排污费征收

2003年6月1日，施行新排污收费制度。该制度较前有5个方面的改变：由征收超标排污费向排污即收费、超标就违法转变；由单一浓度向浓度与总量相结合的收费转变；由单因子收费向多因子收费转变；由低浓度标准收费向高于治理成本的收费转变；由静态收费向月、季动态收费转变。当年排污费征收510万元，返还企业治理资金308万元，实际纳入市环保专项资金202万元。

2004年，排污费征管体制改为“收支两条线”，实行“单位开票、银行代收、财政统管”的体制。确保了排污费的征收面和足额征收率，杜绝协议收费和人情收费。同年，取消定向返还治理资金项目，将征收的排污费全部纳入环保专项资金。当年征收排污费375.9万元全部纳入其中。

第六章

水利工程建设

静海县水利工程建设结合静海县实际，严格履行基建程序，加强项目管理，执行“四制”建设。1991—2010年，对河道、闸涵、干渠进行水环境治理；对国有扬水站进行更新改造，排除工程隐患、修复提高工程功能；对团泊水库实施增容二期、围堤护坡、除险加固及浚深筑岛等工程，工程的实施使河渠水环境得以改善，扬水站等配套工程的布局更加趋于合理，防汛、除涝、抗旱能力得到加强。

第一节 水环境治理工程

一、争光渠城区段改造工程

争光渠城区段改造工程位于静海镇城区即争光渠桩号13＋100～15＋100处，全长2000米，是北水南调静海县内配套工程的重要组成部分。北水南调工程已于2000年完成，静海县内配套工程尚未完善，天津市水利勘测设计院根据天津市水利局相关要求编制了《北水南调静海县内配套工程可行性研究报告》。2002年8月，县水利局委托天津市水利勘测设计院编制了《静海县争光渠城区段改造工程实施方案设计报告》，10月21日由天津市水利局以《关于静海县争光渠城区段改造工程实施方案的批复》（津水规〔2002〕74号）进行了批复，天津市水利局、天津市财政局以《关于下达静海县争光渠城区段改造工程资金计划的通知》（津水计〔2002〕90号、天津市财政局津财二联〔2002〕53号）下达了投资计划，批准投资1155.41万元。2004年，根据实际要求对工程内容进行变更，经市设计院补充变更设计，并经天津市水利局批准增加变更投资283.06万元。

（一）工程设计

争光渠为人工开挖渠道，渠线顺直，本渠段无堤，地面高程已达设计水位超高标准。工程设计输水流量16立方米每秒，设计景观水位0.5米。设计调水水位0.95～0.91米，渠道长2000米。考虑静海城区防洪规划，争光渠城区段两端建闸。为避免重复建设，本工程段两端采用临时挡水设施。

工程主要建设内容有砌石挡土墙、钢筋混凝土涵洞盖板、两侧排污管道、平台混凝土砖、栏杆安装、草皮护坡、两端临时节制闸。

渠道断面形式采用浆砌石挡土墙结合草皮护坡模式。地面高程 2.0～3.0 米，设计渠底高程－1.80 米，水面宽 12～15 米，平台高程 1.0 米，平台宽 2.0 米，平台上设草白玉栏杆和铁艺栏杆两种，平台下为 M10 浆砌石挡土墙，墙顶高程 1.0 米，墙壁高 2.80 米，平台以上采用 1∶2 草皮护坡至坡顶，渠道上口宽 25～29 米，静文路和东方红路的两侧渠道由标准断面变为 6 米宽的浆砌石墙钢筋混凝土盖板涵洞，四段共长 215 米，洞顶填土 0.5 米，作为预留的景观用地。两岸沿渠修建各长 2100 米的排水管道，管径为直径 500～600 毫米，管底高程为－1.194～0.173 米。

（二）项目施工

工程于 2003 年 4 月 26 日开工，同年 8 月 31 日完工。其中渠道清淤和两岸边坡垃圾清运于 2003 年 4 月 26 日开工，同年 6 月 5 日完工。砌石挡土墙于 2003 年 4 月 28 日开工，同年 7 月 24 日完工。实际完成工程量：挖土方 16.8 万立方米 ，回填土 8.837 万立方米，砌石 2.58 万立方米，混凝土 0.11 万立方米，排污管道 4200 米。完成投资 1404.82 万元。

（三）项目管理

争光渠城区段改造工程是静海县重点工程之一，上级主管部门对此都非常重视，派出人员组建临时机构，从组织和人力方面为工程建提供了保证。开工前经市水利局批准确定静海县水务局河道管理所为项目法人。

在工程建设整个过程中，建设单位严格执行基建程序，在开工前向上级主管部门申请报建，并委托天津普泽咨询有限公司代理招标，同天津市水利建设工程质监督中心站签订监督协议，并对工程项目划分和检测计划进行了审核，委托天津市水利建设工程质量检测中心站负责质量抽检。与天津市水利工程建设监理咨询中心签订工程施工监理合同，由监理单位派驻现场监理人员 4 名，负责工程的施工监理工作。设计单位派出设计代表定期到工地现场检查并参加联合验收。施工单位成立了争光渠改造工程项目部，下设部门齐全，人员充足，技术力量雄厚。

施工期间，工程主管部门领导及质量监督中心站工作人员多次到现场检查、指导工作，提出宝贵意见。建设单位多次召开由监理、施工、监督等单位参加的会议，针对工程质量、工期、资金控制等提出要求和调整方案。施工单位每周召开例会。县重点工程拆办公室在开工前及时进行了拆迁安置，开工后不断地对周边群众进行宣传、协调，大大减少人为因素对工程建设的影响。

1. 招投标管理

天津普泽工程咨询有限公司受建设单位委托代理招标，因为本工程位于城区，两侧工厂、单位 、居民众多，施工干扰很大。故采取邀标方式选择承包人，共邀请 5 家施工企业参加投标，2003 年 4 月 22 日 10 时在天津市水利工程交易管理中心大厅开标，由招标人代表2人及从专家库抽取的5位专家组成评委会，按公平、公正、公开、科学、择优的原则，采用综合法中的打分法，依据评标标准确定第一、第二中标候选人，并对第一中标候选人下达中标通知，最后静海县水利建筑工程公司中标，并当场签订了施工总承包合同。

2. 合同管理

建设单位和施工单位于2003年4月22日签订了《合同协议书》，由于工程变更，随后又于2003年5月2日签订了《补充合同协议书》。由静海县水利建筑工程公司对工程进行总承包。施工期间临时供电、供水、交通及通信等均由施工单位负责，本工程没有甲供材料。合同履行过程中甲、乙双方均信守合同，履行承诺，对由于场地变窄、降雨超常、地质条件变化等原因造成的增量由监理人员现场进行认证，使合同外价款的认定及时、合理、没有争议。

3. 工程质量

为确保工程质量，建设单位和施工单位都健全了工程质量管理体系。建设单位的项目代表田文学对整体工程质量负责。技术负责人刘增如负责施工现场的施工质量和技术工作，主抓工程质量、监督、检测、验收等。

本工程质量控制目标为合格标准。评定结果为：96个单元工程中有9个优良，单元工程优良率为9.4%，8个分部工程中有2个优良，分部工程优良率为25%，单位工程质量评定为合格，外观质量评定为合格（综合得分率82.6%），工程综合评定质量等级为合格。

（四）工程验收

2003年12月27日，天津市水务局主持召开了天津市静海县争光渠城区段改造工程竣工验收会议。参加会议的有天津市水务局基建处、工管处、计划处、财务处、办公室、静海县水务局、静海县河道管理所，以及工程施工、监理单位的代表，会议成立了验收委员会。

验收委员会通过查看现场，听取参建各方管理工作报告，并查阅了工程资料。经认真讨论，一致认为：该工程按批准的建设规模完成，工程质量符合设计要求及规范标准，达到优良标准，工程档案资料基本齐全，同意验收。

二、青年渠、港团河清淤工程

青年渠又称团泊洼总排干，开挖于1956年，系灌排兼用渠道。西起津盐公路，东至马厂减河左堤，全长19.63千米，原设计流量20立方米每秒，自迎丰渠开始至六排干底宽15米，渠底高程−1.0米（历史沿用的大沽高程系，下同）；六排干至大邱庄扬水站前池东侧闸底宽20米，渠底高程－1.0米；大邱庄扬水站前池东侧闸至大团泊扬水站底宽15米，渠底高程－0.5米。1971年曾进行疏浚，经多年运行，淤积严重，已达不到设计能力。

港团河为团泊水库配套工程，于1983年完成施工，是引黑龙港河入团泊水库兴库利蓄和团泊水库水反向调度济运西灌区引水的主干河道。起自黑龙港河至大邱庄扬水站，全长24.9千米，设计流量40立方米每秒，底宽18米，底高程－1.0米。

青年渠、港团河清淤工程列入《天津市2008—2010年水环境专项治理规划》，并于2008年实施。

（一）工程设计

青年渠：对西段（迎丰渠至太平村桥）10.3千米进行治理。渠道设计流量20立方米每秒；设计底高程为－1.5米（1972年大沽高程系，与历史沿用的大沽高程系差1.70米，下同）～－2.7米；底宽从15～20米；边坡为1∶2。其中0K＋000～2K＋400（迎丰渠至六排干）底宽15米，底高程－2.7米；2K＋500～5K＋100（六排干至大邱庄站西侧闸）底宽20米，底高程－2.7米；5K＋200～7K＋000（大邱庄站东侧闸至七排干）底宽13米，底高程－2.5米；7K＋100～10K＋300（七排干至太平村桥）底宽11米，底高程－2.5米。清淤48.58万立方米。

港团河：对部分河段进行治理，从大邱庄扬水站至尚码头村（生产河），治理长度为7.3千米。渠道设计量40立方米每秒；底宽18米，渠底高程－2.8～－3.0米，边坡为1∶2.2。其中0K＋000～3K＋200（大邱庄站至静王公路）底宽18米，底高程－2.7～3.0米；3K＋400～7K＋200（静王公路至尚码头节制闸）底宽18米，底高程－2.7～－3.0米。清淤31.57万立方米。

（二）工程概算及投资计划

两条渠道共清淤土方80.15万立方米，工程概算总投资2069.2万元，其中建筑工程1303.46万元，临时工程216.19万元，独立费用451.02万元，基本预备费98.53万元。

青年渠：工程静态总投资1174.07万元，其中建筑工程772.49万元，临时工程124.33万元，独立费用221.34万元，基本预备费55.91万元。

港团河：工程静态总投资895.14万元，其中建筑工程530.97万元，临时工程91.86万元，独立费用229.68万元，基本预备费42.63万元。

（三）项目施工

两项工程于2008年8月21日开工，同年11月31日竣工。完成投资2069.2万元。完成清淤土方80.15万立方米。

8 月 1—30 日，完成房屋线杆等拆迁工作。

9 月 1 日至 10 月 20 日，完成青年渠 10.3 千米和港团河静王路以西的 3.7 千米清淤工程。

10 月 21 日至 11 月 30 日，完成港团河静王路以东 3.6 千米清淤工程。

（四）工程验收

2009 年 4 月 30 日，天津市水务局主持召开了天津市静海县青年渠、港团河清淤工程竣工验收会议。参加会议的有天津市水务局基建处、工管处、计划处、财务处、办公室、静海县水务局、静海县河道管理所，以及工程施工、监理单位的代表，会议成立了验收委员会。

验收委员会通过查看现场，听取参建各方管理工作报告，并查阅了工程资料。经认真讨论，一致认为：该工程按批准的建设规模完成，工程质量符合设计要求及规范标准，达到优良标准，工程档案资料基本齐全，同意验收。

三、王口排干清淤工程

王口排干位于静海县西南部，子牙循环产业区的东部，水流自北至南，起点为王口扬水站，终点为小河引渠，途经王口、赵庄子、许庄子、东禅房、西禅房、大黄洼、小黄洼等多个村镇及现国家级循环经济产业区——子牙循环产业区，总长 23.3 千米。王口排干开挖于 1960 年，底宽 3～8.5 米，设计过流量 14 立方米每秒。王口排干建成未曾清淤，渠道淤积严重，淤积深度达 2.0 米左右；沿途村庄倾倒垃圾和桥涵施工，沿渠道阻水坝埝较多，造成渠道输水不畅，过流能力严重不足，所辖地区的沥水不能正常排放，使各排水区的排涝标准大大降低。并且由于沿河村庄倾倒垃圾、排放污水，河槽受到严重污染，环境遭到破坏，给沿岸居民造成不同程度的损害。随着静海县经济的快速发展，尤其是与其毗邻的子牙循环产业区由一个县级园区上升到国家级园区，因此，搞好园区的开发建设是提升全市整体发展水平的一项重要内容。渠道的年久失修、排涝不畅、河槽污染与日新月异的发展趋势格格不入。

实施王口排干清淤除污，有利于恢复河道的过流能力，满足子牙循环产业园区的生态用水需求，提高防洪标准，同时也是实施城乡一体化战略，建设社会主义新农村的一项战略举措。

（一）工程设计

王口排干清淤工程的治理河段为：自静文公路 2 号涵洞始，至陈大路止，长 13.5 千米。工程实施内容为清淤河槽。根据《天津市 2008—2010 年水环境专项治理规划》确定“保持原设计流量不变，原设计底宽、坡比不变”。底高程按王口扬水站前池底高程设计。

以王口排干的源头王口扬水站的前池底高程－0.7 米作为清淤后的河道底高程，桩号 0K＋000～5K＋000 河底宽 7.0 米，坡比 1∶2，桩号 5K＋000～13K＋288 河底宽 5.0 米，坡比 1∶2。清淤后的河道断面设计过流能力为 14 立方米每秒。工程量为土方开挖 47.6 万立方米。

批准工程静态总投资 1382.89 万元，其中主体建筑工程费 832.41 万元，施工临时工程费 80.76 万元，独立费用 469.72 万元 。

（二）工程施工

工程于 2010 年 3 月 6 日开工，同年 6 月 6 日竣工。完成投资 1382.89 万元。按照实施方案和施工合同要求，工程达到合格标准。

（三）工程验收

2010 年 11 月 30 日，天津市水务局主持召开了天津市静海县王口排干清淤工程竣工验收会议。参加会议的有天津市水务局基建处、工管处、计划处、财务处、办公室、静海县水务局、静海县河道管理所，以及工程施工、监理单位的代表，会议成立了验收委员会。

验收委员会通过查看现场，听取参建各方管理工作报告，并查阅了工程资料。经认真讨论，一致认为：该工程按批准的建设规模完成，工程质量符合设计要求及规范标准，达到优良标准，工程档案资料基本齐全，同意验收。

四、南运河静海县城南段治理工程

静海境内的南运河南自河北省青县与静海县交界处（梁官屯），北至十一堡船闸汇入子牙河，境内段河道长 49 千米。其左堤长 47.84 千米，起始点堤顶高程 10.35 米（高程系统为 2003 年大沽高程，下同），终点堤顶高程 7.8 米。右堤长 49.02 米，起始点堤顶高程 10.8 米，终点堤顶高程 8.0 米。起始点河底高程 4.39 米，终点河底高程 2.14 米，河底纵坡上游缓下游陡，为 1/20000～1/30000，穿城镇河段的河槽多为单式 U 形断面，上口宽 25～110 米，河槽深 4～9 米，两堤距 36～675 米。梁官屯至九宣闸段河道设计行洪流量为 150 立方米每秒，九宣闸至十一堡节制闸河道设计行洪流量为 30 立方米每秒。

南运河近 30 年未曾清淤，渠道淤积严重，淤积深度达 2.0 米左右，造成渠道输水不畅，过流能力严重不足。由于沿河村庄向南运河倾倒垃圾、排放污水，河槽受到严重污染，沿岸居民的健康生活和工作均受到不同程度的损害，同时南运河的淤积和污染也对当地形象造成不好的影响。实施南运河静海县城南段治理工程，清淤除污恢复河道通水能力，修复两岸堤路保证大堤正常使用，两岸植树，营造良好的自然环境，恢复古运河自然风貌，改善沿岸居住环境迫在眉睫。

2010年，根据《天津市2008—2010年水环境专项治理规划》，南运河实施静海县城南段治理工程。

（一）工程建设内容

南运河静海县城南段治理工程的治理河段为：治理位置从南运河桩号8K＋200始（桩号参考渠道实测断面所采用的桩号，下同），往北至0K＋500止，长度为7.7千米。工程实施内容为清淤河槽，堤顶维修，两岸部分堤段植树绿化。根据《天津市2008—2010年水环境专项治理规划》的要求，确定河道治理断面设计保持原设计不变，过流量30立方米每秒，两岸部分堤段做绿化处理。

南运河静海县城南段治理工程的工程量为土方开挖46.84万立方米，浆砌石用量4800立方米，绿化堤长2750米。

（二）工程设计

河道治理断面设计保持原设计不变，清淤渠底高程为－0.5米，桩号从南运河桩号8K＋200始，往北至0K＋500止，总长7.7千米。设计河底宽8.0米，坡比1∶2。清淤后的河道断面设计过流能力为30立方米每秒。其中在2K＋360～2K＋560段，南运河左侧为村庄，右侧为大堤，河道断面较窄，河道断面无法满足底宽8.0米、坡比1∶2的要求，需要适当放陡两岸坡角。两岸采用浆砌石护砌。

南运河全长49千米，为引黄济津的主要河道。城南段绿化工程从静海镇三街桥止双塘镇杨家院村，全长7.7千米，设计双塘镇、静海镇沿河18个村庄，可绿化面积约200公顷。7.7千米的绿化段，作为今冬明春地方绿化的重点。可绿化面积近33.33公顷，植树56976株，包括左右两岸主堤和内河槽肩坡，树种以杨、柳为主，槐、蜡、火炬等为辅。开挖的优质土壤用于两岸堤段的堤顶维修，劣质土壤作为弃土处理。

工程核定静态总投资1666.54万元，其中主体建筑工程费为807.52万元，施工临时工程费为75.51万元，两岸绿化费用为469.06万元，迁赔及其他费314.45万元。

（三）项目施工

工程于2010年4月6日开工，同年6月6日竣工。完成投资1666.54万元。按照实施方案和施工合同要求，工程达到合格标准。

（四）工程验收

2010年11月30日，天津市水务局主持召开了南运河静海县城南段治理工程竣工验收会议。参加会议的有天津市水务局基建处、工管处、计划处、财务处、办公室、静海县水务局、静海县河道管理所，以及工程施工、监理单位的代表，会议成立了验收委员会。

验收委员会通过查看现场，听取参建各方管理工作报告，并查阅了工程资料。经认真讨论，一致认为：该工程按批准的建设规模完成，工程质量符合设计要求及规范标准，达到优良标准，工程档案资料基本齐全，同意验收。

第二节　扬水站更新改造

静海县国有扬水站（泵站）承担着全县农村、城镇的排水和农业灌溉任务，大多建于20世纪六七十年代，到90年代，多数扬水站机电设备陈旧、老化，加之长期失修，土建工程破损严重，达不到原设计的排灌需求。1995年结合团泊水库增容工程配套新建了小团泊扬水站，1999年完成大邱庄扬水站改造，2007年完成铺头扬水站排水闸拆除重建工程，2009年实施了八堡扬水站更新改造工程。2009年1月，静海县运东地区大邱庄扬水站、良王庄扬水站、钓台扬水站列入《全国大型灌溉排水泵站更新改造规划》，并予以实施。2010年汛前完成大邱庄扬水站和良王庄扬水站更新改造工程，2011年完成钓台扬水站更新改造工程。

一、八堡扬水站更新改造

八堡扬水站位于子牙河右堤南侧，原八堡小站以东，黑龙港河北端，建于1975年，设计流量21.7立方米每秒，具有排灌等功能，是静海县运西地区的主要排涝及调蓄水泵站。经过35年的运行，机电设备及其他设施存在不同程度的老化、损坏，特别是机电设备耗能高、效率低、可靠性差，无法保证正常使用。为保障该地区排涝顺畅，实现该地区经济快速发展，对其进行更新改造是必要的。该站改造工程纳入市政府确定的《2008年农村国有扬水站更新改造规划方案》。

（一）工程审批

2009年4月29日，天津市发展和改革委员会以《关于静海县八堡扬水站改造工程实施方案的批复》（津发改农经〔2009〕351号）文件对八堡扬水站实施方案进行了批复。批复投资1782万元，主要建设内容为：①立式轴流泵（1200ZLB－85）7组、变配电设备更新，电机维修，拦污栅更新7面。②主、副厂房维修加固；配套闸涵及渡槽局部维修，所有排架柱和工作桥拆除重建，闸门及启闭机更新；进、出水池护坡修整、池底清淤；变电站拆除重建。

2009年6月17日，天津市水务局、天津市农村工作委员会、天津市财政局以《关于下达2009年扬水站更新改造项目第三批资金计划的通知》（津水计〔2009〕9号、津财农联〔2009〕30号）下达资金1782万元，其中市级以上资金补助713万元，分别是市农委资金238万元，市财政资金238万元，市水利基金237万元；县自筹1069万元。

（二）工程项目管理

项目法人确定。2009年6月，市水务局批准静海县水利工程建设管理处为项目法人，负责工程建设的管理工作。

项目招标投标。静海县水利工程建设管理处委托天津普泽工程咨询有限责任公司对本工程进行招标代理。2009年8月5日，在天津市水利工程建设交易管理中心对静海县八堡扬水站改造工程的施工单位举行公开招标。开标会议结束后，在监督部门代表的监督下，进行了全封闭评标，确定了中标候选人，经过项目法人单位研究确定天津市源泉市政工程有限公司为中标人。

工程质量与安全管理。工程开工前办理了工程质量监督和安全生产备案手续，落实了各参建单位的质量和安全四大体系。天津市水利工程建设质量与安全监督中心站对《静海县八堡扬水站改造工程项目划分与检测计划》进行审核。做到了政府监督、项目法人检查、监理控制、施工单位保证几处同抓共管，真正把质量与安全管理落实到了实处。在工程实施过程中，严格执行国家和水利行业强制性标准、规范、规程。为保证工程质量，加大质量与安全管理工作力度，使工程管理规范化，建管处成立了技术及质检部和纪检及安全部，常驻施工现场，制定了各项管理制度，建立了质量与安全管理体系，明确了各部门的职责，定期对工程施工现场进行质量与安全检查，并有相关检查记录，定期召开质量与安全例会，要求相关单位对质量及安全隐患及时整改，充分做到了组织落实、制度落实和措施落实。设计单位参加定期召开的质量与安全例会，对施工现场进行技术指导，及时解决出现的问题。施工单位在新的工序施工前先进行技术和安全交底，施工时实行三检制，在材料检验和施工质量方面，实行了严格的质量控制。监理单位严把质量关，重点部位采取了旁站式监理，并委托天津市水利建设工程质量检测中心站对原材料、半成品及主体工程进行了抽检。施工单位在按规定对原材料、半成品及主体工程进行了自查、自检的同时，还采取了有效的成品保养、保护措施，以保证工程将会使用前的完好。整个施工过程中没有发生质量和安全事故。

档案管理。工程完成后，八堡扬水站改造工程共形成档案资料26卷，其中工程建设前期文件2卷，工程建设管理文件8卷，监理文件7卷，施工文件9卷，竣工图纸125张。

（三）工程施工

2009年9月29日获准开工，工期为2009年9月30日至12月31日。2009年11月1日至12月20日完成前池西、正面节制闸分部工程；2009年11月4—30日完成浆砌石分部工程；2009 年 11 月 4 日至 12 月 28 日完成引蓄节制闸、进水闸、跌水及渡槽分部工程；2009 年 11 月 6 日至 12 月 31 日完成出水池东、西、北闸分部工程；2009 年 11 月 1 日至 2010 年 5 月 16 日完成进出水流道分部工程；2009 年 11 月 10 日至 2010 年 4 月 15 日完成主、副厂房分部工程；2010 年 4 月 7—18 日完成变电站安装分部工程；2010 年 3 月 5—21 日完成高低压配电装置分部工程；2010 年 1 月 20 日至 4 月 13 日完成机泵维修及管路安装分部工程。至此，工程全部完工。

完成主要工程量。完成 7 台立式轴流泵以及配套立式异步电动机维修安装；完成浆砌石 6906.41 立方米，土方开挖 17444.94 立方米，土方回填 7271.97 立方米，混凝土浇筑 702.72 立方米，钢筋制安 57.16 吨。完成投资 1782 万元。

（四）工程验收

按照《水利水电建设工程验收规程》（SL 233—1999）的有关规定，对静海县八堡扬水站改造工程进行了分部工程验收、机组启动验收、单位工程验收、环境保护工程专项验收、水土保持专项验收和单位工程投入使用验收。

竣工验收。2013 年 11 月 29 日，天津市水务局主持召开了天津市静海县八堡扬水站改造工程竣工验收会议。参加会议的有天津市水务局基建处、农水处、计划处、财务处、办公室、静海县水务局、静海县水务局排灌管理站，以及工程施工、监理单位的代表，会议成立了验收委员会。验收委员会通过查看现场，听取参建各方管理工作报告，并查阅了工程资料。经认真讨论，一致认为：该工程按批准的建设规模完成，工程质量符合设计要求及规范标准，达到优良标准，工程档案资料基本齐全，同意验收。

（五）参建单位

项目主管部门：天津市水务局

项目法人：静海县水利工程建设管理处

设计单位：中水北方勘测设计研究有限责任公司

监理单位：天津市泽禹工程建设监理有限公司

检测单位：天津市水利建设工程质量检测中心站

质量与安全监督单位：天津市水利工程建设质量与安全监督中心站

施工单位：天津市源泉市政工程有限公司

运行管理单位：天津市静海县水务局排灌管理站

二、良王庄泵站更新改造

良王庄泵站（扬水站）位于独流减河右堤，静海县良王庄乡以东 4 千米，为排灌两用泵站，设计流量 24.2 立方米每秒，安装机组 8 台，建于 1958 年 8 月。经过多年运行，配套闸涵破损严重不能正常启闭，水泵部件磨损锈蚀、机电设备老化。2009年2月，静海县水务局委托天津市水利科学研究院完成《天津市运东泵站安全鉴定报告》，报告中含良王庄泵站更新改造项目。同月，市水利局组织召开运东泵大型泵站安全鉴定审查会。2月6日，市水利局下发《关于天津市运东泵站安全鉴定报告的批复》（津水规〔2009〕13号），同意评定良王庄泵站为三类站。被列入《全国大型灌溉排水泵站更新改造规划》，经水利部批准定于2009年度实施。

（一）工程审批

2009年2月10日，经市发展改革委组织有关部门和专家评估论证，下发《关于静海县运东大型灌溉排水泵站更新改造工程可行性研究报告的批复》（津发改农经〔2009〕111号），同意实施良王庄泵站更新改造。并要求进一步优化设计，抓紧编制初步设计报告。

2009年8月25日，市发展改革委依据水利部海委《关于天津市运东泵站更新改造工程初步设计概算复核意见的函》（海规计〔2009〕74号）和天津市政府投资项目评审中心的评审意见，下发《关于天津市运东泵站更新改造工程初步设计报告的批复》（津发改农经〔2009〕803号），同意更新改造良王庄泵站批复该工程投资2159.46万元。批复主要建设内容为：主厂房上部结构维修加固，室外变电站、电气副厂房和管理用房拆除重建，更新前池正面进水闸检修便桥及启闭机6台，维修加固前池、出水池、引渠分水闸；更新立式半调节轴流水泵1200ZLB－100及立式异步电动机各8台，更新变配电设备，更新西分水闸门及启闭机各1套，更新起重设备及拦污栅等。

2009年9月18日，市发展改革委、市水利局联合下发了《关于调整天津市大型灌排泵站更新改造工程2009年重大水利项目新增中央预算内投资计划的通知》（津发改投资〔2009〕953号），调整天津市运东泵站更新改造工程投资。下达良王庄泵站工程投资2159.46万元，其中中央预算内投资711万元，市级资金369万元，县自筹1079.46万元。

2012年7月9日，市发展改革委下发《关于运东泵站更新改造工程大邱庄、钓台、良王庄泵站初步设计变更的复函》（津发改函〔2012〕111号）文件，批复了良王庄泵站初步设计变更。批复的主要内容为：主厂房屋顶、压力钢管、防渗措施、灌浆措施等变更设计。副厂房屋顶调整为彩钢板屋顶。管理房北移5米，并切改10千伏电缆。将组合式互感器调整为分体式电流电压互感器，并增加相应配套计量装置；将单台主变容量由1250千伏安增加至1600千伏安；将单台无功补偿柜容量由90千瓦增加至150千瓦。

（二）工程项目管理

2009年5月，市水务局以《关于静海县运东泵站更新改造工程项目法人的批复》

（津水审批〔2009〕3号）批准静海县水利工程建设管理处为项目法人，负责工程建设的管理工作。项目管理处成立后立即组织人员开展各项前期准备工作。

项目招投标。静海县水利工程建设管理处委托天津普泽工程咨询有限责任公司对本工程进行招标代理。设计单位招标：2009年3月15日，在天津市水利工程建设交易管理中心举行设计招标，开标会议结束后，在监督部门代表的监督下，进行了全封闭评标。最终确定中水北方勘测设计研究有限责任公司为天津市运东泵站更新改造工程良王庄泵站工程设计单位中标人。监理单位招标：2009年9月27日，在天津市水利工程建设交易管理中心对天津市运东泵站更新改造工程良王庄泵站工程的监理单位举行公开招标。开标会议结束后，在监督部门代表的监督下，进行了全封闭评标，确定了中标候选人，经项目法人单位研究确定天津市泽禹工程建设监理有限公司为中标人。施工单位招标：2009年9月27日，在天津市水利工程建设交易管理中心对天津市运东泵站更新改造工程良王庄泵站工程的施工单位举行公开招标。开标会议结束后，在监督部门代表的监督下，进行了全封闭评标，确定了中标候选人，经过项目法人单位研究确定天津市水利工程有限公司为中标人。

工程质量与安全管理。工程开工前办理了工程质量监督和安全生产备案手续，落实了各参建单位的质量和安全四大体系。天津市水利工程建设质量与安全监督中心站对《天津市运东泵站更新改造工程大邱庄泵站项目划分与检测计划（含良王庄泵站更新改造工程）》进行审批。做到了政府监督、项目法人检查、监理控制、施工单位保证几处同抓共管，真正把质量与安全管理落实到了实处。在工程实施过程中，严格执行国家和水利行业强制性标准、规范、规程。为保证工程质量，加大质量与安全管理工作力度，使工程管理规范化，建管处成立了技术及质检部和纪检及安全部，常驻施工现场，制定了各项管理制度，建立了质量与安全管理体系，明确了各部门的职责，定期对工程施工现场进行质量与安全检查，并有相关检查记录，定期召开质量与安全例会，要求相关单位对质量及安全隐患及时整改，充分做到了组织落实、制度落实和措施落实。设计单位参加定期召开的质量与安全例会，对施工现场进行技术指导，及时解决出现的问题。施工单位在新的工序施工前先进行技术和安全交底，施工时实行三检制，在材料检验和施工质量方面，实行了严格的质量控制。监理单位严把质量关，对重点部位采取了旁站式监理，并委托天津市水利建设工程质量检测中心站对原材料、半成品及主体工程进行了抽检。施工单位在按规定对原材料、半成品及主体工程进了自查、自检的同时，还采取了有效的成品保养、保护措施，以保证工程将会使用前的完好。整个施工过程中没有发生质量和安全事故。

档案管理。工程完成后，良王庄泵站更新改造工程共形成档案资料27卷，其中工程建设前期文件4卷，工程建设管理文件8卷，监理文件12卷，施工文件3卷。

（三）工程施工

工程批准工期：2009年9月30日至2010年6月15日；工程为1个标段实施，2009年9月30日开工，主要施工过程为：2009年10月1日完成了施工临时设施的建设工作；2009年10月5日至2010年4月11日完成进出水池及配套闸涵施工；2009年10月5日至2010年6月5日完成主厂房工程；2009年10月5日至2010年4月11日完成进出水流道；2009年10月10日至2010年5月10日完成副厂房及管理用房；2010年3月2日至6月30日完成变电站及厂区施工。至此，工程全部完工。

完成主要工程量。完成土方开挖2230立方米，土方回填2158立方米，土方清淤2812.1立方米，混凝土浇筑452.7立方米，浆砌石砌筑1483.5立方米，钢筋和加固梁制安64.9吨（表6-2-27）。至此，完成所有批复的建设内容，完成投资2159.46万元。

表6-2-27 **主要工程量完成情况**

序号	项目名称	单位	批复工程量	实际完成工程量	工程量增减情况
1	土方开挖	立方米	2198	2230	+32
2	土方回填	立方米	958	2158	+1200
3	土方清淤	立方米	2718	2812.1	+94.1
4	混凝土浇筑	吨	926.14	452.7	−473.44
5	浆砌石	平方米	1472	1483.5	+11.5
6	钢筋和加固梁制安	立方米	94.08	64.9	−29.18

注 根据设计变更，由于管理用房北移5米增加基础回填量，出水管混凝土底板措施、出水管穿混凝土墙、副厂房预制混凝土等变更，增减相应钢筋及混凝土量。

（四）工程验收

按照《水利水电建设工程验收规程》（SL 233—1999）的有关规定，对静海县良王庄泵站改造工程进行了分部工程验收、单位工程验收、机组启动验收、环境保护工程专项验收和水土保持专项验收，并对机组性能测试。测试结论：良王庄泵站改造后，通过现场测试，在设计扬程下，水泵流量达到了设计标准，装置效率达到了部颁标准，机组噪声值满足规范要求。

竣工验收。2013年12月19日，天津市水务局主持召开了天津市运东泵站更新改造工程良王庄泵站工程竣工验收会议。会议成立了验收委员会，验收委员会通过查看现场，听取参建各方管理工作报告，并查阅了工程资料。经认真讨论，一致认为：该工程按批准的建设规模完成，工程质量符合设计要求及规范标准，达到优良标准，工程档案资料基本齐全，同意验收。

（五）参建单位

项目主管部门：天津市水务局

项目法人：静海县水利工程建设管理处

设计单位：中水北方勘测设计研究有限责任公司

监理单位：天津市泽禹工程建设监理有限公司

检测单位：天津市水利建设工程质量检测中心站

质量与安全监督单位：天津市水利工程建设质量与安全监督中心站

施工单位：天津市水利工程有限公司

运行管理单位：静海县水务局排灌管理站

三、大邱庄泵站更新改造

大邱庄泵站（扬水站）位于静海县大邱庄镇团泊水库南堤，青年渠与港团河相交处，县城以东15千米，建于1980年8月。为以蓄代排的泵站，设计流量42立方米每秒，安装机组8台。该泵站投入运行，有力地保障了运东地区的抗旱除涝的提高，在促进当地工农业发展和除涝减灾等方面起到了举足轻重的作用，发挥了巨大的工程和社会效益。经多年运行，配套闸涵破损严重不能正常启闭，水泵部件磨损锈蚀、机电设备老化，给工程运行带来极大的安全隐患。1991—2010年进行过两次较大的更新改造。

（一）1999年更新改造工程

投资206万元，其中国补103万元，县自筹103万元。工程主要对电器设备进行了改造，于1999年开工，2000年完成并通过了有关部门验收。

工程项目包括：①更新S9－250/350/0.4千瓦变压器1台；增设JLSJW－35/50/S型0.2级电压电流组合互感器2台；YSWZ－4Z/134型避雷器1组；RXWO－35/6A熔断器1组。②更新高压开关柜16面；低压开关柜4面；直流屏2面；控制台1个。③更新低水闸启闭机2台；打井1眼。

（二）2009年更新改造工程

2009年2月，静海县水务局委托天津市水利科学研究院完成《天津市运东泵站安全鉴定报告》，报告中含大邱庄泵站更新改造项目。同月，市水利局组织召开运东泵大型泵站安全鉴定审查会。2月6日，市水利局以《关于天津市运东泵站安全鉴定报告的批复》（津水规〔2009〕13号）同意评定大邱庄泵站为三类站。被列入《全国大型灌溉排水泵站更新改造规划》，经水利部批准，定于2009年度实施。

1. 工程审批

2009年2月10日，经市发展改革委组织有关部门和专家评估论证，下发《关于静海县运东大型灌溉排水泵站更新改造工程可行性研究报告的批复》(津发改农经〔2009〕111号),同意实施大邱庄泵站更新改造。8月25日,市发展改革委依据水利部海委《关于天津市运东泵站更新改造工程初步设计概算复核意见的函》(海规计〔2009〕74号)和天津市政府投资项目评审中心的评审意见,市发展改革委以《关于天津市运东泵站更新改造工程初步设计报告的批复》(津发改农经〔2009〕803号)进行批复。其中批复了大邱庄泵站,主要建设内容为:拆除重建厂房上部结构,维修加固泵房下部结构、进出水池、节制闸、进水闸;泵站设计装设4台1600ZLB－5.5立式轴流泵,配套电动机为TL710－20型立式同步电动机,4台ZLB2.4－4/4轴流泵,配套电动机为JSL15－12型立式异步电动机,泵站设计排水流量为42立方米每秒,泵站设计进水池排涝水位1.7米,最低运行水位－0.5米,出水池最高运行水位2.30米。工程概算投资2476.95万元。

2009年9月18日,市发展改革委、市水务局联合下发《关于调整天津市大型灌排泵站更新改造工程2009年重大水利项目新增中央预算内投资计划的通知》(津发改投资〔2009〕953号),调整天津市运东泵站更新改造工程投资,下达大邱庄泵站工程投资2476.95万元,其中中央预算内投资815万元,市级资金423万元,县自筹1238.95万元。

2012年7月9日,市发展改革委以《关于运东泵站更新改造工程大邱庄、钓台、良王庄泵站初步设计变更的复函》(津发改函〔2012〕111号)文件,对大邱庄泵站初步设计变更经进行了批复。批复主要内容为:①对储水池混凝土破损墙面凿毛后,涂抹环氧砂浆和防碳化材料。②将户外变电站调整为建筑面积184.74平方米的室内变电站,取消原户外变电站设备,增减8面35千伏高压柜。③更换单机流量为2.5立方米每秒的ZLB2.4－4/4水泵4台,天车由单吊点调整为双吊点。增加投资215.12万元。

2. 工程项目管理

2009年5月,市水务局以《关于静海县运东泵站更新改造工程项目法人的批复》(津水审批〔2009〕3号)批准静海县水利工程建设管理处为项目法人,负责工程建设的管理工作。项目管理处成立后立即组织人员开展各项前期准备工作。

项目招标投标。静海县水利工程建设管理处委托天津普泽工程咨询有限责任公司对本工程进行招标代理。设计单位招标:2009年3月15日,在天津市水利工程建设交易管理中心举行设计招标,开标会议结束后,在监督部门代表的监督下,进行了全封闭评标。最终确定天津市水利勘测设计院为天津市运东泵站更新改造工程大邱庄泵站工程设计单位中标人。

监理单位招标。2009年9月27日,在天津市水利工程建设交易管理中心对天津市运东泵站更新改造工程大邱庄泵站工程的监理单位举行公开招标。开标会议结束后,在监督部门代表的监督下，进行了全封闭评标，确定了中标候选人，经项目法人单位研究确定天津市泽禹工程建设监理有限公司为中标人。

施工单位招标。2009 年 9 月 27 日，在天津市水利工程建设交易管理中心对天津市运东泵站更新改造工程大邱庄泵站工程的施工单位举行公开招标。开标会议结束后，在监督部门代表的监督下，进行了全封闭评标，确定了中标候选人，经过项目法人单位研究确定天津市源泉市政工程有限公司为中标人。

工程质量与安全管理。工程开工前办理了工程质量监督和安全生产备案手续，落实了各参建单位的质量和安全四大体系。天津市水利工程建设质量与安全监督中心站对《天津市运东泵站更新改造工程大邱庄泵站项目划分与检测计划》进行审核批。做到了政府监督、项目法人检查、监理控制、施工单位保证几处同抓共管，真正把质量与安全管理落实到了实处。在工程实施过程中，严格执行国家和水利行业强制性标准、规范、规程。为保证工程质量，加大质量与安全管理工作力度，使工程管理规范化，建管处成立了技术及质检部和纪检及安全部，常驻施工现场，制定了各项管理制度，建立了质量与安全管理体系，明确了各部门的职责，定期对工程施工现场进行质量与安全检查，并有相关检查记录，定期召开质量与安全例会，要求相关单位对质量及安全隐患及时整改，充分做到了组织落实、制度落实和措施落实。设计单位参加定期召开的质量与安全例会，对施工现场进行技术指导，及时解决出现的问题。施工单位在新的工序施工前先进行技术和安全交底，施工时实行三检制，在材料检验和施工质量方面，实行了严格的质量控制。监理单位严把质量关，重点部位采取了旁站式监理，并委托天津市水利建设工程质量检测中心站对原材料、半成品及主体工程进行了抽检。施工单位在按规定对原材料、半成品及主体工程进行了自查、自检的同时，还采取了有效的成品保养、保护措施，以保证工程将会使用前的完好。整个施工过程中没有发生质量和安全事故。

档案管理。工程完成后，大邱庄泵站更新改造工程共形成档案资料 31 卷，其中工程建设前期文件 1 卷，工程建设管理文件 7 卷，监理文件 10 卷，施工文件 13 卷。

3. 工程施工

2009 年 9 月 29 日，天津市水务局批准工程开工津水开工字 09048 号，工期为 2009 年 9 月 30 日至 2010 年 6 月 15 日。主要施工进度如下：2009 年 10 月 18—31 日进场准备及临时设施；10 月 20—23 日施工围堰填筑；10 月 24—27 日前期施工排水：10 月 28 日至 11 月 8 日清淤工程；2009 年 11 月 1 日至 2010 年 6 月 1 日拆除工程。2009 年 11 月 7 日至 2010 年 7 月 11 日泵站、节制闸钢筋混凝土及浆砌石工程：2009 年 12 月 12 日至 2010 年 6 月 28 日主、副厂房及警卫室重建；2010 年 4 月 5 日至 7 月 17 日钢结构及暖通设备安装；2010 年 4 月 26 日至 8 月 2 日电气及水机设备安装、维修；2009 年 11 月 18 日至 2010 年 6 月 29 日金属结构安装；2010 年 7 月 12 日至 8 月 6 日场区、路面；2010

年 8 月 4 日施工围堰拆除。

完成工程量。完成混凝土 1121.5 立方米，钢筋制安 114 吨，土方开挖 899.1 立方米，钢筋 74.29 吨。闸门、启闭机 14 套，35kV 高压柜安装 8 面、主变压器安装 2 台、励磁变安装 1 台、励磁柜安装 4 面；1600 毫米机组 4 台套、900 毫米机组安装 4 台套。完成工程投资 2476.95 万元。

4. 工程验收

按照《水利水电建设工程验收规程》(SL 233—1999）的有关规定，对静海县大邱庄扬水站改造工程进行了分部工程验收、单位工程验收、机组启动及投入使用验收、环境保护工程专项验收和水土保持专项验收，并对机组性能测试。测试结论：良王庄泵站改造后，通过现场测试，在设计扬程下，水泵流量达到了设计标准，装置效率达到了部颁标准，机组噪声值满足规范要求。

竣工验收。2013 年 11 月 22 日，天津市水务局主持召开了天津市运东泵站更新改造工程大邱庄泵站工程竣工验收会议，会议成立了验收委员会。验收委员会通过查看现场，听取参建各方管理工作报告，并查阅了工程资料。经认真讨论，一致认为：该工程按批准的建设规模完成，工程质量符合设计要求及规范标准，达到优良标准，工程档案资料基本齐全，同意验收。

5. 参建单位

项目主管部门：天津市水务局

项目法人：静海县水利工程建设管理处

设计单位：天津市水利勘测设计院

监理单位：天津市泽禹工程建设监理有限公司

检测单位：天津市水利建设工程质量检测中心站

质量与安全监督单位：天津市水利工程建设质量与安全监督中心站

施工单位：天津市源泉市政工程有限公司

运行管理单位：静海县水务局排灌管理站

四、钓台泵站更新改造

钓台泵站位于静海县陈官屯镇南运河东侧，建成于 1988 年，为灌排兼用泵站，控制范围为南运河以东、马厂减河以北区域，排水总面积为 48 平方千米，同时承担着 866.67 公顷农田灌溉任务。泵站经过多年运行，机电设备陈旧老化严重，泵站厂房屋顶破损严重，启闭机锈蚀严重，泵站压力水箱及压力箱涵渗漏较严重等问题。2009 年 1 月，由天津市水利科学研究院和静海县水利局排灌管理站对钓台等 7 座泵站进行了安全鉴定复核分析，2009年2月4日，由天津市水利局组织有关专家对钓台等7座泵站进行安全鉴定，其中钓台泵站安全鉴定：泵站建筑物类别评定为三类，机电及金属结构设备安全类别评定为四类。根据上述安全鉴定意见及《泵站安全鉴定规程》（SL 316—2004）中的有关规定，应对机电及金属结构等设备进行更换，对泵站建筑物进行维修加固处理，以满足泵站安全运行要求。

（一）工程审批

2009年2月，天津市水利勘测设计院完成了《天津市大型灌溉排水泵站更新改造工程静海县运东泵站可行性研究报告》。2月10日，经市发展改革委组织有关部门和专家评估论证，以《关于静海县运东大型灌溉排水泵站更新改造工程可行性研究报告的批复》（津发改农经〔2009〕111号）进行批复，同意实施钓台泵站更新改造。7月，受静海县水务局委托黄河勘测规划设计有限公司开始进行钓台泵站更新改造初步设计工作。2009年8月25日，市发展改革委以《关于天津市运东泵站更新改造工程初步设计报告的批复》（津发改农经〔2009〕803号）予以批复，原则同意实施该工程，批复工程投资1863.65万元，资金来源为中央投资609万元，市级补助323万元，区县配套931.65万元。

2010年9月17日，市发展改革委、市水务局联合下发了《关于下达天津市大型灌排泵站更新改造工程和节水灌溉示范项目2010年固定资产投资计划的通知》（津发改投资〔2010〕970号），下达钓台泵站工程投资1863.65万元。其中中央预算内投资609万元，市级资金323万元，县自筹931.65万元。

（二）工程项目管理

2009年5月，市水务局以《关于静海县运东泵站更新改造工程项目法人的批复》（津水审批〔2009〕3号）批准静海县水利工程建设管理处为项目法人，负责工程建设的管理工作。项目管理处成立后立即组织人员开展各项前期准备工作。

项目招投标。静海县水利工程建设管理处委托天津普泽工程咨询有限责任公司对静海县运东大型灌溉排水泵站更新改造工程进行招标代理。

设计单位招标：2009年3月11日，在天津市水利工程建设交易管理中心举行设计招标，开标会议结束后，在监督部门代表的监督下，进行了全封闭评标。最终确定黄河勘测规划设计有限公司天津设计院为运东泵站更新改造工程钓台泵站工程设计单位中标人。

监理单位招标：2010年11月15日，在天津市水利工程建设交易管理中心对天津市运东泵站更新改造工程钓台泵站工程的监理单位举行公开招标。开标会议结束后，在监督部门代表的监督下，进行了全封闭评标，确定了中标候选人，经项目法人单位研究确定天津市泽禹工程建设监理有限公司为中标人。

施工单位招标：2010 年 11 月 15 日，在天津市水利工程建设交易管理中心对天津市运东泵站更新改造工程钓台泵站工程的施工单位举行公开招标。开标会议结束后，在监督部门代表的监督下，进行了全封闭评标，确定了中标候选人，经过项目法人单位研究确定天津市振津工程集团有限公司为中标人。

工程质量与安全管理。工程开工前办理了工程质量监督和安全生产备案手续，落实了各参建单位的质量和安全四大体系。天津市水利工程建设质量与安全监督中心站对《天津市运东泵站更新改造工程（钓台泵站）工程项目划分与检测计划》进行审批。做到了政府监督、项目法人检查、监理控制、施工单位保证几处同抓共管，真正把质量与安全管理落实到了实处。在工程实施过程中，严格执行国家和水利行业强制性标准、规范、规程。为保证工程质量，加大质量与安全管理工作力度，使工程管理规范化，建管处成立了技术及质检部和纪检及安全部，常驻施工现场，制定了各项管理制度，建立了质量与安全管理体系，明确了各部门的职责，定期对工程施工现场进行质量与安全检查，并有相关检查记录，定期召开质量与安全例会，要求相关单位对质量及安全隐患及时整改，充分做到了组织落实、制度落实和措施落实。设计单位参加定期召开的质量与安全例会，对施工现场进行技术指导，及时解决出现的问题。施工单位在新的工序施工前先进行技术和安全交底，施工时实行三检制，在材料检验和施工质量方面，实行了严格的质量控制。监理单位严把质量关，重点部位采取了旁站式监理，并委托天津市水利建设工程质量检测中心站对原材料、半成品及主体工程进行了抽检。施工单位在按规定对原材料、半成品及主体工程进行了自查、自检的同时，还采取了有效的成品保养、保护措施，以保证工程将会使用前的完好。整个施工过程中没有发生质量和安全事故。

档案管理。工程完成后，钓台泵站更新改造工程共形成档案资料 53 卷，其中工程建设前期文件 2 卷，工程建设管理文件 28 卷，监理文件 7 卷，施工文件 16 卷。

（三）工程施工

2010 年 11 月 19 日，天津市水务局批准工程开工（津水开工字 2010026 号），批准工期为 2010 年 11 月 24 日至 2011 年 5 月 22 日。2010 年 12 月 5 日完成了施工临时设施的建设工作。各分部工程开完工情况为：2010 年 12 月 10 日至 2011 年 6 月 22 日进水流道；2011 年 2 月 20 日至 8 月 1 日主、副厂房维修加固；2011 年 2 月 25 日至 8 月 3 日涵闸、压力箱涵混凝土维修；2011 年 4 月 30 日至 6 月 28 日变电站土建；2011 年 6 月 15 日至 7 月 25 日水泵安装；2011 年 6 月 15 日至 7 月 25 日电动机组安装；2011 年 5 月 5 日至 7 月 25 日闸门和启闭机安装；2011 年 6 月 26 日至 7 月 30 日变电站电气设备；2011 年 6 月 26 日至 7 月 30 日室内电气设备；2011 年 2 月 20 日至 6 月 1 日管理用房工程；2011 年 4 月 30 日至 7 月 20 日厂区工程。2011 年 8 月 10 日完工。

完成工程量。水工建筑物更新改造包括：泵房主体工程，进出水池建筑物，上、下游翼墙及直接为泵站服务的辅助水工建筑物，如压力箱涵、分水闸等的维修加固；泵站机电设备更新改造，主电机、主水泵的大修，泵站变配电设备、主要控制电气设备、辅助设备的更新等；泵站工程辅助设施的金属结构的更新改造；泵站拦污栅、闸门、启闭机等项目的更新。实际完成主要工程量：清淤1125立方米，浆砌石2259立方米，混凝土浇筑819立方米，钢筋制安54吨，混凝土防腐处理3054.91平方米（表6-2-28）。完成投资1863.65万元。

表6-2-28 **批复工程量与实际完成工程量对比表**

序号	项目名称	单位	批复工程量	实际完成工程量	工程量增减情况
1	清淤	立方米	1100	1125	+25
2	浆砌石	立方米	2200	2259	+59
3	混凝土浇筑	立方米	875	819	−56
4	钢筋制安	吨	68.5	54	−14.5
5	混凝土防腐处理	平方米	2415	3054.91	+639.91
6	墙面涂刷	平方米	1915	2277.02	+362.02

注 根据设计变更，由于副厂房不再扩建减少了混凝土浇筑量，同时增加穿运河涵闸防碳化处理增加防腐处理量。以及压力箱涵涵体防渗处理量。

（四）工程验收

按照《水利水电建设工程验收规程》（SL 233—1999）的有关规定，对静海县钓台泵站改造工程进行了分部工程验收、单位工程验收、投入使用验收、环境保护工程专项验收和水土保持专项验收，并对机组性能测试。测试结论：钓台泵站改造后，通过现场测试，在设计扬程下，水泵流量达到了设计标准，装置效率达到了部颁标准，机组噪声值满足规范要求。

竣工验收。2013年12月19日，天津市水务局主持召开了天津市运东泵站更新改造工程钓台泵站工程竣工验收会议。会议成立了验收委员会，验收委员会通过查看现场，听取参建各方管理工作报告，并查阅了工程资料。经认真讨论，一致认为：该工程按批准的建设规模完成，工程质量符合设计要求及规范标准，达到优良标准，工程档案资料基本齐全，同意验收。

（五）参建单位

项目主管部门：天津市水务局

项目法人：静海县水利工程建设管理处

设计单位：黄河勘测规划设计有限责任公司

质量监督单位：天津市水利工程建设质量与安全监督中心站

监理单位：天津市泽禹工程建设监理有限公司

检测单位：天津市水利建设工程质量检测中心站

施工单位：天津振津工程集团有限公司

运行管理单位：静海县水务局排灌管理站

第三节　闸　涵　建　设

一、大清河光明扬水站穿堤涵闸重建工程

大清河光明扬水站隶属乡管工程，穿堤涵闸位于大清河深槽左岸，台头大桥上游1.1千米处，建于1973年，为砌石结构。由于初建时建筑标准低，整体性差，又经30余年运用，造成工程严重老化，闸门木结构部分深度腐烂，严重漏水，启闭机运行不灵，使扬水站难以正常运用。为防御大清河洪水，保障台头镇大清河以北4个村人民生命及财产安全，对该闸拆除重建是十分必要的。

（一）项目审批及建设内容

静海县水务局委托天津市金龙水利工程设计所对该项工程进行勘测、设计，并编制了《大清河光明扬水站穿堤涵闸应急度汛重建工程初步设计》。天津市水利局以《关于大清河光明扬水站穿堤涵闸应急度汛重建工程的批复》（津水调〔2005〕15号）下达设计批复，天津市水利局、天津市财政局以《关于下达2005年应急度汛工程第一批投资计划的通知》（津水计〔2005〕39号、津财农联〔2005〕35号）下达工程投资计划，工程计划投资97.0万元。其中市水利建设基金47万元，中央特大防汛补助费50万元。

主要设计变更如下：

(1) 原设计3段洞底板两端都设有齿槽。在施工过程中发现原有的钢筋混凝土底板完好，并无断裂，为保持地基完整，除Ⅱ段临河一端和Ⅲ段与原建涵洞相接处的齿槽仍保留外，中间接缝处的齿槽取消。

(2) 上游连接段引渠护砌。该部位为M10浆砌石护坡，C20混凝土护坦。在工程施工放线时发现引渠最外端设计断面与实际断面尺寸不符，不能与原渠道自然衔接。为此，及时会同现场监理工程师与设计单位联系，经现场研究决定，闸口处仍按原设计断面尺寸施工，护底宽为2.0米，边坡为1∶2，护砌长度仍为12.0米；最外端处尺寸变更为：护底宽度为8.0米，边坡仍为1∶2，使渠道护坡与原河道连接，砌石厚度仍按40厘米不变。共增加浆砌石17立方米，C20混凝土底10.4立方米。

建设项目主要内容为：原有穿堤涵闸全部拆除，原址重建同等规模的钢筋混凝土箱

形涵闸。涵闸分上下两层，底层涵洞全长 30.0 米，底板高程－0.10 米。上层涵洞全长 24.0 米，底板高程 2.25 米。上下层涵洞洞口净尺寸均为 2.0 米×2.0 米，洞身为 C25 钢筋混凝土结构，底板厚 40 厘米，顶板及两侧墙厚 35 厘米。上下层涵洞均分为三段，分缝处设 651 型橡胶止水。竖井与上层涵洞、压力箱及灌溉管涵相接，通过竖井内的两扇闸门的调节发挥机排机灌的功能。竖井采用 C25 钢筋混凝土结构，墙壁厚度为 35 厘米，竖井顶高程 9.2 米。

涵洞出口采用浆砌石重力式挡土墙，墙顶高程 4.6 米，墙顶宽度 0.4 米，前趾后趾厚度均为 0.4 米，每侧墙长 9.6 米。涵洞出口以下渠道护砌长度 17.0 米，其中长 12.0 米护底采用 C20 混凝土结构，厚 0.4 米，以下 5.0 米护底采用 M10 浆砌石结构，厚度为 0.4 米。护坡采用 M10 浆砌石结构，坡比 1∶2，坡顶高程 4.2 米，坡脚高程－0.10 米，坡下脚设 0.8 米齿墙，护坡厚度为 0.4 米。大堤迎水面采用 M10 浆砌石护坡，长度为 22.2 米，坡比 1∶2.5，坡顶高程 8.3 米，坡底高程 4.6 米，厚度 0.4 米。

灌溉涵管采用直径 1.5 米预制钢筋混凝土管（一级），涵管长 8.0 米，下游采用 M10 浆砌石挡土墙及浆砌石护底、护坡与原灌溉渠道连接。

底层涵洞闸门选用两扇 2.0 米×2.0 米平板铸铁闸门，配 8 吨螺杆启闭机；上层涵洞亦选用两扇 2.0 米×2.0 米平板铸铁闸门，配 8 吨螺杆启闭机；灌溉管涵选用 1.5 米×1.5 米平板铸铁闸门，配 5 吨螺杆启闭机。

（二）安全生产及质量控制

工程开工前，制定了安全生产措施方案，健全了安全生产制度，编制了安全生产事故的应急预案，明确了安全生产负责任人，并报送天津市水利建设工程质量监督中心站备案。选择的施工队伍具有《安全生产许可证》。针对工程特点和潜在的事故隐患，要求施工单位有针对性地制定应急救援预案并报建管处，施工单位设专职现场安全员，对工地进行全过程检查，发现安全隐患及时留整改，以保证安全生产。

在天津市水利局各部门和县局领导的大力支持和关怀下，积极组织成立工程领导小组。在施工期间设 1 名专职监督员对工程进行监督检查，发现问题及时处理。建立健全了建设单位质量检查体系和施工单位质量保证体系。委托天津市水利工程建设监理咨询中心进行监理，施工现场设 1 名现场监理工程师，直接对工程质量进行控制和管理。天津市水利局水调处领导经常到施工现场进行现场指导和技术支持，发现问题随时给予纠正。

在施工过程中，主要控制地基清理（隐蔽工程），钢筋混凝土工程的钢筋、模板和混凝土浇筑，浆砌石工程的清基、削坡、砌体砌筑、勾缝；土方回填及大堤恢复工程的基底清理、填土料的含水量、铺土厚度及压实干密度等。

经与总监理工程师及施工单位商定，由天津市水利建设工程质量检测中心站按照检测计划中自检数量进行检验，除回填土以外不再另行抽检。实际检测数量为：原材料共抽测水泥1组、砂子2组、石子2组、钢筋5组，钢筋焊接2组。检验M10砂浆抗压7组，最大值26.1兆帕，最小值15.6兆帕，平均值19.48兆帕；M15勾缝砂浆抗压1组，21.1兆帕。C25混凝土抗压强度检验4组，最大值35.8兆帕，最小值27.6兆帕，平均值31.43兆帕。C25混凝土抗渗试验1组。抽检回填干密度19组，干密度设计值为1.50克每立方厘米，实测最大值1.638克每立方厘米，最小值1.499克每立方厘米，平均值1.557克每立方厘米。检验项目结果显示，砂浆、混凝土强度、混凝土抗渗性及回填干密度均符合相关标准要求和设计要求，混凝土、砂浆质量合格，回填土干密度合格率100%，压实合格。另外由施工单位自检回填土干密度67组，其中最大干密度1.70克每立方厘米，最小干密度1.51克每立方厘米，平均值1.55克每立方厘米，合格率为100%。抽检和自检数量均超计划完成。

该单位工程共划分为5个分部工程，其中优良3个，优良品率60%；分18个单元工程，优良10个，优良品率56%，单位工程质检验员评定为优良，工程外观质量综合检查评分为87.2%。工程质量保证资料符合要求，评定资料齐全，各项质量检测均达到设计和规范要求，工程质量综合评定为优良。

（三）工程建设及投资

工程计划于2005年9月15日开工，12月31日完工，计划工期为103天。而实际工程从2005年9月25日开工，由于11月下旬上层洞身钢模板安装完成后平整度及光洁度不符合要求，拆除后改用木模板，误工10天，12月3日骤然降温致使上层洞身的混凝土浇筑推迟7天，12月16日停工，后续回填土由于低温未能及时施工，直至2006年2月21日二次进场，2006年4月25日全部完工。

土方开挖5684立方米，土方回填5216立方米，砌石731立方米，浇筑混凝土277.4立方米，预制混凝土管8米，安装闸门、启闭机5台套。实际完成投资97万元，其中人工费18.02万元，材料费44.22万元，设备购置费9.8万元，机械使用费16.48万元，管理费2.21万元，其他费6.27万元。

（四）工程验收

在施工过程中严格执行质量控制程序，先后几次由监督、建设、设计、监理、施工等单位联合对涵洞地基、回填前隐蔽工程、分部工程、单位工程进行了验收。

该工程于2006年6月15日通过竣工验收。

（五）参建单位

项目法人：静海县水利工程建设管理处

设计单位：天津市金龙水利工程设计所

监理单位：天津市水利工程建设监理咨询中心负责工程

质量监督单位：天津市水利建设工程质量监督中心站

施工单位：天津市龙海水利建筑工程有限公司

二、八堡节制闸维修加固工程

八堡节制闸位于子牙河八堡村北，建于1977年，为开敞式钢筋混凝土结构，安装4扇10米×7米（宽×高）升卧式平板钢闸门。设计流量为400立方米每秒，行洪时闸门全部开启，汛后期闭闸，拦蓄子牙河汛后尾水和八堡扬水站提蓄大清河、南运河、黑龙港河的汛后尾水，供静海西部农田灌溉使用。正常蓄水位6.00米，最高蓄水位6.50米。经多年运行和年久失修，造成机架桥大梁出现严重裂缝，混凝土表面深度碳化，钢闸门下部面板严重锈蚀，主轮锈死，启闭设备陈旧老化。市水利局领导和有关部门多次到现场调查，经天津市水科所论证，为保证八堡节制闸汛期安全运行，决定对其进行维修加固。

（一）项目设计与审批

2005年，静海县水务局委托水利部河北水利水电勘测设计研究院对该项工程进行勘测、设计，并编制了《静海子牙河八堡节制闸维修加固工程初步设计报告》。天津市水利局以《关于静海县2005年河道维修加固工程设计的批复》（津水管〔2005〕49号）下达设计批复，天津市水利局、天津市财政局以《关于下达2005年河道维修维护专项第二批投资计划的通知》（津水计〔2005〕47号、津财农联〔2005〕41号）下达工程投资计划，工程计划投资67.13万元，均为市水利建设基金。

设计主要工程内容为：更换部分主轮和橡胶止水、闸门下部面板更新、闸门除锈刷漆、4台启闭机维修、钢筋混凝土机架桥拆除重建。

主要设计变更及工程增项如下：

(1) 设计变更。因为八堡节制闸原结构详图遗失，2006年3月中旬对机架桥大梁进行了现场量测。据此，进行了大梁结构图设计修改，图纸号为ZSH-2004-02-SG06（修改）、ZSH-2004-02-SG07（修改1）ZSH-2004-02-SG07（修改2）。修改后增加了C30钢筋混凝土机架桥系梁16处，增加了C30钢筋混凝土9.4立方米。

(2) 工程增项。5月10日，市局有关部门及领导来现场检查指导工作，同意增加闸室内淤泥清除、对闸墩表面被侵蚀部位进行加固处理、更换电缆线260米、增加照明线90米。此外还增加了原闸墩顶部剔凿重新浇筑梁枕和设计批复中未考虑的止水夹板购安。

以上设计变更及工程增项共增加投资9.64万元。

（二）质量控制

工程开工前，制定了安全生产措施方案，健全了安全生产制度，编制了安全生产事故的应急预案，明确了安全生产负责任人，并已报送天津市水利建设工程质量监督中心站备案。选择的施工队伍具有《安全生产许可证》。针对工程特点和潜在的事故隐患，要求施工单位有针对性地制定应急救援预案并报建管处，施工单位设专职现场安全员，对工地进行全过程检查，发现安全隐患及时留整改，以保证安全生产。

在施工期间有 1 名专职监督员对工程进行监督检查，发现问题及时处理。建立健全了建设单位质量检查体系和施工单位质量保证体系。委托天津市水利工程建设监理咨询中心进行监理，施工现场设 1 名现场监理工程师，直接对工程质量、进度、投资等进行控制和管理。市水利局水调处领导经常到施工现场进行现场指导和技术支持，发现问题随时给予纠正。

在施工过程中，钢筋混凝土工程主要控制钢筋制作、模板和混凝土浇筑，为保证混凝土质量和浇筑进度，建议施工单位使用商品混凝土，实际效果很好。闸门和启闭机维修工程主要控制了除锈、刷漆、主轮拆装、橡胶止水带及钢丝绳质量等。

由于工程量不大，所用材料数量少，经与总监理工程师及施工单位商定，由天津市水利建设工程质量检测中心站按照检测计划中自检数量进行抽检验，施工单位不再另行自检。实际抽检数量为：钢筋 2 组，钢筋焊接 1 组，C30 混凝土抗压强度检验 2 组，最大值 33.1 兆帕，最小值 32.1 兆帕，平均值 32.6 兆帕。检验项目结果为：钢筋、混凝土强度均符合相关标准要求和设计要求，混凝土合格。

在施工过程中，先后几次由监督、建设、设计、监理、施工等单位联合进行了分部工程、单位工程的验收。工程共划分为 4 个分部工程，均为合格，共分 5 个单元工程，均为合格。单位工程质量检验评定为合格，工程外观质量综合检查评分为 81.9%。工程质量保证资料符合要求，评定资料齐全，各项质量检测均达到设计和规范要求，工程质量等级综合评定为合格。

（三）工程建设及投资

工程计划于 2005 年 9 月 16 日开工，12 月 15 日完工，计划工期 101 天。因为河道内水位太高，施工筑坝较困难，再考虑到秋冬季气温较低、雾气重，野外闸门除锈、刷漆的质量难以保证，所以改在 2006 年春天开工。实际从 2006 年 3 月 2 日开工，2006 年 7 月 10 日全部完工。

实际完成筑坝土方 8320 立方米，清除淤泥 200 立方米，钢筋混凝土 96.2 立方米，钢闸门维修 4 面，启闭机维修 4 台套，管理房及通讯设备维修，闸墩表面被侵蚀部位进行加固处理，更换电缆线 260 米，照明线 90 米。原批复投资 67.13 万元（含预备费 3.2 万元），因设计变更和工程增量再次批复增资 9.64 万元（动用预备费 3.2 万元），纯增投资 6.44 万元，共批复投资 73.57 万元。实际完成投资 73.57 万元，其中人工费 14.76 万元，材料费 43.23 万元，机械使用费 12.9 万元，管理费 0.96 万元，其他费 1.72 万元。

（四）工程验收

在施工过程中，先后几次由监督、建设、设计、监理、施工等单位联合进行了分部工程、单位工程的验收，均一次性通过验收。

该工程于 2007 年 8 月 1 日通过竣工验收。

（五）参建单位

项目法人：静海县水利工程建设管理处

设计单位：水利部河北水利水电勘测设计研究院

工程监理：天津市水利工程建设监理咨询中心

质量监督：天津市水利建设工程质量监督中心站

施工单位：天津市河利得水利建筑工程有限公司

三、管铺头扬水站排水闸拆除重建工程

管铺头扬水站排水闸是管铺头扬水站枢纽工程的重要组成部分，位于静海县东北部独流减河右堤，静海县六排干北端，桩号为 18K＋745。管铺头扬水站枢纽始建于 1969 年，总设计排水流量 24.3 立方米每秒。排水闸由于老化失修已不能正常运行。

（一）项目设计与审批

为保证独流减河的度汛安全，根据上级主管部门意见，静海县水务局委托河北省水利水电勘测设计研究院于 2006 年 5 月设计、编制了《2006 年静海县独流减河管铺头排水闸应急度汛工程初步设计报告》，并上报市水利局。天津市水利局以《关于静海县管铺头排水闸应急度汛工程设计的批复》（津水调〔2006〕18 号）下达设计批复，天津市水利局、天津市财政局以《关于下达 2006 年应急度汛工程投资计划的通知》（津水计〔2006〕20 号、市财政局以津财农联〔2006〕35 号）下达资金计划通知，同意对独流减河右堤管铺头排水闸进行拆除重建，列为应急度汛工程，下达投资 180 万元，其中中央水利基金 50 万元，市水利基金 89 万元，区县自筹 41 万元。

管铺头扬水站排水闸拆除重建，为 2 级建筑物，设计流量 24.3 立方米每秒，排水闸主体采用钢筋混凝土箱涵三孔 2.5 米×2.5 米，结构总长 28 米，其中涵洞长 23.6 米，宽 9.5 米；洞底高程－0.35 米，洞顶高程 2.15 米；闸墩顶高程 5.65 米，中墩厚 0.5 米，边墩厚 0.6 米；消力池总长 10 米，消力池顶面高程由－0.35 米渐变到－0.85 米，进、出口采用钢筋混凝土挡土墙，复堤后上下游浆砌石护坡各 15 米；SPZ2.5 米×2.5

米双向止水铸铁闸门 3 扇，配 10 吨手电两用螺杆启闭机 3 台。

（二）安全生产及质量控制

工程开工前，制定了安全生产措施方案，健全了安全生产制度，编制了安全生产事故的应急预案，明确了安全生产责任人，并已报送天津市水利建设工程质量与安全监督中心站备案。选择的施工队伍具有《安全生产许可证》。针对工程特点和潜在的事故隐患，要求施工单位有针对性地制定应急救援预案并报建管处，施工单位设专职现场安全员，对工地进行全过程检查，发现安全隐患及时留整改，以保证安全生产。

天津市金帆工程建设监理有限公司派出 3 名监理人员直接对工程质量进行控制和管理。在施工期间监督员对工程进行监督并不定期检查，发现问题及时处理。

在施工过程中，主要控制地基清理（隐蔽工程），钢筋混凝土工程的钢筋、模板和混凝土浇筑，浆砌石工程的清基、削坡、砌体砌筑、勾缝；土方回填及大堤恢复工程的基底清理、填土料的含水量、铺土厚度及压实干密度等。

（三）工程建设及投资

工程计划开工日期 2006 年 9 月 15 日，计划竣工日期 2007 年 6 月 1 日。实际开工日期 2006 年 9 月 15 日开工，2007 年 6 月 26 日全部完工。

完成开挖土方 6655 立方米，回填土方 7430 立方米，石方 710 立方米，混凝土 1231 立方米。完成投资 180 万元。

（四）工程验收

在施工过程中，先后几次由监督、建设、设计、监理、施工等单位联合进行了分部工程、单位工程的验收，均一次性通过验收。

2007 年 9 月 16 日通过竣工验收。

（五）施工监管

工程批复后，县水利工程建设管理中心组建工程管理组，建立了质量检查体系，制定各项管理制度。根据工程实际情况和特点，经研究决定，管铺头扬水站排水闸应急度汛工程由天津市源泉市政工程有限公司承担施工任务。施工单位及时编制施工组织设计，建立工程质量保证体系，健全工程管理制度，做好开工前的准备工作。委托天津市金帆工程建设监理有限公司进行现场施工监理。委托天津市水利工程质量检测中心站进行工程质量检验。

四、港团河尚码头节制闸工程

按照静海县大邱庄镇总体规划，2007 年静王路大邱庄段进行扩宽改造，致使此段迎丰渠需改道，迎丰渠改道后由互助渠、生产河和杨小庄渠部分段替代其功能，位于原迎丰渠与港团河交汇处港团河节制闸已失去作用需报废拆除。为了不改变原有各渠道的功能，不影响水的调度，确定在港团河与生产河交汇处西侧尚码头村附近（桩号17+600）新建港团河尚码头节制闸。

（一）项目设计与审批

根据上级主管部门意见，静海县水务局委托中水北方勘测设计研究有限责任公司于2007年9月设计、编制了《静海县港团河尚码头节制闸工程初步设计报告》，并上报市水利局。天津市水利局以《关于静海县港团河尚码头节制闸工程初步设计的批复》（津水审批〔2007〕215号）下达设计批复，天津市水利局、天津市财政局以《关于下达静海县港团河尚码头节制闸工程资金计划的通知》（津水计〔2007〕63号、津财建二联〔2007〕40号）下达资金计划通知，同意新建静海县港团河尚码头节制闸，下达投资323万元，其中，市水利建设基金100万元，静海县自筹223万元。

该闸设计流量40立方米每秒，双向运用。工程主要由闸室段、翼墙段、消力池、海漫及防冲槽段组成。闸室为三孔开敞式C25钢筋混凝土整体式结构，单孔宽4.00米，顺水流方向10.00米，宽19.20米；闸室底高程为－2.70米，底板厚度0.80米，闸顶高程4.50米；中墩厚度0.80米，边墩墙厚0.80～2.80米；机架桥顶高程10.00米；闸下游侧设置4.00米宽的钢筋混凝土交通桥，桥面高程4.00米。上下游连接段采用圆弧形悬臂式钢筋混凝土翼墙，左右岸对称布置，圆弧半径20.00米。闸室上下游均设置消力池、海漫段和防冲槽段，两侧边坡采用0.40米厚M10浆砌石护砌，并设两道排水孔。

（二）安全生产及质量控制

工程开工前，制定了安全生产措施方案，健全了安全生产制度，编制了安全生产事故的应急预案，明确了安全生产负责任人，并已报送天津市水利建设工程质量监督中心站备案。选择的施工队伍具有《安全生产许可证》。针对工程特点和潜在的事故隐患，要求施工单位有针对性地制定应急救援预案并报建管处，施工单位设专职现场安全员，对工地进行全过程检查，发现安全隐患及时留整改，以保证安全生产。

在工程施工过程中，每一工序完成后，均在施工单位自检合格的基础上，再由监理工程师或质量监督员对其进行现场抽检复核，验收合格后方准许下一工序的施工。做到验收资料（表格）与施工进度同步。由于检测及时，加快了施工进度，也保证了施工技术资料（数据）的真实性，为整个工程质量的最终评定和资料整编工作提供了可靠的依据。

（三）工程建设及投资

工程计划开工日期2008年3月1日，计划竣工日期2008年6月30日。实际开工日期2008年4月18日，2008年12月17日全部完工。

共开挖土方12225立方米，填筑土方9540立方米，石方731立方米，混凝土1701立方米。完成投资323万元。

（四）工程验收

在施工过程中，先后几次由监督、建设、设计、监理、施工等单位联合进行了隐蔽工程、分部工程、单位工程的验收。工程共分6个分部工程，其中合格6个，共有20个单元工程，其中合格单元20个，合格率100%。

（五）施工监管

工程批复后，严格按照天津市水利基建项目的建设程序流程，进行水利基建项目备案→公开招投标（签订施工合同）→经济合同备案→安全生产备案→质量监督手续→提出开工申请→市局批复工程开工。

2008年1月3日，委托天津市招标投标管理站进行了公开招投标。确定中标人为天津市源泉市政工程有限公司。在基建处监督站，进行安全生产备案和质量监督手续的办理，经济项目合同备案也在财务科进行了备案。

根据工程实际情况和特点，由天津市源泉市政工程有限公司承担施工任务。施工单位根据工程特点和实际情况及时编制施工组织设计，建立工程质量保证体系，健全工程管理制度，做好开工前的准备工作。委托天津市金帆工程建设监理有限公司进行现场施工监理，委托天津市水利建设工程质量检测中心站进行工程质量检验。

第四节　团　泊　水　库

一、团泊水库二期增容工程

团泊水库二期增容工程包括土方工程和小团泊扬水站建设两项，共投资3614.4万元。

土方工程。土方工程仍采取碾压式均质土坝设计施工，工程内容为：北围堤在原有独流减河右堤弃土基础上（顶高6.8～7.0米）裁弯取值、填筑应水坡；其他三围堤中心线向库区内平移6米；主堤及放浪平台在原堤内坡上培坡加高。工程于1993年4月10日开工，7月5日竣工。完成土方518万立方米，完成投资2261.6万元。

小团泊扬水站建设工程。工程位于水库东北角处，为以蓄代排、排灌两用、机械与自流相结合的多功能枢纽工程。扬水站为钢筋混凝提结构，水泵房为干室型，压力池与厂房分离，设计流量20立方米每秒。机泵7台套，总装机容量1960千瓦。设35千伏变电站，变压器2台，容量6.7千伏安。5座配套混凝土箱型结构闸涵，过水量20立方米每秒。工程1994年10月20日开工，1995年11月底竣工。完成土方14万立方米，混凝土5100立方米，砌石4600立方米。完成投资1352.8万元。排涝面积11万亩。灌溉面积9.3万亩。

团泊水库二期增容工程完成后，水库需水量由原0.98亿立方米提高到1.8亿立方米。

二、团泊水库围堤护砌工程

团泊水库围堤护砌工程于1996—1998年分三年实施。1996年，完成围堤护砌工程3.8千米，包括南围堤2.8千米及东围堤1千米，完成混凝土5303立方米，砌石3420立方米，土方7万立方米，土工布3.5万平方米，完成投资694.4万元。1997年，完成围堤护砌5千米，工程采用砌筑镶嵌式混凝土预制板施工方式，完成投资1085.1万元(其中国补400万元、自筹685.1万元)。1998年，完成围堤护砌5千米，工程采用砌筑镶嵌式混凝土预制板施工方式，完成土方12万立方米，砌石4700立方米，浇筑混凝土6000立方米，砂垫层2300立方米，土工布4万平方米，完成投资1081.1万元（市财政专项款400万元、县自筹681.1万元)。

三、团泊水库除险加固工程

1993年，水库堤坝进行加高增容，设计库容达到1.8亿立方米，具有以蓄代排功能。经过多年的运行，围堤坝体沉降并出现纵横裂缝，部分堤段和坝基渗透稳定不满足要求，围堤迎水坡受风浪、冰压和冻融作用部分破坏严重；穿堤水闸结构破损，闸堤之间存在不均匀沉降，闸门及启闭设备陈旧老化；水库观测设备不完善，不满足规范要求。2005年，团泊水库进行首次安全鉴定。5月，市水利局召开了水库安全鉴定会，经海委和市水利局专家鉴定、复核，水库大坝为三类坝。2007年11月，水利部大坝安全管理中心经过现场核查核定团泊水库提出了三类坝，同意进行除险加固处理。

（一）工程审批

2007年12月，静海县水务局委托中水北方勘测设计研究有限责任公司编制完成《天津市团泊水库除险加固工程初步设计报告》。2008年11月，水利部海委会同天津市水利局、天津市发展改革委组织有关专家对团泊水库初步设计报告进行了复核、审查，提出了审查意见。2008年12月，中水北方勘测设计研究有限公司根据审查意见重新修订完成《天津市团泊水库除险加固工程初步设计报告（修订）》。2009年3月20日，海委组织召开了初设（修订版）审查会，由海委专家提出了审查意见。《报告》按审查意见修改后上报。

2009年8月，水利部海河水利委员会出具初设计复核意见，市发展改革委予以批复，原则同意实施该工程，批复该工程投资6935万元，资金来源为静海县自筹。2009年12月，静海县调整了《天津市静海县城乡总体规划（2008—2020年）》，依据总体规划对团泊水库除险加固工程的设计内容进行同步调整。2010年3月12日，天津市发展和改革委员会批复了该工程的设计变更报告，相应工程投资核定为5108万元，资金来源不变。

（二）工程项目管理

2008年8月13日，天津市水利局批准静海县水利工程建设管理处为团泊水库除险加固工程项目法人，负责工程建设的管理工作。由于设计变更报告尚未批复，为按期完工，工程分为两期实施。几座穿堤闸涵工程没有变更，为一期工程。水库围堤加固、护坡维修等工程发生变更，需要等变更报告批复后实施，为二期工程。

2009年12月至2010年3月，完成团泊水库除险加固工程（一期）的报建、工程招投标、合同签订、工程监督手续、安全生产备案、项目经济合同备案、开工申请等工作。2010年3月15日，天津市水务局批准开工（津水开工字2010008号），工期为2010年3月16日至10月31日。

2010年4—5月，完成团泊水库除险加固工程（二期）的报建、工程招投标、合同签订、工程监督手续、安全生产备案、项目经济合同备案、开工申请等工作。2010年5月20日，天津市水务局批准开工（津水开工字2010011号），工期为2010年5月24日至10月31日。

（三）工程施工

团泊水库除险加固工程分两期实施，按照除险加固工程项目划分的要求，每期工程作为一个单位工程，本项目共分为2个单位工程。

一期工程。由天津市源泉市政工程有限公司施工，主要建设内容为小团泊泵站1号涵闸、大邱庄泵站机蓄闸、管铺头泵站机蓄闸、管铺头低水引水闸等4座闸拆除重建，胡连庄引水闸拆除后复堤，新建小团泊低水引水闸，包括旧闸的拆除共有7个分部工程。工程于2010年2月5日签订施工合同，3月16日完成施工临时设施的建设工作，当日正式开工，10月30日完工。各分部工程开工、完工情况如下。

旧闸拆除：2010年3月16—22日；

小团泊泵站1号涵闸：2010年3月19日至10月29日；

大邱庄泵站机蓄闸：2010年4月18日至10月29日；

管铺头泵站机蓄闸：2010年3月25日至10月29日；

管铺头低水引水闸：2010 年 4 月 10 日至 10 月 29 日；

胡连庄引水闸拆除复堤：2010 年 6 月 20 日至 8 月 30 日；

小团泊低水引水闸：2010 年 3 月 16 日至 10 月 29 日。

二期工程。由天津市源泉市政工程有限公司施工，主要建设内容为水库围堤迎水坡加固 22.755 千米，降低围堤 24.19 千米，原有护砌维修 5.58 千米，分为 3 个分部工程。工程于 2010 年 4 月 28 日签订施工合同，5 月 24 日完成施工临时设施的建设工作，5 月 25 日正式开工，11 月 10 日完工。各分部工程开工、完工情况如下。

围堤上游面回填：2010 年 5 月 25 日至 10 月 31 日；

混凝土护砌整修：2010 年 9 月 16 日至 10 月 31 日；

围堤降低：2010 年 10 月 8 日至 11 月 8 日。

团泊水库除险加固工程于 2010 年 11 月 10 日，完成所有批复的建设内容。

（四）工程内容及工程量

完成主要工程建设内容为：小团泊泵站 1 号涵闸、大邱庄泵站机蓄闸、管铺头泵站机蓄闸、管铺头低水引水闸等 4 座闸拆除重建，胡连庄引水闸拆除后复堤，新建小团泊低水引水闸；水库围堤迎水坡加固 22.755 千米，降低围堤 24.19 千米，护砌维修 5.58 千米；完善了观测设施。实际完成主要工程量为：土方开挖 43.24 万立方米，土方回填 126.50 万立方米，浆砌石 0.75 万立方米，混凝土 1.55 万立方米，闸门及启闭机 9 台套，见表 6－4－29。完成工程投资 5108 万元。

表 6－4－29 **主要工程量完成情况统计表**

序号	项目名称	单位	批复工程量	实际完成工程量	工程量增减情况
1	土方开挖	万立方米	42.18	43.24	1.06
2	土方填筑	万立方米	125.09	126.50	1.41
3	M10 浆砌石	万立方米	0.66	0.75	0.09
4	现浇混凝土	万立方米	1.76	1.55	0.20
5	闸门及启闭设备安装	台套	9	9	0
6	工程观测设施	项	1	1	0

（五）工程验收

2010 年 3 月 23 日、11 月 10 日，天津市泽禹工程建设监理有限公司组织完成工程（一期）和（二期）分部工程验收。

2010 年 11 月 20 日，静海县水利工程建设管理处组织完成工程（一期）和（二期）

单位工程验收，即工程项目验收。

2010 年 11 月 28 日，静海县环境保护局组织完成工程环境保护专项验收。

2010 年 11 月 26 日，天津市水务局组织完成工程水土保持专项验收。

2010 年 11 月 29 日，天津市水务局组织完成团泊水库除险加固工程竣工验收。天津市水务局基建处、农水处、计划处、工管处、财务处和静海县水利局、团泊水库管理处以及工程施工、监理单位的代表参加了会议。会议成立了验收委员会。验收委员会通过查看现场，听取参建各方工程管理工作报告，查阅工程资料。经认真讨论认为：该工程按批准的建设规模已经完成，工程质量符合设计要求及规范标准，达到优良标准，工程档案资料齐全，同意验收。

（六）工程参建单位

项目主管部门：天津市水务局

项目法人：静海县水利工程建设管理处

政府监督：天津市水利工程建设质量与安全监督中心站

设计单位：中水北方勘测设计研究有限责任公司

监理单位：天津市泽禹工程建设监理有限公司

检测单位：天津市水利建设工程质量检测中心站

施工单位：（一期）工程为天津市源泉市政工程有限公司

（二期）工程为天津市源泉市政工程有限公司

运行管理单位：静海县团泊水库管理处

四、团泊水库浚深筑岛工程

根据静海县政府的要求，在对团泊水库实施除险加固工程的同时，结合《天津市静海县城乡总体规划（2008—2020 年）》，库内填筑 6 号、7 号、8 号、9 号岛屿，与周边发展相互协调。

（一）工程项目设计与审批

2010 年 2 月，静海县水利工程建设管理处委托中水北方勘测设计研究有限责任公司编制完成《团泊水库浚深改造工程 6 号岛屿Ⅰ至Ⅳ期工程可行性研究（代项目建议书）》《团泊水库浚深改造工程 7 号、8 号、9 号岛屿工程可行性研究（代项目建议书）》。4 月，中水北方勘测设计研究有限责任公司编制完成《团泊水库浚深改造工程 6 号岛屿Ⅰ期至Ⅳ期工程初步设计报告》和《团泊水库浚深改造工程 7 号、8 号、9 号岛屿工程初步设计报告》，并经县发展改革委批复。批复主要内容：6 号岛筑岛面积 241.33 公顷，水库浚深挖方 1269 万立方米，填筑土方 1153.8 万立方米，岛顶高程

5.50米，亲水平台高程4.50米，平台宽5.0米，上游边坡亲水平台高程以上为1∶4，亲水平台下设1∶10缓土坡延伸至库底，项目总投资33223.51万元；7号、8号、9号岛筑岛面积118.67公顷，水库浚深挖方656.5万立方米，填筑土方597.2万立方米，岛顶高程5.50米，亲水平台高程4.50米，平台宽5.0米，上游边坡亲水平台高程以上为1∶4，亲水平台下设1∶10缓土坡延伸至库底，项目总投资16159.06万元。团泊水库浚深改造工程6号、7号、8号、9号岛屿批复总投资49382.57万元。

工程设计变更。工程在实施过程中，结合《静海县城乡总体规划（2008—2020年）》的调整，岛形和工程量发生变化，为此，静海县水利工程建设管理处委托中水北方勘测设计研究有限责任公司编制《团泊水库浚深改造工程6#岛屿Ⅰ期至Ⅳ期工程设计变更报告》和《团泊水库浚深改造工程7号、8号、9号岛屿工程设计变更报告》，并经县发展改革委批复。批复主要内容：6号、7号、8号、9号岛屿设计填筑断面改为顶高程5.5米以下至（亲水平台由4.5米调至4.3米）4.3米边坡1∶5，4.3米以下边坡1∶10至原地面，其中6号岛筑岛面积218.49公顷，水库浚深挖方1135.8万立方米，填筑土方1032.5万立方米，项目投资调整为81787.90万元；7号、8号、9号岛筑岛面积116.98公顷，水库浚深挖土方794.9万立方米，填筑土方722.63万立方米，调整后投资49308.01万元。团泊水库浚深改造工程6号、7号、8号、9号岛屿批复变更总投资81787.90万元。

（二）工程施工

6号岛屿工程项目划分为1个单位工程，7个分部工程。7号、8号、9号岛屿工程项目划分为1个单位工程，5个分部工程。由天津市源泉市政工程有限公司施工。工程于2010年6月1日签订施工合同，6月5日开工。由于《静海县城乡总体规划（2008—2020年）》的调整，对岛型和工程量进行修正，工程于6月28日停工，施工单位退场；9月28日确定新的规划，施工单位重新进场复工；于2011年4月22日完工，5月10日通过验收。团泊水库浚深改造工程6号、7号、8号、9号岛屿完成投资81787.90万元。工程开工、完工情况如下。

6号-1岛屿：2010年11月29日至2011年3月20日；

6号-2-1岛屿：2010年10月1日至2011年2月22日；

6号-2-2岛屿：2010年10月26日至2011年3月25日；

6号-3-1岛屿：2010年12月20日至2011年4月22日；

6号-3-2岛屿：2010年11月29日至2011年3月28日；

6号-4-1岛屿：2010年10月1日至2011年3月31日；

6号-4-2岛屿：2010年10月1日至2011年3月27日；

7号-1岛屿：2010年11月29日至2011年3月20日；

7号-2岛屿：2010年10月1日至2011年2月22日；

8号岛屿：2010年10月26日至2011年3月25日；

9号-1岛屿：2010年12月20日至2011年4月22日；

9号-2岛屿：2010年11月29日至2011年3月28日。

6号岛屿初设报告批复变更前后及实际完成工程量，7号、8号、9号岛屿初设报告批复变更前后及实际完成工程量分别见表6-4-30、表6-4-31。

表6-4-30 **6号岛屿初设报告批复变更前后及实际完成工程量**

项目名称	工程量/万立方米						岛顶面积/公顷		
	土方开挖			土方填筑			变更前	变更后	实际完成
	变更前	变更后	实际完成	变更前	变更后	实际完成			
6号-1	319.0	255.3	219.3	290.2	232.1	199.3	62.0	49.08	49.45
6号-2	315.0	304.8	127.5	286.2	277.1	116.0	58.0	58.54	30.16
6号-3	318.0	259.3	128.6	289.2	235.7	116.9	61.33	50.16	
6号-4	317.0	316.5	218.0	288.2	287.7	198.2	60.0	60.71	
合计	1269.0	1135.8	693.4	1153.8	1032.5	630.4	241.33	218.49	79.61

表6-4-31 **7号、8号、9号岛屿初设报告批复变更前后及实际完成工程量**

项目名称	工程量/万立方米						岛顶面积/公顷		
	土方开挖			土方填筑			变更前	变更后	实际完成
	变更前	变更后	实际完成	变更前	变更后	实际完成			
7号	316.0	316.03		287.2	287.3		58.67	58.49	
8号、9号	340.5	478.863		310.0	435.33		60.0	58.49	
合计	656.5	794.893		597.2	722.63		118.67	116.98	

（三）工程验收

静海县水利局、团泊水库管理处、天津市冀水工程咨询中心以及天津市源泉市政工程有限公司的有关人员组成联合测量小组，对所筑岛屿及取土区进行测量，岛顶高程以及面积达到设计标准，取土区未出现超挖和欠挖现象，满足设计要求。2011年5月10日，成立了团泊水库浚深筑岛工程验收委员会，验收委员会查阅了工程施工资料，并听取了施工单位、监理单位、设计单位的汇报。经讨论认为：该工程质量符合设计要求及规范标准，工程档案资料齐全，同意验收。

（四）参建单位

项目主管部门：天津市水务局

项目法人：静海县水利工程建设管理处

政府监督：天津市水利工程建设质量与安全监督中心站

设计单位：中水北方勘测设计研究有限责任公司

监理单位：天津市冀水工程咨询中心

施工单位：天津市源泉市政工程有限公司

运行管理单位：静海县团泊水库管理处

第七章

工程管理

工程管理概括了静海境内的一、二级河道，干渠和国有扬水站以及团泊水库的工程管理。静海县水务局是区政府水行政主管部门，承担境内水利工程建设与管理职能。境内 6 条一级河道和市直闸站为市管工程，1991—2006 年由县水务局代管，2007 年根据市政府批准的天津市水利工程管理体制改革实施方案，对境内一级河道的管理单位进行调整，由大清河管理处管理。县水务局受大清河处委托代为管理。二级河道堤防、国有闸涵、骨干渠道由河道管理所负责管理，国有扬水站由静海县排灌管理站负责管理，1 座水库，即团泊水库，由团泊水库管理处负责管理。

1991—2010 年，相继健全河道、扬水站（泵站）、水库的管理机构和职责，与此同时，各管理单位加强制度建设，工程管理逐步走向规范化、正规化，强化工程设施的维修养护、合理组织，提高运行效率，使全县抗击各种水旱灾害能力不断提高。

第一节　河　道　管　理

一、机构设置及管理职责

1989 年成立静海县水利局河闸总所，是隶属于静海县水利局的科级事业单位。1991 年 3 月 16 日，根据静海县编委《关于水利局内部机构更改名称请示的批复》（静编字〔1991〕19 号）文件，同意“静海县水利局河闸总所”更名为“静海县水利局河道管理所”，更名后性质、级别不变。

2006 年，依据天津市政府下发的《关于批转市水利局市发改委市财政局市编制办拟定的天津市水利工程管理体制改革实施方案的通知》（津政发〔2004〕121 号）文件精神，县水务局编制完成《静海县水管体制改革实施方案》，2006 年 10 月，方案报县政府审批。2007 年 12 月 27 日，经县长办公会研究，并以政府“会议纪要（静海政纪〔2008〕1 号）”决定，河道管理所仍为县水务局所属科级事业单位，经费渠道由自收自支改为全额拨款。

2010 年，根据《静海县水务局主要职责内设机构和人员编制规定》（静党〔2010〕77 号），组建静海县水务局，河道所正式更名为静海县水务局河道管理所。河道所设办公室，财务室，工程管理组，下设灌浆队和包括独流减河河道所、大清河河道所、马厂减河河道所、子牙河河道所、南运河西钓台河道所、南运河北五里和大洼河道管理所在内的7个分所。

截至2010年年底，河道所共有职工69人，其中干部27人，工人42人；工程师6名，副高级工程师4名。

管理职责。负责河道、干渠及附属水利设施的巡视管理与日常维护、岁修、除险加固、维修项目的申报和组织实施。负责全部所属河道的防汛、度汛工作。负责所属河道涉河工程的审批、监督管理工作。按照水利部颁布的《水闸管理通则》及《河道堤防管理通则》，对河道管理范围内的设施、设备进行维护和管理，使其正常运行。完成各项应急度汛施工、河道岁修工程。对河道进行巡视检查，对河道管理范围内发生的违反《天津市河道管理条例》规定的行为予以制止，并依法对当事人进行宣传教育，对应依法予以查处的行为按《天津市河道管理条例》规定上报给上级管理处。对涉河工程、水环境整治和河道修缮作业予以监管。完成涉河项目的审批、工程施工监督以及验收和管理。

二、河道维修养护

1991年，除险加固工程，其中独流减河2千米堤顶整修（18＋2～21＋200）投资7.1万元及獾洞处理（19＋6～34）143个投资2.49万元。河道岁修工程及绿化投资11.8万元，其中锅底闸、八堡节制闸维修投资4.5万元；子牙河灌浆投资6万元；大清河植树投资1.3万元。

1992年，除险加固工程，其中大清河治理工程投资350万元；锅底闸维修投资12.32万元；独流减河右堤3千米堤顶整修，完成投资8.12万元；独流减河左堤加高工程投资23.92万元。河道岁修工程，其中锅底闸、八堡节制闸启闭机设备检修投资7.6万元；子牙河右堤王口下段灌浆、八堡段电测等投资6.4万元，完成土方1300立方米。

1993年，除险加固工程，其中独流减河右堤2千米堤顶整修、獾洞处理，投资68.7万元；南运河右堤贾口洼工程，完成投资32.61万元。河道除险和岁修及绿化工程，其中南运河左堤隐患处理投资30万元；独流减河右堤整修投资6万元，完成土方5000立方米；子牙河右堤八堡段灌浆1千米、电测9千米，投资8.6万元；南运河植树3000株、大清河植树2000株（柳树），投资1.5万元。

1994年，除险加固工程，完成南运河左堤（贾口洼东围堤）2000米除险复堤，投资6万元，完成土方7000立方米。河道除险和岁修及绿化工程，其中八堡节制闸维修，投资3.2万元；子牙河右堤3千米整修，投资3万元；子牙河1千米灌浆，投资5万元；子牙河右堤裂缝开挖回填处理，投资 47 万元；南运河左堤复堤 550 米，投资 60 万元；共完成投资 118.2 万元。南运河植树 3000 株（白毛杨），投资 1 万元。

1995 年，除险加固工程，其中王口桥两侧砌石 390 米，投资 55 万元；大清河茁头闸除险加固工程，投资 38 万元；独流减河右堤分散獾洞处理，投资 4 万元；子牙河分散獾洞处理，投资 9 万元；大清河台头镇段护砌 800 米，投资 136 万元；大清河右堤（0～5）5 千米堤防灌浆，投资 40 万元；南运河左堤加固（38＋200～39＋300）1100 千米；投资 52.4 万元。河道岁修及绿化工程，其中八堡节制闸维修投资 10.7 万元；子牙河右堤丁家村段灌浆 2 千米，投资 4 万元；大清河 3000 株、子牙河植树 1500 株，投资 1.4 万元。

1996 年，除险加固工程，其中大清河右堤灌浆 5 千米，投资 45.63 万元；大清河右堤护砌 490 米，投资 83.6 万元；大清河右堤獾洞处理，投资 23.47 万元；子牙河右堤隐患处理，投资 30.42 万元；子牙河八堡节制闸维修，投资 46.93 万元；子牙河锅底闸维修，投资 32.6 万元；南运河右堤复堤 1600 米，投资 95.1 万元；南运河左堤隐患处理、复堤等投资 35 万元；南运河花园闸维修，投资 30.5 万元；南运河前小屯闸维修，投资 19.1 万元。河道岁修及绿化工程，其中子牙河右堤 1 千米堤防修整投资 6.3 万元，完成土方 3800 立方米；子牙河右堤堤顶、护坡平整养护 42 千米，八堡节制闸、锅底闸维修养护以及大清河右堤 15 千米养护，投资 18.5 千米；南运河右堤（44～45）1 千米堤防灌浆投资 4 万元；大清河植树 2000 株（杨树、柳树），投资 1 万元。

1997 年，完成了大清河右堤茁头闸，猴山站进、排水闸，老龙湾进、排水闸的拆除重建；完成大清河右堤 15.25 千米复堤整修工程，灌浆 5 千米，碎石路 5 千米的铺设；子牙河右堤隐患开挖回填 110 立方米，动土 14.62 万立方米，砌石 12571 立方米，混凝土 2237.4 立方米。共完成投资 845 万元。

1998 年，独流减河右堤 2.5 千米复堤整修工程，投资 11.2 万元，动土 6500 立方米，平整堤顶 2 万平方米；完成大清河右堤团结站进排、水闸拆除重建工程，5.6 千米碎石路铺设，15 千米灌浆施工；子牙河右堤除险加固；南运河右堤独流镇段高喷防渗墙工程。共动土 12.85 万立方米，石方 0.6 万立方米，混凝土 0.1 万立方米，完成工程总投资 502.2 万元。

1999 年，大清河右堤 630 米除险加固工程，投资 118.8 万元。小河闸维修，投资 59.2 万元；子牙河 10 千米灌浆，投资 97 万元；子牙河獾洞处理，投资 7.5 万元；独流减河右堤 10 千米整修，投资 59.8 万元。共完成投资 342.3 万元。

2000 年，处理狼窝 350 个，填垫马槽 1000 米，共用土方 15800 立方米，拆除坝埝 7 条，清除垃圾 7 万立方米，查处违章 84 起。

完成八堡节制闸、锅底闸维修，投资 2.0 万元；维护堤防 283.293 千米，动土 2 万立方米，投资 19.8 万元；完成子牙河右堤除险加固投资 110 万元，动土 3.5 万立方米；

完成锅底分洪闸加固工程，投资200万元；完成引黄济津封堵清淤工程，动土14.8万立方米，投资160万元。

2001年，完成堤防养护动土10万立方米，完成子牙河右堤獾洞处理16处，动土2600立方米，拦路桩安装8处，共完成投资9.8万元。

2002年，河道所对境内河道堤防、河道闸涵及沿河建筑物进行整治、维修和巡查。全年完成迎风站涵闸拆建，独流减河右堤獾洞处理，岁修工程，共完成土方4.05万立方米，钢筋混凝土668立方米，砌石2700立方米，总投资245万元。

完成引黄济津封堵工程，拆除坝埝22条，南运河小集河道改造330米，完成封堵坝28条，共完成土方22万立方米。

2003年，完成独流减河右堤10千米灌浆，动土4万立方米，完成投资120万元；独流减河右堤300复堤工程，动土2.71万立方米，投资50万元；大清河五堡闸重建，动土0.51万立方米，钢筋混凝土310立方米，砌石785立方米，完成投资1178.28万元；马厂减河右堤复堤动土2.14万立方米，完成投资39.29万元；大清河右堤东风站重建，动土0.9万立方米，钢筋混凝土361立方米，砌石507立方米，完成投资99万元；完成子牙河、马厂减河河道所管理房维修，投资15.7万元；大清河獾洞处理投资5.9万元；八堡、锅底闸维修投资7.9万元；标牌、拦路桩设置投资3万元。累计完成土方10.31万立方米，钢筋混凝土671立方米，砌石1292立方米，完成投资458.07万元。

完成引黄济津工程，封堵口门336处，土方14.71万立方米，垒麻袋2.5万条，铺设防渗铺盖4350平方米，碎石100吨。

为使河道管理工作规范化、制度化，2004年年初制定了2004年工作方案，修订完善了岗位责任、堤防巡查、安全生产、百分考核、财务管理及资料管理等7项制度。职工在工作中有章可循，把职工的责任、权力和义务与奖金挂钩，体现了多劳多得，不劳不得，奖勤罚懒，增强了职工的组织纪律性和责任心，精神面貌和工作状态好于往年。2004年2月初至3月底，对全县6条一级河道、2条二级河道和部分大洼干渠堤防、闸涵等水工建筑物进行详细摸底，对病险工程存在的新老隐患及河道违章情况进行汛前检查。

2004年，完成大清河左堤4千米灌浆，钻孔进尺58142米，灌注土方14563立方米，完成投资50万元；完成向团泊水库蓄水5000万立方米的河道口门封堵工作，打坝14条，封堵涵闸3座，动土4.61万立方米；完成引黄济津输水工程，封堵口门337个，拆除坝埝14条，动土12.63万立方米，用麻袋10万条，土工布4800平方米，铺碎石60立方米。

2005年，完成河道绿化植树4.05万株；完成独流减河右堤5千米灌浆施工，累计钻孔进尺58142米，灌注土方2万立方米，完成投资63万元；完成南运河右堤府君庙至上改道闸复堤 9 千米，动土 1.44 万立方米，投资 32 万元；大清河右堤碎石路整修 4 千米，投资 5.4 万元；马厂减河左堤 4.5 千米复堤，动土 1.2 万立方米，完成投资 60 万元。全年完成投资 160.4 万元。

2006 年，子牙河锅底闸、八堡节制闸维修，投资 0.6 万元；子牙河右堤 2 千米整修、独流减河 1 千米獾洞处理，投资 12.2 万元；西钓台所、大清河所管理房维修3.8 万元；南运河宣传牌制作 0.8 万元；独流减河右堤 5 千米堤顶整修加固工程，投资 33.19 万元；独流减河右堤 7.6 千米灌浆工程，投资 39.06 万元。全年完成投资 89.65 万元。

2007 年，完成河道绿化植树 9 万株，清理大清河台头段多年垃圾 18000 立方米，建垃圾池 50 个；完成马厂减河右堤 14.2 千米复堤加固工程，动土 8.1845 万立方米，投资 180.14 万元；完成独流减河右堤 5 千米复堤加固工程，动土 1.6 万立方米，投资 33.19 万元；完成独流减河右堤 3 千米灌浆加固工程，完成土方 1.24 万立方米，投资 30.06 万元；完成子牙新河 3 左堤千米灌浆加固工程，动土 2.1 万立方米，投资 54 万元；完成西钓台管理房拆除重建，投资 13 万元。全年完成土方量 13.1245 万立方米，投资 319.39 万元。

2008 年，完成道绿化植树 10.4 万株；完成马厂减河右堤 3 千米复堤加固工程，动土 20890 立方米，投资 50.76 万元；完成大清河右堤 2.65 千米灌浆，动土 9275 立方米，投资 58.03 万元；完成独流减河右堤 300 复堤加固工程，动土 24105 立方米，投资 57.29 万元；完成马厂减河左堤 1 千米獾洞处理工程，动土 7840 立方米，投资 13.14 万元；完成马厂减河所管理房维修，投资 6.9 万元。黑龙港河梁头闸维修，1.47 万元。共完成土方 62110 立方米，投资 187.59 万元。

2009 年，完成河道绿化植树 6.5 万株；完成大清河右堤 350 米护砌，投资 82.6 万元；完成子牙河右堤津涞路至锅底闸碎石路铺设，投资 48.97 万元；清运县城段垃圾 13500 立方米；引黄济津工程封堵口门 251 个，共完成土方 60126 立方米，用编织袋 29000 条，花格布铺设 1350 平方米。

2010 年，共完成 4 项岁修和除险加固工程。完成大清河右堤 1＋000～1＋400 护砌工程，该工程开挖土方 4238 立方米，土方回填 1215 立方米，浆砌石 2256 立方米，碎石垫层 540 立方米，投资 128 万元；独流减河右堤西琉城公路桥下防洪通道工程，完成开挖土方 1710 立方米，土方回填 95 立方米，水泥碎石稳定土 157 立方米，灰土路基 185 立方米，混凝土浇筑 127 立方米，投资 25 万元；子牙河八堡节制闸交通桥加固工程，完成土方开挖 1350 立方米，土方回填 995 立方米，混凝土浇筑 472 立方米，投资 110 万元；完成了南运河县城南段 24＋300～31＋500，7.2 千米的河道清淤工程，开挖土方 12 万立方米，投资 195 万元，共计完成投资 456 万元。

三、河道水生态环境治理

为有效改善河道水环境，2008年，结合大邱庄周边地区环境保护和综合治理工作，实施了迎丰渠改道和生产河加宽加深以及青年渠、港团河重点污染河段清淤治理工程，投资8637万元，治理干渠34.8千米，动土179.2万立方米。

2010年，根据《天津市2008—2010年水环境专项治理规划》，投资6697万元，完成王口排干、南运河静海城南段、迎丰渠和七排干4条河渠的清淤治理，清淤河渠长42.2千米，动土183万立方米。其中王口排干13.5千米，清淤土方47.6万立方米，完成投资1383万元；南运河静海城南段7.7千米，河槽清淤、堤顶维修、两岸植树绿化，清淤土方46.8万立方米，完成投资1666万元；迎丰渠清淤扩挖13.2千米，清淤及扩挖土方26.5万立方米，完成投资2293万元；七排干清淤3.6千米、改道4.2千米，清淤土方67万立方米，完成投资1355万元。

四、小型闸涵桥维修改造

静海县农田干支渠上的配套建筑物农用桥、涵、闸共586座，大多数始建于20世纪六七十年代，由于建设标准低，又缺乏必要的维修养护，其中的部分桥梁已成为危桥甚至坍塌，部分闸涵破损严重、运行使用困难。不仅影响渠道的正常灌、排、蓄水，甚至威胁车辆、行人的通行安全，对加快农村经济发展和新农村建设造成一定影响，亟须维修改造。2000年以来，县人大代表、政协委员多次就病危桥、闸、涵的维修改造提交提案和议案，同时广大农民也迫切要求对桥、闸、涵进行维修改造。市政府和市有关部门对桥、闸、涵的维修改造十分重视，安排专项资金，实施农用桥、闸、涵维修改造工程。

2005—2006年，先后进行了大清河光明扬水站穿堤涵重建工程，子牙河八堡节制闸维修加固工程和管铺头排水闸应急度汛工程。

第二节　扬水站（泵站）管理

一、机构设置

1980年，成立静海县水利局扬水站中心站，是隶属于静海县水利局的科级事业单位。2004 年 9 月 20 日，根据静海县编办《关于县水利局更改所属事业单位名称请示的批复》（静编办字〔2004〕10 号），同意将“静海县水利局扬水站中心站”更名为“静海县水利局排灌管理站”。更名后，其机构规格、性质、经费渠道、工作职能不变。原静海县水利局扬水站中心站的所有债权债务，由静海县水利局排灌管理站承接。

2005 年，根据辖区范围把 23 座扬水站（不包含城关扬水站）分为 6 个所。6 个所分别是八堡所，包括八堡扬水站、小八堡扬水站、锅底扬水站、五堡扬水站 4 个站；王口所，包括王口扬水站、郑庄扬水站、茁头扬水站、大邀铺扬水站、流庄扬水站 5 个站；大庄子所，包括大团泊扬水站、大庄子扬水站、十槐扬水站、后屯扬水站、四党口扬水站、薛庄子扬水站 6 个站；大邱庄所，包括大邱庄扬水站、管铺头扬水站、小团泊扬水站 3 个站；钓台所，包括纪庄子扬水站、钓台扬水站 2 个站；良王庄所，包括良王庄扬水站、争光扬水站、迎丰扬水站 3 个站。

2007 年 12 月 27 日，根据 2006 年县水务局编报的《静海县水管体制改革实施方案》，通过县长办公会研究，并以政府“会议纪要（静海政纪〔2008〕1 号）”决定，排灌管理站仍为县水务局所属科级事业单位，经费渠道由自收自支改为全额拨款。

2010 年，根据《静海县水务局主要职责内设机构和人员编制规定》（静党〔2010〕77 号），组建静海县水务局，排灌站正式更名为静海县水务局排灌管理站。排灌管理站下设财务组、办公室、工程技术组。

截至 2010 年年底，排灌管理站共有职工 120 人，其中干部 32 人，工人 88 人。

二、管理职责

泵站工程是农业灌排和城乡给排水的基础设施，泵站管理主要包括技术管理、工程管理和经营管理等。泵站管理的主要内容和任务是根据泵站技术规范和国家的有关规定，制定泵站的运行、维护、检修、安全等技术规程和规章制度；搞好泵站的机电设备、工程设施、供水、排水等管理工作；完善管理机构，建立健全岗位责任制，制定考核、评比和奖惩制度，提高管理队伍的政治和业务素质；开展技术改造和技术革新，应用和推广新技术；按照泵站技术经济指标的要求，考核泵站管理工作。

截至 2010 年年底，静海县共有国有扬水站 24 座，其中涉及单排站 13 座，排灌两用站 10 座，排蓄站 1 座，总装机容量 30395 千瓦，设计总排水能力为 357.1 立方米每秒，设计排涝面积 80.01 千公顷，设计灌溉面积 18.63 千公顷。全县水利专用变电站 24 座，其中 35 千伏变电站 11 座，10 千伏变电站 13 座，装设电力变压器 32 台（主变），总容量 46030 千瓦，立式轴流泵站 13 座，卧式泵站（含轴流泵、混流泵）10 座，立卧式混合站1座。2010年国有扬水站基本情况，见表7-2-32。已完工和在建的更新改造扬水站包括大邱庄扬水站、良王庄扬水站、八堡扬水站和钓台扬水站4座。1993年新建小团泊扬水站。全县共有扬水站进口闸和出口闸76座，干支渠60座。2010年扬水站（泵站）进出口水闸基本情况和2010年干支渠闸涵基本情况，见表7-2-33和表7-2-34。

表7-2-32 **2010年国有扬水站基本情况**

序号	泵站名称	泵站位置		扬水站类型	设计流量/立方米每秒	排水面积/千公顷	机组台套	设计装机容量/千瓦	泵型	灌溉面积/千公顷
		河道	乡镇							
1	争光站	子牙河	独流镇	灌排	16	5	5	1400	轴流泵	4
2	良王庄	独流减河	良王庄	灌排	24	7.96	8	1960	轴流泵	2.67
3	迎丰站	独流减河	杨成庄	灌排	16	3.56	8	1240	轴流泵	0.67
4	管铺头站	独流减河	杨成庄	单排	18.6	5.41	6	1980	轴流泵	
5	小团泊站	独流减河	团泊镇	单排	20		7	1960	轴流泵	
6	大团泊站	马厂减河	大港赵连庄	单排	21	4.45	6	1200	轴流泵	
7	四党口站	马厂减河	蔡公庄	灌排	21.7	6.87	7	1960	轴流泵	0.6
8	薛庄子站	马厂减河	唐官屯	灌排	18	7.8	5	1650	轴流泵	2.67
9	八堡站	子牙河	独流镇	灌排	21.7	4.78	7	2310	轴流泵	4
10	锅底站	子牙河	独流镇	单排	16	2.63	5	1335	轴流泵	
11	城关站	南运河	静海镇	单排	16	6.37	8	1360	轴流泵	
12	纪庄子站	南运河	陈官屯镇	单排	12	4.78	6	990	轴流泵	
13	茁头站	子牙河	王口镇	单排	12	1.92	4	880	轴流泵	
14	王口站	子牙河	王口镇	单排	14	4.34	5	1100	轴流泵	
15	郑庄站	子牙河	王口镇	单排	4	1.27	1	375	混流泵	
16	流庄站	子牙河	子牙镇	单排	10	3.1	5	830	轴流泵	
17	十槐站	青静黄	中旺镇	灌排	8	1.74	4	620	轴流泵	1.36
18	大庄子站	青静黄	中旺镇	灌排	8	2.03	4	620	轴流泵	1.33
19	后屯站	青静黄	中旺镇	灌排	8	2.03	4	620	轴流泵	1.33
20	五堡站	大清河	台头镇	单排	4	1	8	440	混流泵	
21	大邀铺站	子牙河	子牙镇	灌排	8	2.97	4	660	轴流泵	
22	大邱庄站	港团引河	大邱庄镇	排蓄	42		4	3640	轴流泵	

续表

序号	泵站名称	泵站位置		扬水站类型	设计流量/立方米每秒	排水面积/千公顷	机组台套	设计装机容量/千瓦	泵型	灌溉面积/千公顷
		河道	乡镇							
23	钓台站	南运河	陈官屯镇	单排	14.1		6	960	轴流泵	
24	小八堡站	子牙河	独流镇	单排	4		2	310	轴流泵	
合计					357.1	80.01	145	30395		18.63

表 7-2-33 **2010 年扬水站（泵站）进出口水闸基本情况**

编号	水闸名称	建成年份	所在地点	所在河流	主要功能	设计流量/立方米每秒	水闸孔数	闸孔净宽/米	闸孔高/米	启闭机台数	启闭形式
1	争光站引水闸	1972	独流镇	子牙河	灌溉	16	3	2.5	2.5 (2.0)	3	螺杆
2	争光站出口闸	1972	独流镇	子牙河	排涝	16	3	2 (2.5)	2	6	螺杆
3	争光灌水闸	1972	独流镇	压力池南侧	灌溉	16	2	2.5	2.5	2	螺杆
4	争光引渠节制闸	1972	独流镇	引渠中	节制	16	5	2	2.13/1.0	5	螺杆
5	争光站争光渠节制闸	1972	独流镇	争光渠	节制	16	3			3	螺杆
6	良王庄西侧灌水闸	1968	良王庄乡	压力池西	灌溉	15	3	2.47	2	3	螺杆
7	良王庄出口闸	1968	良王庄乡	独流减河	排涝	24.2	5	2.5	2	5	螺杆
8	良王庄东侧引河闸	1968	良王庄乡	前池东	引水	6	1	2.5	2	1	螺杆
9	良王庄耳河闸	1968	良王庄乡	前池西	引水	15	3	2.46		3	螺杆
10	良王庄前池节制闸	1968	良王庄乡	站前	节制	24	6	2.5	2	6	螺杆
11	迎丰站出口闸	1973	杨成庄乡	独流减河	排涝	16	3	2.5 (2.0)	1.9 (2.5)	3	螺杆
12	迎丰站低水闸	1973	杨成庄乡	压力池	引水	16	4	2		4	螺杆
13	管铺头出口闸	1976	杨成庄乡	独流减河	排涝	30	4	3	1.5/2.1	8	螺杆
14	管铺头前池节制闸	1976	杨成庄乡	站南	节制	30	4	2.5	2	4	螺杆
15	管铺头进水闸	1976	杨成庄乡	独流减河	引水	30	3	3	3	3	螺杆
16	小团泊 1 号闸	1995	团泊镇	水库东岸	灌水	20	2	3.3	3	2	螺杆

续表

编号	水闸名称	建成年份	所在地点	所在河流	主要功能	设计流量/立方米每秒	水闸孔数	闸孔净宽/米	闸孔高/米	启闭机台数	启闭形式
17	小团泊 2 号闸	1995	团泊镇	独流减河	引排	20	2	3	3	2	螺杆
18	小团泊 3 号闸	1995	团泊镇	压力池	排涝	20	2	3	3	2	螺杆
19	小团泊 4 号闸	1995	团泊镇	进水池	排涝	20	2	3	2.5	2	螺杆
20	小团泊 5 号闸	1995	团泊镇	七排干	节制	20	3	3	2.5	3	螺杆
21	团泊洼分水闸	1956	团泊镇	站西南	排涝	20	3	2.45	2	3	螺杆
22	团泊洼排水闸	1956	团泊镇	站正南	排涝	20	4	2.5	2	4	螺杆
23	团泊洼大港引水闸	1956	团泊镇	站东南	引水	20	3	2.43	2	3	螺杆
24	团泊洼河北节制闸	1956	团泊镇	马厂减河	节制	20	2	3	2.8	2	螺杆
25	四党口东侧灌水闸	1974	蔡公庄镇	压力池东	灌溉	6	1	2.47	1.95	1	螺杆
26	四党口西侧灌水闸	1974	蔡公庄镇	压力池西	灌溉	6	1	2.47	1.95	1	螺杆
27	四党口节制闸	1974	蔡公庄镇	厂房北	节制	21	4	2.45	3.5	4	螺杆
28	四党口排水闸	1974	蔡公庄镇	马厂减河	排涝	21	4	2.48	2	4	螺杆
29	薛庄子灌水闸	1964	唐官屯镇	站东	灌溉	9	2	2	2	2	螺杆
30	薛庄子排水出口闸	1964	唐官屯镇	马厂减河	排涝	18	4	1.93	2.2	4	螺杆
31	锅低东沟节制闸	1966	独流镇	东沟尾	节制	16	4	2.5	2	4	螺杆
32	锅底东连接渠节制闸	1966	独流镇	东连接渠	节制	16	2	2.5	2	2	螺杆
33	八堡引水闸	1975	独流镇	子牙河	引水	25	5	3	2.5 (3.0)	5	螺杆
34	八堡西连接渠节制闸	1975	独流镇	站南	节制	10	2	2.5	2.1	2	螺杆
35	八堡西沟尾闸	1975	独流镇	西沟尾	排涝	25	5	3	2.5	5	螺杆
36	八堡东侧灌水闸	1975	独流镇	压力池东	灌溉	10	2	2	1.9	2	螺杆
37	八堡西侧灌水闸	1975	独流镇	压力池西	灌溉	5	1	2.5	2.1	1	螺杆
38	八堡西跌水闸	1975	独流镇	小站西	排涝	8	2	2	2	2	螺杆
39	八堡站前闸	1975	独流镇	站南	节制	25	3	3	2.5	3	螺杆
40	八堡出口闸	1975	独流镇	子牙河	排涝	25	2	4.38	2 (4.7)	2	螺杆
41	纪庄子出口闸	1959	陈官屯镇	南运河	排涝	12 (14.4)	3	2.16 (2.0)	2.2 (2.0)	3	螺杆

续表

编号	水闸名称	建成年份	所在地点	所在河流	主要功能	设计流量/立方米每秒	水闸孔数	闸孔净宽/米	闸孔高/米	启闭机台数	启闭形式
42	城关出口闸	1960	静海镇	南运河	排涝	16	4	2	2	4	螺杆
43	茁头南侧灌水闸	1972	王口镇	压力池南侧	灌溉	6	1	2	1.5	1	螺杆
44	茁头排水闸	1972	王口镇	子牙河	排涝	6	2	1.5	2	4	螺杆
45	王口排水闸	1958	王口镇	子牙河	排涝	14	3	1.9 (2.0)	2.4 (2.5)	3	螺杆
46	郑庄排水闸	1972	王口镇	子牙河	排涝	4	1	2	1.9	2	螺杆
47	郑庄北侧分水闸	1972	王口镇	压力池北	灌溉	4	1	1.4	1.5	1	螺杆
48	郑庄南侧分水闸	1972	王口镇	压力池南侧	灌溉	4	1	1.4	1.5	1	螺杆
49	流庄出口闸	1977	沿庄镇	子牙河	排涝	10	2	2.5 (2.0)	2 (2.5)	4	螺杆
50	流庄节制闸	1975	沿庄镇	流庄排干	节制	10	2	2.5	2	2	螺杆
51	十槐低水闸	1974	中旺镇	压力池	引水	8	4			4	螺杆
52	十槐排水闸	1974	中旺镇	青静黄河	排涝	8	4	2.65		4	螺杆
53	十槐东侧灌水闸	1974	中旺镇	压力池东	灌溉	8	1	2	1.7	1	螺杆
54	十槐西侧灌水闸	1974	中旺镇	压力池西	灌溉	8	1	2	1.7	1	螺杆
55	大庄子低水闸	1974	中旺镇	压力池	引水	8	4			4	螺杆
56	大庄子前池节制闸	1974	中旺镇	前池	节制	8	2	2	2	2	螺杆
57	大庄子灌水闸	1974	中旺镇	压力池西	灌溉	4	1	1.9	1.5	1	螺杆
58	大庄子排水闸	1974	中旺镇	青静黄河	排涝	8	4	2.7	2.3	4	螺杆
59	后屯低水闸	1971	中旺镇	压力池	引水	8	4	2.47	1.5	4	螺杆
60	后屯排水闸	1971	中旺镇	青静黄河	排涝	8	4	2.47		4	螺杆
61	后屯西侧灌水闸	1971	中旺镇	厂房北	灌溉	4	1	1.92	2	1	螺杆
62	后屯东侧灌水闸	1971	中旺镇	厂房北	灌溉	4	1	1.92	2	1	螺杆
63	五堡低水闸	1978	台头镇	五堡渠尾	引水	4	2	2	2	2	螺杆
64	五堡自排闸	1978	台头镇	五堡渠尾	排涝	4	2	2	2	2	螺杆
65	五堡出口引排闸	1978	台头镇	大清河	引排	8	2	2	2	2 (6)	螺杆
66	大邀铺节制闸	1980	子牙镇	站南	节制	8	2	2	2	2	螺杆

续表

编号	水闸名称	建成年份	所在地点	所在河流	主要功能	设计流量/立方米每秒	水闸孔数	闸孔净宽/米	闸孔高/米	启闭机台数	启闭形式
67	大邀铺引水闸	1982	子牙镇	子牙河	引水	9.6	1	2 (2.5)	2	1	螺杆
68	大邀铺排水闸	1980	子牙镇	子牙河	排涝	9.6	2	2	2	2 (4)	螺杆
69	大邀铺前池节制闸	1980	子牙镇	子牙河	节制	8					螺杆
70	大邱庄低水闸	1980	大邱庄镇	压力池	灌溉	15	2	3		2	螺杆
71	大邱庄检修闸	1980	大邱庄镇	压力池	节制	32	4	4	2.5	4	螺杆
72	钓台出口闸	1987	陈官屯镇	南运河	排水	14.4	1	3	3	1	螺杆
73	钓台侧面竖井闸	1987	陈官屯镇	南运河	引排	14.4	1				螺杆
74	钓台西侧低水闸	1987	陈官屯镇	南运河	排涝	14.4	6				螺杆
75	钓台东侧低水闸	1987	陈官屯镇	南运河	排涝	14.4	6				螺杆
76	钓台运河排水闸	1987	陈官屯镇	南运河	排涝	14.4	2				螺杆

表 7-2-34 **2010 年干支渠闸涵基本情况**

编号	水闸名称	建成年份	所在地点	所在河流	主要功能	设计过闸流量/立方米每秒	水闸孔数	闸孔净宽/米	闸孔高/米	启闭机数	启闭形式
1	下圈闸	1971	独流镇	争光渠	排涝	16	3	2.3	2.5	3	螺杆
2	东支闸	1971	良王庄乡	争光渠	排涝	16	3	1.7	2.5	3	螺杆
3	争双闸	1971	双塘镇	争光渠	排涝	8	2	2	2	2	螺杆
4	争光北闸	1971	陈官屯镇	争光渠	排涝	16	2	3	2	2	螺杆
5	上道闸	1970	陈官屯镇	争光渠	排涝	8	2	2	2	2	螺杆
6	东支尾闸	1978	良王庄乡	争光渠	排涝	5	1	2.4	2	1	螺杆
7	运东南闸	1980	西翟庄乡	运东排干	排涝	18	3	3	2	3	螺杆
8	运东北闸	1978	西翟庄乡	运东排干	排涝	16	2	3	2	2	螺杆
9	周庄子涵洞	1977	西翟庄乡	运东排干	排涝	12	3	2	2	3	螺杆
10	杨学士北闸	1958	双塘镇	运东排干	排涝	24	6	1.1	1.5	6	螺杆
11	互助首闸	1980	双塘镇	互助渠	排涝	8	2	2	2	2	螺杆
12	杨学士西闸	1980	双塘镇	互助渠	排涝	12	2	2	2	2	螺杆

续表

编号	水闸名称	建成年份	所在地点	所在河流	主要功能	设计过闸流量/立方米每秒	水闸孔数	闸孔净宽/米	闸孔高/米	启闭机数	启闭形式
13	杨学士东闸	1980	双塘镇	互助渠	排涝	12	3	2	2	3	螺杆
14	大王庄闸	1980	大丰堆镇	互助渠	排涝	12	3	2	2	3	螺杆
15	互助尾闸	1980	大丰堆镇	互助渠	排涝	10	2	2.5	2	2	螺杆
16	西支铁顶管	1971	唐官屯镇	生产河	排涝	5	3	1.45		3	螺杆
17	蛮子营闸	1973	唐官屯镇	生产河	排涝	8	2	2	2	2	螺杆
18	砖垛闸	1976	杨成庄乡	生产河	排涝	8	2	2	2	2	螺杆
19	迎丰南闸	1976	大邱庄镇	迎丰渠	排涝	16	3	3	2.5	3	螺杆
20	迎丰北闸	1976	大邱庄镇	迎丰渠	排涝	16	2	3	2.5	2	螺杆
21	迎青南闸	1976	大丰堆镇	迎丰渠	排涝	20	2	3	2.5	2	螺杆
22	迎青北闸	1976	大丰堆镇	迎丰渠	排涝	20	2	3	2.5	2	螺杆
23	砖垛尾闸	1976	杨成庄乡	迎丰渠	排涝	16	3	2.5	2	3	螺杆
24	六排首闸	1976	大丰堆镇	六排干	排涝	24	3	3	3	3	螺杆
25	七排干闸	1995	蔡公庄镇	七排干	排涝		2			2	螺杆
26	大邱庄闸	1976	大邱庄镇	港团河	排涝	40	3	3.5	4.4	3	螺杆
27	陈官屯闸	1976	陈官屯镇	港团河	排涝	40	3	3.5	4.5	3	螺杆
28	王官庄闸	1976	中旺镇	老幸福河	排涝	8	2	2.5	2	2	螺杆
29	幸福闸	1970	中旺镇	新幸福河	排涝	10	3	1.5	2	3	螺杆
30	蔡庄子闸	1972	中旺镇	新幸福河	排涝	8	2	1.5	2	2	螺杆
31	十槐村闸	1974	中旺镇	唐家洼排干	排涝	30	4	2.5	2	4	螺杆
32	东面闸	1972	中旺镇	唐家洼排干	排涝	5	1	2.5	2	1	螺杆
33	西面闸	1972	中旺镇	唐家洼排干	排涝	5	1	2.5	2	1	螺杆
34	迎丰收闸	1976	中旺镇	津盐公路耳河	排涝	10	2	2.5	2	2	螺杆
35	城关排干闸	1963	梁头镇	运西排干	排涝	16	4	2.5	2	4	螺杆
36	运西北闸	1960	沿庄镇	运西排干	排涝	16	2	3	2.5	2	螺杆
37	运西南闸	1965	沿庄镇	运西排干	排涝	16	2	3	2.5	2	螺杆
38	王匡东闸	1975	沿庄镇	运西排干	排涝	10	2	2.5	2	2	螺杆
39	裤裆闸	1972	台头镇	两沟一埝	排涝	16	3	2.5	2.5	3	螺杆
40	一号涵洞	1960	梁头镇	静文公路耳河	排涝	10	2	1.94	2.5	2	螺杆

续表

编号	水闸名称	建成年份	所在地点	所在河流	主要功能	设计过闸流量/立方米每秒	水闸孔数	闸孔净宽/米	闸孔高/米	启闭机数	启闭形式
41	四孔闸	1968	梁头镇	静文公路耳河	排涝	16	4	2	2	4	螺杆
42	二号涵洞	1960	王口镇	静文公路耳河	排涝	10	2	2	2.5	2	螺杆
43	港团首闸	1981	沿庄镇	港团河	排涝	24	3	3	2.5	3	螺杆
44	前进北闸	1981	陈官屯镇	前进渠	排涝	5	1	2.5	2	1	螺杆
45	前进南闸	1981	陈官屯镇	前进渠	排涝	5	1	2.5	2	1	螺杆
46	站前闸	1962	陈官屯镇	前进渠	排涝	16	3	2.5	2	3	螺杆
47	鲁辛庄闸	1960	唐官屯镇	前进渠	排涝	8	2	2	2	2	螺杆
48	二排北闸	1976	唐官屯镇	二排干	排涝	4	1	2	2	1	螺杆
49	二排南闸	1976	唐官屯镇	二排干	排涝	4	1	2	2	1	螺杆
50	文革北闸	1976	沿庄镇	文革渠	排涝	5	1	2.5	2	1	螺杆
51	文革南闸	1976	沿庄镇	文革渠	排涝	5	1	2.5	2	1	螺杆
52	王口站节制闸	1968	王口镇	王口排干	排涝	18	3	2.4	2.5	3	螺杆
53	大黄庄闸	1969	子牙镇	王口排干	排涝	16	3	1.95	2.5	3	螺杆
54	王口排干尾闸	1970	沿庄镇	王口排干	排涝	4	1	2	1.5	1	螺杆
55	小河引渠尾闸	1977	沿庄镇	小河引渠	排涝	10	2	2	2.5	2	螺杆
56	大黄洼闸	1976	沿庄镇	小河引渠	排涝	10	2	2.5	2	2	螺杆
57	王匡闸	1976	沿庄镇	小河引渠	排涝	10	2	2.5	2	2	螺杆
58	小河东闸	1976	沿庄镇	子牙河耳河	排涝	5	1	2.45	2	1	螺杆
59	常村闸	1965	子牙镇	子牙河耳河	排涝	8	2	1.8	2	2	螺杆
60	流庄排干尾闸	1976	沿庄镇	子牙河耳河	排涝	12	2	2.5	2.5	2	螺杆

三、扬水站分布及排水

（一）运东小区

该小区内 2010 年有排水扬水站 10 座。其中钓台扬水站向南运河排水；争光扬水站向子牙河排水；良王庄扬水站、迎丰扬水站、管铺头扬水站、小团泊扬水站 4 座扬水站向独流减河排水；薛庄子扬水站、四党口扬水站 2 座扬水站向马厂减河排水；团泊洼扬水站向青静黄排水；大邱庄扬水站向水库排蓄。全小区排水能力 212.62 立方米每秒。

（二）运西小区

该小区内2010年有排水扬水站8座。其中流庄扬水站、大邀铺扬水站、王口扬水站、八堡（大、小）扬水站、锅底扬水站6座扬水站向子牙河排水；纪庄子扬水站、城关扬水站两站向南运河排水。总排水能力101.7立方米每秒，不足10年一遇排涝标准。

（三）马厂减河以南小区

该小区内2010年有排水扬水站3座。其中大庄子扬水站、十槐村扬水站、后屯扬水站向青静黄排沥。排水能力24立方米每秒，不足5年一遇排涝标准。

（四）子牙河西小区

该小区内2010年有排水扬水站2座。其中郑庄扬水站、苗头扬水站向子牙河排沥。排水能力10立方米每秒，不足5年一遇排涝标准。

（五）东淀清南小区

该小区内2010年有排水扬水站1座，有五堡扬水站向大清河排沥。排水能力4立方米每秒，不足3年一遇排涝标准。

1991—2010年扬水站排水情况见表7-2-35。

表7-2-35　**1991—2010年扬水站排水情况**

年　份	排水量/立方米	年　份	排水量/立方米
1991	211959003	2001	干旱未开车
1992	142010387	2002	76440700
1993	3449658	2003	干旱未开车
1994	268181677	2004	74086274
1995	368931030	2005	67207734
1996	375155341	2006	35880504
1997	123982564	2007	34716330
1998	19629390	2008	131502468
1999	2900080	2009	87038100
2000	1512948	2010	79610952

四、扬水站维修养护

全县24座国有扬水站、变电站及60座大洼闸涵，肩负着全县排涝、抗旱、调蓄水工作。进入20世纪80年代以来，静海县连年遭受特大干旱，泵站机组提水量逐年减少，运行小时逐年变短，泵站工程效益和经济效益明显下降。24 座国有扬水站除管铺头、小团泊两座扬水站常年运行外，其余扬水站一般情况只在汛期开车运行，由于缺乏维修改造资金，多数扬水站处于带病运行状态。全县扬水站（泵站）多年平均提水量为 5000 万立方米，相当于年运行 40 小时左右。每年汛前维护和设备更新改造投入较大，汛期运行费用较高，收支矛盾突出。静海县泵站工程大多建于 20 世纪六七十年代，经过多年的运行，已达到或超过设计使用年限，水工建筑物、土建设施和机电设备老化失修现象严重，机电设备多属于能耗高、效率低的淘汰产品，多数扬水泵站基本处于不能运行或带病运行的状态，存在安全隐患。

1991 年，良王庄扬水站更换电机 6 台，启动柜、低压屏 18 面，闸门 9 面，调压器 1 台，总投资 71.94 万元。

1992 年，改造大清河左堤上的东风扬水站、光明扬水站。设计流量 1.75 立方米每秒，机电设备改造自 6 月 24 日开工至 8 月 25 日竣工，大修机泵 6 台套，更换开关柜 8 面，修建管理房 2 处。

新建 4 座过水涵洞。其中大清河左堤东风、光明渠上 2 座，设计流量 2 立方米每秒；台头镇老围埝东西两侧各建 1 座，均设计流量 1.2 立方米每秒；工程于 1992 年 6 月 8 日开工，8 月 15 日竣工。完成土方 0.8 万立方米，砌石 400 立方米，安装直径 1500 毫米钢筋混凝土管 72 米，直径 1200 毫米钢筋混凝土管 52 米。

1998 年，四党口扬水站变电站更新母线架构 1 组，跌落式熔断器及架构 3 台套，隔离开关及架构 1 台，投资 27 万元。团泊洼扬水站更新 S7－2000 变压器 1 台，高压柜 3 面，投资 25 万元。锅底站更新 GG－1A 高压柜 12 面，投资 26 万元。投资 20 万元，对国有扬水站部分机组和土建工程进行维修加固，其中大修机电、水泵 11 台套，中小修 4 台套，维修配电设备 50 余项，更换扬水站机房屋顶 1812 平方米，维修地面 132 平方米，更换拦污栅 50 余片；接受电力部门专用变电站 3 座，并投资 50 万元对其中 2 座进行迁建改造。

1999 年，大邱庄扬水站变电站更新高低压柜、电缆机井、低压闸，投资 206 万元。管铺头扬水站更新高低压柜、进口闸、电缆、启动柜，投资 187 万元，于 2002 年完成。汛前投资 20 万元，大修水泵 1 台，中小修水泵 12 台，更换真空泵 2 台，维修电器部件 14 处，维修启闭机 4 台，更换拦污栅 42 片；维修工作桥 2 座，更换桥面板 60 块；修整压力池地面 200 平方米；维修变电站围墙 160 米，门窗刷漆 500 平方米；维修大洼闸涵 1 座。

2000 年，完成管铺头扬水站改造工程，投资 69.65 万元，更新 35 千瓦变压器 1 座；更新主副厂房门窗 240 平方米；更新进水闸 1 座；更换铸铁闸门 4 面，启闭机 4 台。投资 50 万元完成汛前维修项目，其中机电大修 6 台，中小修 45 台；水泵大修 7 台，中小修96台；更新真空泵2台；变压器小修6台；更换拦污栅44片；维修闸涵3座；更换铸铁闸门6面；更新启闭机6台；维修主副厂房3处，892.1平方米；更换工作桥面板2座；2座站前池清淤，动用土方1800立方米。

2002年，平时做好机电设备及泵站土建工程的各项检查和小型维修工作，随时掌握水情，科学安排开车时间。配合引黄济津工程对钓台扬水站引水闸及压力箱涵更换止水，大团泊扬水站马圈引河闸更新铸铁闸门3面及启闭机安装和新建混凝土机架桥工程，争光扬水站机电维修。投资58万元对24座扬水站进行汛前维修，其中维修变压器、电机、水泵及配电设备146项，各站零星维修183处。

2004年，良王庄扬水站改城排，大修小泵2台，更换开关柜5面，直流屏5面，直流盘1面，低压盘1面，投资78万元。投资20万元对24座扬水站进行汛前维修。管铺头、迎丰、十槐村、小团泊、钩台、八堡、争光7座扬水站完成排水4000多万立方米。

2005年9月15日，大清河光明扬水站穿堤涵闸重建工程开工建设，该涵闸建成后，东淀洼内农田，可以通过堤下层涵闸引大清河的水经过光明扬水站解决灌溉问题；洪涝时可以通过堤上层涵闸经光明扬水站向大清河内排水，缓解洪涝灾害。同时对大清河安全行洪提供有利的工程保障。2006年5月16日竣工。共完成土方5684立方米，回填土方5216立方米，砌石802立方米，浆砌石714立方米，钢筋混凝土267立方米。工程总投资97万元，其中市水利建设基金47万元，中央特大防汛补助费50万元。

先后进行了12个站设备更新安装工作，包括对八堡扬水站更新水泵门7套，安装起动器7套。小团泊站更新换代JDJ－35电压互感器2台，CJ12－600接触线圈1个。纪庄子站更新隔离开关1组，避雷器1组。迎丰站更换跌落式熔断器1组，大修水泵2台。四党口站更新排污泵1台，更新变压器1台。后屯站更换低压开关及信号，时间断电器1组。十槐村站更新ZW8－12柱上真空开关1台，避雷器1组。大庄子站更换各类管件1套。争光站安装组合互感器1台及其他装置。城关站更新安装WSQ3启动器4台。流庄站更换妆装避雷器1组。郑庄站更新安装避雷器1组。对八堡、纪庄子、小团泊等3个站进行了重点维修，完成投资24.5万元。在各站维修、更换安装设备的同时又安排实验人员对所属19座扬水点、变电站进行了预防性安全实验，并对实验后出现的问题予以登记造册，及时上报，责成技术人员加以维修更换。基本上为汛期各扬水站能够正常运行提供了保障。进入汛期，先后共有12座扬水站开车进行排水、调蓄水。

2006年，将24座扬水站按照河系与地域划分为6个管理所，实行人员经费、电费、办公费包干管理。9月12日，独流减河右堤管铺头扬水站排水闸重建工程开工建设。

由静海县水利工程队承建，总投资180万元（市补资金139万元）。2007年6月20日竣工。开挖土方6655立方米，回填土方7430立方米，浆砌石710立方米，混凝土1231立方米。该工程建成后，为独流减河右堤管铺头段的行洪安全及静海县运东大三角津盐公路以东农田的排涝提供了保障。

3月12日，子牙河八堡节制闸修复工程开工建设。由水利局河道所承建，节制闸为开敞式钢筋混凝土结构，安装4扇7～10米升卧式平板钢闸门，配4台2-25T卷扬式启闭机。总投资67.13万元。6月30日竣工。该闸修复后可以使汛期闸门正常开启、闭合，为全县安全度汛提供有利的工程保障，汛期后还可拦蓄子牙河汛后尾水和八堡扬水站提蓄大清河、南运河、黑龙港河的汛后尾水，为静海县西部的台头镇、独流镇、王口镇等地区农田灌溉提供水资源保证。

2009年，县政府决定用5～10年时间进行扬水站更新改造工程，从2009—2011年三年内计划实施10座。其中运东地区良王庄、大邱庄、团泊洼、四党口、薛庄子、西钓台、争光7座泵站的更新改造，列入了水利部编制的《全国大型灌溉排水泵站更新改造规划》，7座泵站更新改造总投资14258万元。同年启动了大邱庄扬水站、良王庄扬水站、八堡扬水站更新改造工程。

大邱庄扬水站更新改造工程，主要包括对主厂房、电气副厂房、室外变电站和警卫室拆除重建；泵房下部结构维修加固；泵站进出水池、港团河节制闸、青年渠东西节制闸维修；电气设备更新改造，设计参数不变。于2010年完工，共投资2476.95万元。

良王庄扬水站更新改造工程启动，主要包括对包括泵房主体工程，进、出水建筑物及直接为泵站服务的辅助水工建筑物进行更新改造；对泵站工程附属设施和金属结构进行更新改造；对泵站机电设备进行更新改造；对泵站管理设施进行更新，设计参数不变。于2010年完工，共投资2159.5万元。

八堡扬水站更新改造工程启动，主要包括对主、副厂房进行维修加固；更换闸门，各节制闸的排架柱和工作桥进行拆除重建；对出水池护坡进行整修，对池底进行清淤；修整出水池东侧引水渠、饮水涵洞进出口和渡槽进、出的浆砌石；修补出水池东侧引水渠渡槽的底部混凝土；对混凝土结构表面进行防碳化处理；对电气设备进行更新改造，设计参数不变。于2010年完工，共投资1782万元。

2010年，钓台扬水站更新改造工程启动，本次改造工程对包括泵房主体工程，进、出水建筑物及直接为泵站服务的辅助水工建筑物进行更新改造；对泵站工程附属设施和金属结构进行更新改造；对泵站机电设备进行更新改造；对泵站管理设施进行更新，设计参数不变。于2011年完工，共投资1863.65万元。

第三节　水　库　管　理

团泊水库原为一座中型水库，建成于1978年。位于静海镇东15千米，独流减河右堤外，原团泊洼鱼苇区。占地60平方千米，设计水位4.5米，相应库容0.98亿立方米；设计死水位3.2米，相应死库容0.34亿立方米；兴利库容0.64亿立方米。大坝四围堤长33.56千米。1993年，水库进行增容，增容工程完成后，水库为大（2）型水库，大坝四围堤长33.22千米，堤顶高程由7米增至8.5米，最大坝高由3.8米增至5.3米；设计水位增至6米，兴利库容增至1.8亿立方米。

一、机构设置

1978年团泊洼水库建成后，随即成立静海县团泊洼水库管理所，1985年5月更名为静海县团泊洼水库管理处，1987年6月，市农委下发《关于转发市编委核定下达县处级县属局级县属副局级事业单位名单的通知》（津农委〔1987〕119号），将“静海县团泊洼水库管理处”核定为“静海县团泊水库管理处”。静海县团泊洼水库管理处升格为县属副局级事业单位，隶属于静海县政府直接领导，业务仍属静海县水利局指导。

1997年6月26日，根据静海县编委《关于建立静海县团泊水库渔业发展有限公司的通知》（静编字〔1997〕5号），同意建立静海县团泊洼水库渔业发展有限公司，与静海县团泊水库管理处为一套人马两块牌子，公司经理王广振。

2001年底静海县团泊洼水库管理处在事业单位法人年检时正式更名为“静海县团泊水库管理处”。

2002年5月22日，根据静海县编委《关于明确静海县团泊水库管理处机构规格及撤销静海县团泊水库渔业发展有限公司的通知》（静编字〔2002〕5号），决定静海县团泊水库管理处为县属副局级自收自支事业单位，归属县水利局管理。同时撤销静海县团泊水库渔业发展有限公司。

2002年9月23日，根据静海县编委《关于团泊水库管理处增加内设机构请示的批复》（静编字〔2002〕9号），同意团泊水库管理处增设“保卫科”，其主要职责是：依法对水库大坝安全实施监督，防止对大坝及闸涵的人为破坏活动；维护库区内的渔业生产秩序，配合有关部门打击入库偷盗行为；负责保护库区水资源、水环境及动植物资源；负责水库管理处机关内部的安全保卫工作。“保卫科”为团泊水库管理处内设科室，规格为县局属科级，所需人员从水库管理处内部调剂解决。团泊水库管理处设办公室、工程管理科、保卫科、多种经营科、财务室。

2007 年 12 月 27 日，县长办公会研究了《静海县水管体制改革实施方案》，并以县政府“会议纪要（静海政纪〔2008〕1 号）”决定，团泊水库管理处仍为县水务局所属副处级事业单位，经费渠道由自收自支改为差额拨款。

截至 2010 年年底，团泊水库管理处实有职工 96 人，其中干部 52 人，工人 44 人；工程师 4 名，副高级工程师 2 名。

二、管理职责

团泊水库管理处把库区管理和水产养殖、渔业生产作为工作重点，随着水库除险加固工程施工，水库开发利用的开展及团泊新城的建设，水库管理处的工作重点和管理职能发生了很大变化，管理和服务将成为职能的核心。2010 年，确定团泊水库管理处主要职能如下：

（1）负责保护库区水资源、水环境，依法制止私自引用水库水资源。

（2）负责水库堤防及建筑物的日常安全检查和安全监督，防止对大坝及建筑物的人为破坏和自然毁损。

（3）负责水库水情、雨情的监测、统计上报工作，掌握和提供水库库区的相关资料。负责水库防汛预案和具体防汛工作的安排、指导和落实，确保水库安全度汛。

（4）负责水库大坝及建筑物的除险加固工程申报，搞好维修和养护，编制岁修计划。

（5）禁止和预防在库区范围内挖坟、取土、建房、葬坟、烧荒、放牧、炸鱼、毒鱼、电力捕鱼。打击在库区内砍伐林木，捕猎野生动物活动。

（6）负责水库库区范围内的治安保卫工作，维护库区的渔业生产秩序，与公安部门的密切配合，打击入库盗窃行为。

（7）搞好水库的渔业生产开发工作，负责水产品新技术，新产品的推广和运用。

（8）负责水库旅游管理工作，使库区旅游有序开展。

（9）积极配合和参与水库综合开发建设工作，开展水利法规的教育宣传活动，为水库开发建设当好参谋。

三、运行管理

为确保水库安全运行，充分发挥工程效益，根据《中华人民共和国水法》《水库大坝安全管理条例》及《天津市河道管理条例》，先后制定了团泊水库各项岗位管理制度，主要包括《渔业生产管理暂行办法》《静海县团泊水库管理办法》《团泊水库管理处防汛工作管理制度》《团泊水库管理处安全管理制度》《水库工程维修管理制度》《水库巡视检查制度》《闸门启闭安全操作规程》和《水闸管理制度》等。

1997 年，团泊水库为全县冬小麦灌溉、稻秧育苗放水 8200 万立方米；为周边乡镇养鱼放水 350 万立方米；为静海热电厂供水 300 万立方米。

1996—1998 年 3 年时间完成水库围堤工程 13.8 千米。

1998 年，因干旱，水库无蓄水，只保证静海电厂提供 600 万立方米冷却水，加之蒸发、渗漏，年底库区竭尽干枯。

2002 年，水库日常工作是坚守水库堤防、防汛及砌石护坡等维护管理。全年完成堤防除险和胡连庄闸打坝等维修工程，完成土方 0.5 万立方米，石方 0.06 万立方米；平整违章开挖引水沟 30 条，动土 2.4 万立方米；完成管理处房屋修缮和办公设备维修等，投资 9 万元。

同年，市防办启动北水南调工程向静海县调水，调入水库 1900 万立方米，另外，利用境内雨洪水抢蓄水 1000 万立方米，全年水库蓄水 2900 万立方米。使干枯了近 6 年的库区呈现一片生机，借机投放蟹苗 2.1 万斤（170 万尾），鱼产量 26000 公斤，当年水产收入 7 万元，其他收入 3 万元。

2003 年，完成大邱庄、小团泊、管铺头扬水站三处闸桥维修管理；完成大坝 2.5 千米浪窝、马槽填补和维修；水库蓄水 11240 万立方米，水产养殖生产全年捕捞鱼虾 10.1 万公斤，其中鲫鱼 8.5 万公斤、对虾 1.5 万公斤、河蟹 0.1 万公斤，创收 54.5 万元；征收黄土资源费 42 万元、芦苇承包费 20 万元、青草收入 0.5 万元；多种经营年收入 117 万元。

2004 年，引蓄北大港水库水 5100 万立方米，水库蓄水达 1.53 亿立方米，为本地区的农业发展和水环境的改善提供保障。当年投放蟹苗 1.65 万公斤（400 万尾）、草鱼鱼种 1.95 万公斤（34 万尾）、草鱼夏花苗 600 万尾；全年鱼蟹捕捞量 730 吨，其中河蟹 60 吨、草鱼 170 吨、野杂鱼 500 吨；全年水产收入 460 万元。购置 4 艘旅游船（艇），全年旅游收入 20 万元；其他收入 30 万元。水库多种经营年收入达 510 万元。

2005 年，团泊水库首次进行安全鉴定工作。9 月，静海县水务局组织并完成水库现场检查，编写了《现场安全检查报告》和《运行管理报告》。11 月，委托中水北方勘测设计研究有限责任公司完成了水库安全鉴定地质勘察、工程质量复核、工程设计复核等，并编制完成《工程地质评价报告》《工程设计复核报告》《综合评价报告》等文件。根据综合评价得出：围堤堤顶高程不满足规范要求；围堤下沉、不均沉降，堤身裂缝较多；部分堤基存在地震液化问题；部分堤段渗流稳定不满足要求，存在渗透破坏隐患；

经计算虽堤坡抗滑稳定满足规范要求，但堤身裂缝、塌坑等问题是堤身稳定的重大隐患；四座水闸结构老化破损、闸坝间结合不好等。根据《水库大坝安全鉴定办法》及《水库大坝安全评价导则》综合分析该水库应定为3类坝。市水务局组织召开团泊水库安全鉴定会，经专家鉴定、复核，团泊水库大坝定为3类坝。2007年11月，水利部大坝安全管理中心经现场复查，核定团泊水库为3类坝，同意进行除险加固处理。

2005年，在汛前对水库沿堤10个管理点的责任段实施严格堤防管理，修复雨后围堤的浪窝、马槽等，保持大堤堤顶护坡基本平整。汛期，以蓄代排向水库补水2000万立方米，使水库蓄水总量达1.4亿立方米。

全年投资92万元，投放蟹苗400万尾、草鱼种6万尾、夏花鱼苗300万尾、鲤鱼种6万尾、梭鱼种150万尾、嘎鱼种5万尾。全年水产生产捕捞河蟹2.5万公斤、草鱼2万公斤、野生杂鱼70万公斤，水产养殖生产创收307万元；旅游船（艇）开发服务创收16万元；其他收入7万元；全年多种经营年收入达330万元。

2007—2010年期间，实施团泊大坝除险加固及浚深筑岛工程，库区腾库并未蓄水，停止水产和苇蒲生产经营活动。

2009年，实施团泊水库除险加固工程前期工作并获批准，核定投资5108万元。工程分为两期实施：一期为穿堤闸涵加固改造工程；二期为水库围堤加固、护坡维修等工程。2010年3月16日，团泊水库除险加固一期工程开工建设，于10月31日完工。2010年5月25日，团泊水库除险加固二期工程开工建设，于11月10日完工。2010年11月29日，天津市水务局组织通过团泊水库除险加固工程竣工验收。

团泊水库实施除险加固工程同时，根据静海县政府的要求，结合《静海县城乡总体规划（2008—2020）》，并与周边发展相互协调，库区内填筑6号、7号、8号、9号岛屿工程，并获县发展改革委批准。2010年6月5日开工，2011年4月22日完工。2011年5月10日通过验收。

第八章

水法制建设

静海县属资源型缺水地区，特殊的县情、水情，决定了水利在静海全局工作中的战略地位，水行政执法涉及的面比较广，内容多、任务重、责任大。为充分发挥水利的基础保障作用，县水利（水务）局始终把水行政执法工作作为水利重点工作，围绕水资源管理、水环境治理和水利基础设施保护，依法加大了水行政执法力度，取得了明显成效。

第一节 执 法 机 构

一、水政机构

为贯彻《中华人民共和国水法》《中华人民共和国水土保持法》《中华人民共和国防洪法》等法律法规，加强水行政执法队伍建设和管理，强化水行政执法，依照《水政监察工作章程》（中华人民共和国水利部令第 20 号）的规定，静海县编办于 1998 年 12 月印发《关于建立静海县水政监察大队请示的批复》（静编办〔1998〕16 号），成立静海县水政监察大队，并配备水政监察人员，建立水政监察制度，依法实施水政监察。

二、水政队伍

静海县水利局本着“精简、统一、高效”的原则，筛选调整了执法人员，把责任心强、公道正派、熟悉水利业务和法律法规知识的人员充实到执法队伍中来，把不符合执法工作要求的人员调离执法岗位。截至 2010 年年底，执法人员从原来的 103 名精简到 46 名，其中本科学历 28 人，大专学历 18 人，全部是在编在职人员。全局下辖水资源管理、河道管理 2 个综合执法大队、2 个收费大厅、1 个审批窗口（审批窗口从 2008 年 6 月起迁到县行政审批中心办公）。

通过对执法人员加强政治思想教育，培养执法人员的事业心和责任心，认识到水行政执法与水利事业的关系。通过培训提高执法人员业务素质，不仅精通水法律、法规，同时还精通其他公共法和水利业务知识。要求执法人员在查处水事案件时，执法要严，切实维护水法的权威和水行政主管部门的合法权益。执法要公正，在执法的全过程做到公开、公平、公正、不偏不倚。通过工作实践检验，真正建立起了一支素质高、作风硬、能吃苦、敢碰硬的新型执法队伍。

第二节 水法规体系

一、制度建设

1992年3月25日，静海县政府颁发《静海县二级河道管理暂行办法》《静海县水政监察组织及管理暂行办法》《静海县排污废水设施使用费计收管理暂行办法》《静海县实施违反水法规行政处罚暂行规定办法》4个规范性文件。1995年12月28日，静海县政府颁发《静海县养鱼、养蟹水费征收管理暂行办法》，规范了静海县水政执法基本制度。

2005年，依据水法律、法规，对全县一、二级河道，水库，水利工程，节水工程等管理工作制定了监督巡查制度，层层建立了组织，规定巡查时间、内容，并落实岗位责任制，以确保监察、巡查制度的顺利实施。年内主要对地下水资源费的征收进行了部分抽查，主要就是在依法收费中，执行水法律、法规到位情况进行抽查。促进了地下水资源费顺利收缴。

2006年，建立健全执法岗位责任制，并层层落实。局属各执法单位分别制定执法岗位责任制，执法包片，责任到人。针对河道违章、水利工程设施破坏、违章打井、超采地下水等水事案件比较集中突发的实际情况，局党委痛下决心，在搞好水法规宣传和培训的基础上，充实了执法队伍，恢复了大洼河道所。

2007年，为进一步贯彻执行《天津市行政执法违法责任追究暂行办法》（津政令第105号），制定并印发了《静海县水务局行政执法职权和责任分解》。明确了每个执法人员的行政执法权限与行政执法责任。

为规范静海县建筑业、机动车清洗业科学合理利用水资源，保障经济社会可持续发展，按照县政府整体规划，依据有关法律、法规，制定了《静海县建筑业、机动车清洗业取用水资源管理规定》。

2008年是静海县行政审批制度改革的实施之年。按照县委、县政府《关于进一步深化行政审批制度改革的实施意见》（静党发〔2008〕10号）文件精神，水利局建立健全实施行政许可各项配套制度，做到内部分工明确、权责统一、程序规范。分别制定了《静海县水利局政务公开制度》《静海县水利局一次告知制度》《静海县水利局服务承诺制度》《静海县水利局限时办结制度》《静海县水利局首问负责制》《静海县水利局行政执法责任制评议考核制度》《静海县水利局行政执法责任制》《静海县水利局行政执法人员守则》《静海县水利局量化行政处罚自由裁量权的规定》等行政执法相关制度。

2009年，认真贯彻执行市局制定的相关规范化制度，建立健全了水利局各项配套水政监察规范化制度，并积极组织贯彻落实。3月就市局制定出台的《天津市水行政处罚自由裁量权使用办法》和《天津市水行政处罚裁量执行标准》以及新修订的《天津市水政监察证件管理办法》组织相关人员进行学习。

2010年，为加强农村公共供水管理，保障农村供水用水安全，改善农村居民的生活和生产条件，推进社会主义新农村建设，依据《中华人民共和国水法》和《天津市城市供水条例》等有关法律法规的规定，结合静海县农村集中供水实际，制定并出台了《静海县农村集中供水工程运行管理办法》。

二、法规宣传

1991—2010年，静海县水利（水务）局结合静海县实际情况，通过一系列的宣传，提高全社会的水患意识、水环境保护意识和水法制观念，为强化执法、落实水法律制度营造良好的氛围。

1992年3月20—30日，组织机关全体公务员、水政监察大队、地资办、河道所部分水行政执法人员利用每天上午1小时的时间，观看新水法讲座光盘，以提高其依法治水的意识。由水政科命题并组织机关全体及全局水行政执法人员150人，同时开展了一次学习新《水法》《天津市节约用水条例》知识答卷活动。组织各河道管理分所、监察大队、地资办的水行政执法人员，向一、二级河道沿岸乡镇、机关、商店发放印制的水法律法规及宣传材料300余份。

1995年，组织了水政科、监察大队、河道所20余人，在县人民健身广场开展了主题宣传活动。设展牌两块、宣传布标两幅、绶带20条，发放宣传材料250余份，群众咨询人数200余人次。

2004年，根据市局《关于开展2004年世界水日、中国水周宣传活动的通知》要求，以联合国“世界水日”确定的“水与灾害”，水利部“中国水周”活动确定的“人水和谐”，市局确定的“珍惜水资源，保护水环境”的宣传主题，印制常用水行政法律、法规及规范性文件手册300份及单行本2000份，发放有关单位及水政执法人员。在《静海文汇报》摘要刊登水法律法规规范性文件有关章节、节约用水常识、节水器具使用、水资源保护等有关知识；局领导通过静海电视台，围绕主题举办电视讲座，在全县播出。同时，选集播出水利部拍摄的《人·水·法》电视片。

2005年，制定世界水日和中国水周的宣传活动计划，以开展3月22日“世界水日”3月22—28日“中国水周”活动为契机，围绕天津市确定的“节约水、保护水、惠民生、强生态”主题，开展了形式多样的宣传活动。将主要宣传内容通过《多彩田野》栏目在县电视台播出。6月5日世界环境日，为唤起群众珍惜水资源、节约用水、保护水环境、增强水忧患意识和水法制意识，营造静海县良好的水和谐环境，在县健身广场举办了以“珍惜水资源、保护水环境”为主题的宣传活动。利用展牌、发放资料和知识解答等形式，向广大群众进行保护水环境和法制宣传，还利用展牌向群众宣传节水科普知识，通过详细的知识讲解和生动有趣的画面，吸引了广大群众的注意力，深受广大群众的好评。

2006年，静海县水务局为了加强水法制宣传，在县健身广场举行了以“树立科学发展观，建设节水型社会”为主题的大型水法律法规宣传咨询活动，县水务局领导和工作人员一起向群众宣传水法律知识，发放宣传材料，现场接待群众咨询。制作展牌6块，设立宣传台1处，租用拱形气球1个，放大型氢气球2个，现场发放宣传材料3000份，向过往群众解答提出的有关水法律法规及节水科普知识800多条，制作布标10条，深入用水大户发放宣传材料1500余份及宣传品1300件。

2007年，围绕第十五届“世界水日”第二十届“中国水周”主题，印制宣传材料1万余份、新制作展牌5块、印制布标14幅、制作宣传纸兜1000个、宣传纸杯4万个。

2010年，组织健身广场大型宣传、水法律法规进校园和水法律法规进村街、进企业等大型水法宣传活动。共计发放宣传材料6500余份、宣传小册子300册、发放宣传挂图350幅、制作布标22幅、宣传品40000个。组织开展了全县物业小区“节水好家庭”评选及表彰活动，深入县实验小学开展了一系列节水宣传进校园活动，并组织200余名小学生参观了天津市节水科技展览馆。全年累计向县委、县政府、市局及新闻媒体报送水政工作宣传信息35篇，被刊发采用18篇。获得2001—2005静海县普法依法治理先进集体称号和水利部“五五”普法先进集体称号。

第三节 水行政执法

一、水事案件查处

在日常水行政执法工作中，静海县水利局坚持说服教育与强制执行相结合，依法查处各类水事违法案件。

2005年，由主管局长带领执法人员深入到村耐心地向村干部讲水法律、法规，取得村干部的支持，在河道管理范围内禁止放宅基地。河道建房案件明显下降。2005 年查处水事案件 52 件，其中违章打井 6 件，河道违章 44 件，地下水资源 2 件。挽回经济损失 30 万元。

2006 年，开展了水土保持及水环境治理摸底调查工作。分别对松江高尔夫球场、京沪二期高速公路静海段、津汕高速公路静海段、津浦铁路静海段等工程建设项目的水土保持方案进行了审查和责令限期补作水土保持方案。同时，组织河道管理人员徒步对争光渠、迎丰渠、青年渠、港团河等大洼干渠上的排污口门，排放单位、排放量进行了详细的调查摸底，共查出排污口门 215 个，均依据《天津市实施〈中华人民共和国水法〉办法》依法处理。全年查处水事违法案件 38 件，其中违章取土恢复 8 件，清除违章打井 6 件，河道拆除违章建筑 17 件，河道违法排污 3 件，欠交水资源费 4 件，挽回经济损失 17.5 万元。

2007 年，水政监察科共查处水事违法案件 11 件，挽回经济损失 338.73 万元。其中违法取用水资源案件 1 件，水政监察科圆满办结了天津金美达针织集团有限公司的违法取水案件，对该企业依法立案调查并足额追缴水资源费 325.73 万元，行政处罚 3 万元；欠交水资源费 1 件，立案查处了天津市顺利实业有限公司拖欠水资源费案件，依法追缴地下水资源费 10 万元；河道违章建房 3 件，拆除违章建房 3 处 12 间共计 120 平方米、违章取土 1 件；处理违章打井 5 件，其中清除井架 2 起，依法责令限期补办凿井手续 3 起。自静海县境内一级河道划归大清河管理处以来，水政监察科积极协助河道管理所协调处理水事纠纷，全年协调处理 48 起。

2008 年，查处水事违法案件 26 起，其中河道违章取土案件 6 起，查处河道违章建房 5 起，查处违章凿井案件 8 起，查处违章取水案件 2 起，查处农村集中供水违章户 5 家。协助河道管理所协调处理水事纠纷 31 起。

2009 年，查处水事违法案件 94 件，对 56 家用水单位分别进行了处罚和追缴水资源费累计 150 万元，拆除河道违章建筑 310 平方米。

2010 年，对全县二级河道及干渠管理、建设项目水土保持管理等工作实施巡查。加强河道水环境治污力度，凡企业私自向河道排污的，对排污口门和暗管依法坚决予以封堵。对水事违法案件依法处理，全年共计查处水事违法案件 78 件，其中水资源案 42 件，河道违章 27 件，集中供水案 9 件，对 28 家用水户进行了处罚，追缴水费累计 7800 元，拆除河道违章建筑 142 平方米。

二、典型案例

1991 年，府君庙乡苟家营村 9 户村民，挖南运河左堤脚土添垫房地基，共挖土

1780立方米，发现后，水政监察科配合公安分局、县农委进行侦破，令其停止违法活动恢复原状。

1995年汛期，天津市市政五公司，在修建京福高速工程中，毁坏南运河大堤200米，挖土4440立方米。巡查过程中发现后，天津市水利局水政处立案调查，1995年10月31日，对天津市市政五公司下达赔偿80.19万元，罚款8万元的处罚决定。1995年12月执行60万元赔偿。

2002年，县水利局巡堤人员发现王某某在南运河河道管理范围内违章建房，鉴于南运河属于一级河道，执法主体是天津市水利局，县水利局及时将该情况上报市水利局并积极配合市局执法工作。2002年9月10日，天津市水利局对王某某下达责令限期拆除违法建筑的通知，但王某某拒不履行。2004年5月24日天津市水利局对王某某违法建筑予以强制拆除。

2008年，中铁一局团泊新桥项目经理部在施工过程中砍伐护堤林木。发现后，静海县水利局立案调查，2008年6月25日，对中铁一局团泊新桥项目经理部下达罚款1000元的处罚决定，当日执行。

2008年，县水利局接到董庄窠村民上访材料，反映有人未经水行政主管部门批准擅自在水库大坝管理范围内挖渗水沟，县水利局立即进行调查。经调查举报情况属实，责令其停止违法行为并恢复原状。

2008年，天津市富顺钢管镀锌有限公司未经许可擅自取水，县水利局于2008年12月14日对该公司违法取水予以立案查处。该公司及时补办取水许可证并安装计量设施，并补缴地下水资源费9万元。

2010年，经检查发现天津市圣格生物工程有限公司地源热泵取用地下水未达到采灌平衡，回灌水质不达标。县水利局于2010年3月5日对该公司予以立案查处。该公司主动改造水源热泵系统，并缴罚款5000元。

第四节　水行政审批

静海县水利局作为水行政主体，负责水行政审批工作事宜。日常办理行政审批工作，均由赋有水行政审批项目的职能部门，即静海县水利局行政审批科和静海县地下水资源管理办公室具体实施。

为了加强静海县行政审批管理，规范行政审批行为，促进政府职能转变，创造良好的经济社会发展环境，依据《中华人民共和国行政许可法》和《天津市行政审批管理规定》，静海县政府于2006年12月15日下发《静海县人民政府关于第一批进入县行政许可服务中心集中办理行政审批事项的决定》（静海政发〔2006〕45号）文件，按照静海县政府要求，静海县水利局作为第一批行政主体单位，将所有水行政审批事项共计20项与其他有行政审批内容的相关单位，同步入驻静海县行政许可服务中心集中办公。

2007—2009年，按照静海县行政审批服务中心要求，同时与天津市水利局驻天津市行政许可服务中心的服务窗口沟通，并参照天津市水利局对行政审批事项的清理方案，静海县水利局对原有的20项行政审批事项分别进行清理，通过两次清理，截至2010年年底，审批事项核实为16项，见表8-4-36。

表8-4-36　　**静海县行政审批事项**

序号	事项名称	承诺办结时限（工作日）	法律法规依据	审批部门
1	一、二级河道管理范围内新建、扩建、改建建设项目审批	15	《中华人民共和国河道管理条例》	市水利局
2	蓄滞洪区内新建、扩建、改建建设项目审批	8	《天津市蓄滞洪区管理条例》	市水利局
3	水利工程基建项目初步设计文件审批	8	《天津市水利工程建设管理办法》	市水利局
4	取水许可审批	7	《取水许可和水资源费征收管理条例》《天津市实施〈中华人民共和国水法〉办法》	市水利局
5	一、二级河道管理范围内采砂取土审批	7	《天津市河道管理条例》	市水利局
6	占用农业灌溉水源、灌排工程设施的审批	5	《中华人民共和国水法》《占用农业灌溉水源、灌排工程设施补偿办法》	市水利局
7	排污口的设置或扩大审批	8	《中华人民共和国水法》《天津市实施〈中华人民共和国水法〉办法》	市水利局
8	地下水开采量计划的审批	7	《天津市取水许可管理规定》	市水利局
9	建设项目水资源论证报告书审批	7	《建设项目水资源论证管理办法》	市水利局
10	水利工程开工审批	3	《水利工程建设程序管理暂行规定》	市水利局
11	用水计划指标核定	7	《天津市节约用水条例》	市水利局

续表

序号	事项名称	承诺办结时限（工作日）	法律法规依据	审批部门
12	用水计划指标变更批准	7	《天津市节约用水条例》	市水利局
13	一、二级河道护堤岸林木砍伐的审批	7	《天津市河道管理条例》《中华人民共和国防洪法》	市水利局
14	利用一、二级河道堤顶、戗台修建公路、铁路的审批	8	《天津市河道管理条例》	市水利局
15	建设项目属市直属单位和驻津单位，以及水土流失重点防治区内建设项目审批	5	《天津市实施〈中华人民共和国水土保持法〉》	市水利局
16	河流的故道、旧堤、原有工程设施填堵、占用、拆毁的审批	15	《天津市河道管理条例》	市水利局

在办理审批事项过程中，静海县水利局按照静海县行政许可服务中心的规定对行政许可事项的性质、法律法规依据、承诺办结时限、服务措施等内容向社会公开，努力为申办单位提供高效便捷的服务。首先是最大限度地压缩办结时限，由原来的 20 天逐步缩减，截至 2010 年年底，一般办结时限为 7～8 天，最多 15 天，最少 3 天；其次是进驻静海县行政许可服务中心窗口的静海县水利局工作人员以及水利局水政监察科、水资源科、河道管理所、地下水资源管理所相关服务单位，为更好地服务于民，全面地促进社会进步与经济发展，及时转变思想观念，探索建立联合审批高效办理机制，采取了以“提前导办、专人代办、全程领办、跟踪追办、现场帮办和实时督办”等项服务措施，有效服务被服务对象。

第九章

水利经济

静海县不断加强水利经济工作的预见性和计划性，对需纳入预算的主要水利工程早打算、细筹划，制定详细可行的工程建设方案，积极争取财政预算资金的支持，加强水利工程建设，着力完善水利基础设施体系；做好财务管理工作，深化财务制度改革，强化预算、资金、固定资产、审计等管理工作，保证水利资源的安全运行，实现水利资源的可持续利用，确保水利发挥经济、社会效益。

第一节 水利投入

1991—2010 年，国家对水利事业费、小型农田基本建设、水利专项建设投入资金逐年增加，由 1991 年的 588 万元增加至 2010 年的 8945 万元。1991—2010 年，国家累计投入 4.86 亿元。1991—2010 年静海县水利资金拨入明细见表 9-1-37。

表 9-1-37 **1991—2010 年静海县水利资金拨入明细** 单位：万元

年份	合计	事业费	小型农田水利建设资金	专项建设资金	备注
1991	588.24	175.15	180.23	232.86	
1992	559.8	125.68	169.83	264.29	
1993	1695.97	145.93	859.36	690.68	
1994	1451.15	190.12	476.54	784.49	
1995	2715.02	200.72	1246.63	1267.67	
1996	2103.72	175.28	428	1500.44	
1997	2687.21	140.6	566.07	1980.54	
1998	3262.82	619.97	649.7	1993.15	
1999	1363	185.45	263	914.55	
2000	1032.23	184.92	387	460.31	
2001	1647.72	223.01	724.7	700.01	
2002	1115.16	402.6	255	457.56	
2003	1372.77	353.67	275	744.1	
2004	1715.17	840.23	331	543.94	
2005	1415.55	736.45	182	497.1	
2006	2269.52	764.91	136	1368.61	

续表

年份	合计	事业费	小型农田水利建设资金	专项建设资金	备注
2007	2320.14	1078.74	948	293.4	
2008	3777.96	1461.32	933	1383.64	
2009	6530.68	2223.77	870	3436.91	
2010	8944.67	3074.76	804	5065.91	
合计	48568.5	13303.28	10685.06	24580.16	

第二节 财 务 管 理

1991—2010年，静海县水利局加强预算管理、资金管理、会计制度改革管理、收费管理、固定资产管理，按照财务审计制度加强审计管理。

一、预算管理

预算管理是实现既定的经济目标，通过编制预算、内部控制、考核业绩所进行的一系列财务管理活动，它贯穿于预算编制和执行全过程，预算管理质量的优劣直接关系到总体目标的实现。全面而科学的预算管理既可以使有限财力资源得到合理配置及有效利用，又有助于单位及责任人的业绩评价，促进各项管理制度的健全、落实及管理水平的不断提高。

为保证各项资金及时到位，各项工作都能顺利高效地开展，静海县水利局全面实行预算管理。为严格预算管理，增加政府工作的透明度，水利事业费用计划，根据年度实施计划编制部门预算。小型农田水利建设费、蓄滞洪区建设费、防汛岁修费、工程管理、物资储备等根据工程实际需要核算，列入年度预算，由县水利局向县政府上报年度计划，由县财政统一分配。水利专项费用纳入基本建设计划预算。对抗旱防汛等临时补助费计划，则根据实际情况向县政府提交计划预算报告。

二、资金管理

随着市场经济的不断发展，一部分事业单位开始有盈利职能，但对于水利单位的建设和运作，通常需要由财政部门或者上级主管部门下拨专项资金来进行。合理的管理和使用专项资金，可以对专项资金进行有效的利用，不断扩大使用范围和效果，能够真正地为百姓干实事、干好事，能够不断地促进公益事业、社会事业的健康、快速发展，能够更好地促进社会和谐发展。

静海县水利部门的行政事业经费通过县财政部门拨款，受农业银行监督，执行事业单位预算会计制度。在水利专项资金的管理上，做到责任、人员、设计、施工、资金等方面逐一落实。实行统一项目设计、统一施工管理、统一工程验收、统一资金拨付，在措施和制度上保证了水利专项资金使用管理的规范与合法，发挥了水利专项资金应有的效益，同时也有效地保证了工程建设的质量。

随着国家对水利资金的大幅度投入，传统的资金管理观念和方法遇到了极大挑战，静海县水利局在资金管理上不断创新。1999—2000 年，水利局机关实施了手工记账向电算化记账的转化，局属基层单位，包括中心站、机井队、河道管理所等单位也逐步实行了电算化核算，截至 2010 年年底，水务局 9 个会计核算单位中有 7 个单位实施了电算化记账管理。2002 年，天津市政府转发市财政局、中国人民银行天津分行拟定的《天津市市级财政国库管理制度改革试点方案》，市级财政国库管理制度改革采取先试点后推开的方法逐步进行。2008 年，按照部门预算管理改革的要求，成功完成了“政府收支分类改革”旧科目向新科目的转换。2009 年，静海县政府办公室转发了县财政局关于静海县财政国库管理制度改革实施方案的通知，静海县水利局严格按照该通知中的改革方案进行落实，完成一级预算单位国库集中支付改革。通过本次改革，现行的财政性资金拨款方式得到有效改善，初步建立了以国库单一账户体系为基础、以国库集中收付为主要形式的预算资金管理制度，有利于规范收支行为，加强收支管理监督，提高资金的使用效率，从制度上防范腐败现象的发生。

三、会计制度管理

1998 年 1 月，按照会计制度改革的要求和县财政局的统一部署，全县各行政事业单位逐步改变会计核算方式，资金记账方法从收付记账法变为借贷记账法。静海县水利局积极组织本局会计从业人员进行培训，了解新知识、新方法，实现了记账方式的变革。借贷记账法的运用，可以有效反映经济业务资金的来龙去脉，能够清晰地看出账户之间的对应关系，有利于防止和减少记账差错，分析经济业务，加强经济管理。

四、收费管理

1991—2010 年，静海县水利（水务）局共 4 项收费项目，其中行政事业性收费项目3项，分别是排污费、地下水资源费、河道采砂取土管理费，其他收费项目1项，为扬水站收取的排水费。以上行政事业性收费金额按规定已上缴财政专户和国库，排水费由水利局中心站（排灌管理站）、乡镇财政所、县财政局分别收取，资金用于水利局中心站（排灌管理站）运行支出。

（一）地下水资源费

为了做到合理地开发利用地下水资源，必须进行有效的管理。由中央政府和地方政府制定和颁布实施有关水资源（包括地下水资源）的法律，是地下水资源管理的依据。静海县水利局明确地下水资源有偿使用的原则，征收水资源费，对于超量开采和浪费水资源者处以罚款等。

按照《中华人民共和国水法》《天津市节约用水条例》和《取水许可和水资源费征收管理条例》以及天津市有关征收地下水资源费收费的规定，对本县所属取用地下水的单位和个人依法征收水资源费，对超计划用水部分征收超计划水费。静海县水利局按照相关法律法规，加强水资源费征收管理，确保水资源费用于水资源的节约、保护和管理。依法征收水资源费是利用经济杠杆的作用，提高人们对水资源的保护和节约意识，从而达到水资源可持续开发和利用的目的，推进和谐社会的建设。为提高工作效率，通过多年努力，水利局采取各种有效措施，对全县企事业单位地下水用户进行规范管理。监管手段从单一的人工监管提升为实时监控、收费管理、执法检查等相结合的综合性监督管理，有效地深化了水资源费征收工作。

静海县于1990年开始征收地下水资源费。2007年2月15日之前，城市公共供水范围内的地下水资源费执行1.9元每立方米的标准进行收取，城市公共供水范围外的地下水资源费执行1.3元每立方米的标准进行收取。1991—2010年，地下水资源费征收标准经过三次调整。2007年2月15日，地下水资源费征收标准进行了第一次调整，根据《天津市物价局、天津市财政局关于调整地下水资源费收费标准的通知》文件，静海县城市公共供水范围内的地下水资源费由现行的1.9元每立方米调整为2.2元每立方米，城市公共供水范围外的地下水资源费由现行的1.3元每立方米调整为1.6元每立方米。2009年4月1日，地下水资源费征收标准进行了第二次调整，根据《天津市物价局、天津市财政局关于调整地下水资源费收费标准的通知》文件，静海县城市公共供水范围内的地下水资源费由现行的2.2元每立方米调整为2.6元每立方米，城市公共供水范围外的地下水资源费由现行的1.6元每立方米调整为2元每立方米。2010年4月1日，地下水资源费征收标准进行了第三次调整，根据《天津市物价局、天津市财政局关于调整地下水资源费收费标准的通知》文件，静海县城市公共供水范围内的地下水资源费由现行的2.6元每立方米调整为3元每立方米，城市公共供水范围外的地下水资源费由现行的2元每立方米调整为2.4元每立方米。2007年、2009年、2010年三次新调增的水资源费专项用于南水北调工程基金。

静海县地下水资源费自开征即纳入县财政预算管理，征收的地下水资源费由县财政统筹安排，本着“取之于水，用之于水”的原则，水利部门每年制定部门预算列支地资费，用于水资源的节约、保护和管理及合理开发。1991—2010 年静海县共征收地下水资源费 5060.55 万元。地下水资源费征收标准和地下水资源费收缴情况，见表 9-2-38 和表 9-2-39。

表 9-2-38 **地下水资源费征收标准** 单位：元

执行时间	城市公共供水范围内的地下水资源费	城市公共供水范围外的地下水资源费	用途
2007 年 2 月 15 日之前	1.9	1.3	
2007 年 2 月 15 日	2.2	1.6	调增部分专项用于南水北调工程基金
2009 年 4 月 1 日	2.6	2	
2010 年 4 月 1 日	3	2.4	

表 9-2-39 **地下水资源费收缴情况** 单位：万元

序号	年 度	收 取 金 额	备 注
1	1991	1.91	
2	1992		
3	1993		
4	1994		
5	1995		
6	1996		
7	1997		
8	1998		
9	1999	19.30	
10	2000	54.62	
11	2001	88.78	
12	2002	112.60	
13	2003	116.70	
14	2004	230.83	
15	2005	267.03	
16	2006	341.00	
17	2007	775.73	

续表

序号	年 度	收 取 金 额	备 注
18	2008	570.00	
19	2009	1097.80	
20	2010	1395.61	
合 计		5071.91	

注 1991年起由地资办收取，1999年4月地资办交来一部分资金；1991年水政监察科收取排污费，收取之后上缴财政专户。

（二）河道采砂取土管理费

为加强河道的整治和管理，合理采挖河道砂土，静海县水利局对在河道管理范围内采砂、取土的，按照《中华人民共和国河道管理条例》第二十五条，《天津市河道管理条例》第三十条，水利部、财政部、国家物价局颁发的《河道采砂收费管理办法》，市水利局、财政局、物价局联合颁发的《天津市河道采砂取土收费管理实施细则》（津水源〔1993〕第1号、财综联〔1993〕第6号、津价费字〔1993〕第31号）要求，对全县相关企业或个人收取河道采砂取土管理费。

静海县水利局自1993年开始，由局属基层单位河道管理所收取河道采砂取土管理费；2007年，该收费项目转交给局机关进行收取。河道采砂取土管理费收缴情况，见表9-2-40。

表9-2-40 **河道采砂取土管理费收缴情况** 单位：万元

序号	年 度	收 缴 金 额	备 注
1	1993	27.76	
2	1994	57.81	
3	1995	10.44	
4	1996	22.36	
5	1997	76.17	
6	1998	6.92	
7	1999	36.91	
8	2000	56.27	
9	2001	28.57	
10	2002	13.39	
11	2003	47.00	

续表

序号	年　度	收缴金额	备　注
12	2004	51.74	
13	2005	17.67	
14	2006	18.10	
15	2007	8.30	
16	2008	14.05	
17	2009	9.40	
18	2010	54.63	
合　计		557.49	

（三）灌排水费

根据1964年水电部颁布的《水利工程水费征收使用和管理试行办法》以及天津市水电局《天津市水利工程水费征收暂行办法》，对引用河水灌溉的，一律征收基本水费。

由于各乡镇财政所代征灌排水费工作难度较大，为保证财政工作正常运转和灌排水费征收不受影响，根据县财政局相关文件，从1997年起，财政部门不再代征灌排水费，由水利部门直接征收。

为保证全县国有扬水站的正常运行和管理、充分发挥国有扬水站在全县工农业生产中的作用，依据市政府颁发的《天津市国营排灌站水费征收使用管理办法》（津政发〔1986〕15号），经县政府研究同意征收1997年度国有扬水站排水费，由乡镇政府统筹负责，乡镇水利站代征。对受益单位逾期不交纳排水费的，水利站可按日增收0.03%的滞纳金。国有扬水站排水费征齐后，由水利局中心站按征收额的7%提取管理费，返还给乡镇，由乡镇政府自行安排。

由于全县连续干旱，县政府考虑到农民的负担问题，从1998年起连续三年没有征收排水费。为保证国有排灌站正常维护和管理，经县政府研究，决定征收2001年度排水费。2001年度排水费征收的范围根据县1995年土地详查实际面积核定，并将独立企业纳入乡镇征收范围，征收标准农田由原每亩3.5元下调为1元，企业、机关单位由原每亩4.9元下调为4元。

排水费是保证国有排灌站管理和运行的专项资金，静海县水利局按照《静海县国有排灌站排水费征收管理办法》（静政发〔2002〕4号）做好征收工作，严格按照征收标准执行。灌排水费收缴情况，见表9-2-41。

表 9-2-41 灌排水费收缴情况 单位：万元

序号	年　度	收缴金额	备　注
1	1991	120.84	
2	1992	108.58	
3	1993	107.75	
4	1994	129.61	
5	1995	227.59	
6	1996	280.67	
7	1997	165.65	
合　计		1140.69	

五、固定资产管理

为了更好地利用固定资产，实行固定资产统一管理，加强对固定资产的维修与保养，静海县水利局建立了岗位责任制和操作规范，按照集中领导、统一管理的原则，以固定资产的类别确定分级管理，分别由局机关、各基层单位管理，管理单位负责全部设备的统一维修和管理，根据工程设施交付使用和设备报废情况及时进行固定资产登记造册，建立较为完善的固定资产明细台账，防止国有资产流失。

2002年，为加强国有资产管理，提高国有资产的运营效益，防止国有资产的流失和浪费，完善国有资产处置审批程序，根据静海县政府《静海县国有资产处置管理意见》（静政发〔2002〕44号）的文件要求，水利局逐步建立起国有资产处置工作管理体制，同时，明确了国有资产处置管理的范畴以及国有资产处置的方式、审批权限和程序。2009年，为加强国有资产监督管理力度，规范国有资产处置行为，根据静海县政府《关于进一步规范静海县国有资产处置程序的通知》（静海政发〔2009〕15号）的文件要求，水利局高度重视国有资产处置工作，严格按照《静海县国有资产处置程序》的规定执行，明确国有资产处置的范围及权限。

2010年，为了全面加强行政事业单位国有资产管理，推进行政事业单位资产管理信息化工作，实现对资产的动态监管，按照《行政单位国有资产管理暂行办法》（财政部令第35号）、《事业单位国有资产管理暂行办法》（财政部令第36号）的规定和《天津市财政局关于实施行政事业单位资产管理信息系统有关问题的通知》（津财行政〔2010〕11号）要求，根据“金财工程”建设总体规划，全县正式实施“行政事业单位资产管理信息系统”。水利局按照静海县财政局的统一部署，将截至2009年12月31日的资产管理数据及分析报告上报财政局，包括局机关和局属各基层单位，分别设置固定资产会计账和实物账，建立了资产内部管理制度及资产管理信息库，对资产状况进行动态管理。

第三节　审　计　管　理

一、审计基础工作

审计基础工作的重点是制订审计计划、制订审计方案、审计资料归档。

（一）制订审计计划

为保证局党委年初确定的经济工作重点及总体工作安排的顺利实施，局财务审计科针对其各所属单位的财务、工程建设以及其他相关项目开展情况，制订年度审计计划：年终对直属单位的财务状况进行审计；对直属单位专项资金不定期进行监督和审计；年终对直属单位领导目标责任完成情况进行评价和监督。

（二）制订审计方案

根据局领导工作意图，结合各单位的性质，确定审计方案的重点：对全额拨款的直属单位重点审计预算的执行情况；对差额拨款的事业单位重点审计预算资金的使用和经济效益完成情况；对自收自支的单位，分别对其材料采购、付款方式、销售状况、收款方式、货物仓储以及筹资与投资等情况实施审计。

（三）审计资料归档

审计终结60天内对审计工作各项资料，即审计计划、审计方案、审计报告进行整理归档，专人负责保管。因工作需要，审计资料的查阅、外借、销毁，需经档案管理人员、经办人、财务负责人三方签字。

二、审计项目

（一）工程项目审计

1990—2010年，国家为发展水利事业投入了大量的资金，建设的项目即农村供水管网入户工程建设、供水水厂工程建设、污水处理厂工程建设、小型农田水利工程建设。资金的来源包括：中央投资、天津市投资、县财政投资和静海县地方自筹资金。

由于资金来源的重要性、实用性、多样性，为此审计工作是重中之重。完善各工程项目资金的规范管理和使用，做好迎接上一级审计部门的审计，是静海县水务（利）局财务审计科主要工作职责之一，为完备迎审工作，着重在以下两个方面做了大量的工作：针对水务（利）局自身承建的工程项目，认真进行自查自纠；针对基层单位承建的工程项目，如小型农田水利专项工程项目，由于此类工程涉及各乡镇村，工程财务账目设在各乡镇水利站不为局所掌握，即使在立账目时有统一的规定，但由于重视程度不一样，故在规范账目和管理方面，仍然有方法不一、形式各异的现象存在。为此，在迎接上一级审计部门审计之前，有必要对其先进行内部监督审计以便做到心中有数。2002—2010 年，静海县水务（利）局财务审计科，先后完成小型农田水利专项工程项目预审 77 项，总投资 4469 万元，其中国补资金 1907 万元，自筹资金 2562 万元。

通过自查自纠和内部监督审计，不仅为确保各不同渠道资金足额到位并做到专款专用，且为财务科目进一步规范化、账务设置进一步标准化，保证上一级审计顺利进行起到了一定的促进作用。

（二）干部离任审计

实施干部离任审计，是指局系统内科级干部离任职务的审计，是审计工作职责中一项重要内容。参照 1985 年 8 月 29 日中华人民共和国国务院发布的《关于审计工作的暂行规定》；1999 年 5 月中共中央办公厅、国务院办公厅联合下发的《关于对县级以下党政主要领导和国有企业领导人员实行经济责任审计》的两个规定。

1990—2010 年，先后对直属单位和离任的科级干部：通过对离任干部和所在单位的经济状况，个人经济责任，廉政表现的审计，具体印证一个单位的状况和一个干部是否正确使用的权利以及所应尽的义务和责任，不仅为上一级领导机关正确的综合考核评价一个单位及任用干部提供翔实可靠的依据，且为发展水利事业搭建了良好的平台。

（三）财务状况审计

审计计划：每年年初由局财务审计科制订年度审计计划。

审计实施：检查账簿、凭证、会计报表。同时提出问题，分析问题原因，提出解决方案并与被审单位负责人沟通审计情况。

审计报告：根据审计结果出具审计报告。

后续审计：局财务审计科对被审计单位存在的问题，提出整改方案的落实情况，再次进行监督和督促。

第十章

机构及队伍建设

静海县水务（水利）局是静海县政府水行政主管部门，业务归属天津市水务（利）局，负责全县水利工作，负责贯彻执行有关水行政工作的法律、法规、规章和方针政策，研究拟定全县水行政工作的发展战略，中、长期规划和年度计划，负责全县水利建设与管理工作，组织指导水政监察和水行政执法，拟订水利行业的经济调节措施，承担县防汛抗旱指挥部的日常工作，指导和管理农村水利工作，组织协调农田水利基本建设，指导和管理节水灌溉和农村饮水及乡镇供水工作；统一管理水资源，负责全县水利行业的队伍建设和科技教育工作，承办县委、县政府交办的其他事宜。随着静海经济的不断发展，水利机构及职能也不断调整完善。

第一节 机 构 设 置

一、机构沿革

（一）局机关机构设置

1990 年年底，静海县水利局共设 14 个职能科室：办公室、人事科、工会、水政监察科、工程技术科、农水科、防汛抗旱科、财务科、审计科、地下水资源管理办公室、物资科、老干部科、政工科和职工教育科。

1991—1996 年，静海县水利局共设 13 个职能科室：办公室、人事科、工会、水政监察科、工程技术科、农水科、防汛抗旱科、财务科、审计科、地下水资源管理办公室、物资科、老干部科、政工科。职工教育科职责并入人事科。

1997 年，静海县水利局按照职责共设 9 个职能科室：办公室、人事科、党委办公室、水政监察科、规划设计科、农田水利科、防汛科、财务审计科、水利经济管理科，见表 10－1－42。至 2001 年局机关机构设置没有变化，仍为 9 个职能科室。

2002 年，静海县水利局按照职责调整机构职能科室，调整后共设 7 个职能科室，即办公室、人事劳资科、财务审计科、农田水利科、防汛科（防汛办公室）、水政监察科、规划设计科，见表 10－1－43。至 2009 年局机关机构设置没有变化，仍为 7 个职能科室。

表 10-1-42 **1997年局机关机构设置人员编制及工作职能**

科室名称	定编人数	工 作 职 能
局领导	6	
办公室	11（其中6个事业工勤编）	负责协助局领导组织管理局机关工作，对各科室和直属单位进行综合协调；负责机关行政事务、后勤管理、文秘、信息、提案、议案、会务、督促查办、外事以及房建维修、卫生、绿化和机动车管理等工作，负责局系统内部保卫工作。安全事故处理、消防管理、社会治安综合治理工作
人事科	3	负责局机关和直属单位的人事工资、专业技术职务考评、安全生产、劳动社会保险工作；负责水利行业专业技术职称评定和职工培训工作
党委办公室	6	负责监督检查局党委决议的贯彻实施；负责局系统的组织、统战、纪检、监察、宣传、保密工作；负责科级领导班子配备考核、任免的有关工作；负责干部的定期考核、培训工作；负责局系统精神文明建设工作；负责党委文秘、信息、信访工作；负责双拥及民兵预备役管理工作，负责离退休干部、工人的管理工作；负责工会、共青团、妇联、计划生育工作
水政监察科	4	负责水利行业政策法规的研究和地方规划性文件的起草工作；负责水行政执法及监督检查和水行政应诉工作；负责调解水事纠纷，查处水事案件，依法收费工作；负责水政监察队伍的管理工作；负责《水法》等法律、法规的宣传、教育普及和局系统普法工作
规划设计科	4	负责编制全县水利规划；负责水利建设工程设计标准化和定额的管理；负责水利基建项目的可行性研究、勘测、设计、施工项目管理和质量监督；负责水利科技档案管理和全县水利统计工作
农田水利科	6	负责编报农田水利规划、计划并组织实施；负责管好用好市、县下达的各项水利专用资金（农田水利费、机井建设补助费、抗旱设备费）。指导乡村建立水利设施管理责任制的落实和完善；负责农田水利科研试验及水利新技术推广与应用；负责对乡镇水利管理站进行业务指导；负责全县农田基本建设的协调和指导工作
防汛科	4	负责制定本县防御洪水方案；组织防汛工作检查；掌握汛情和水利工程的运行状况；负责防汛物资的准备，管理和防汛资金的使用；做好防汛除涝工作，及时上情下达；组织蓄滞洪区安全建设；负责水情雨情的收集、编发收译工作；负责全局有线、无线通信的维修及更新改造；负责河道堤防、闸涵、泵站、主要干渠、水库等水利工程的维修、更新、加固项目的宏观管理工作

续表

科室名称	定编人数	工 作 职 能
财务审计科	4	负责局机关及直属单位财务、会计管理；编制各项水利资金预算、决算；对水利国有资产和专项资金实施监督管理；负责局机关、直属单位各类经济活动的内部审计工作；负责局直属单位负责人任期经济责任的审计工作
水利经济管理科	2	负责拟定全局水利经济发展整体规划、对水利经济和综合经营实行行业管理；协调指导直属单位和企业开展综合经营；负责重点项目的调研论证、立项审批工作，制定综合经营管理办法，做好服务工作

表 10-1-43　**2002 年局机关机构设置人员编制及工作职能**

科室名称	定编人数	工 作 职 能
局领导	6	
办公室	11（其中 7 个事业工勤编）	协助局领导对各科室工作进行综合协调、组织管理机关日常工作；负责机关内部规章制度建设。承办机关文秘、政务信息、档案、信访、保密、提案、议案、督促查办以及房建维修、卫生、绿化和机动车管理等工作。负责局系统内部保卫工作、安全事故处理、消防管理、社会治安综合治理工作。负责双拥及民兵预备役管理工作
人事劳资科	4	负责监督检查局党委决议的贯彻实施。承办局系统的组织、宣传、纪检、监察、统战、精神文明建设工作。负责科级领导班子配备考察、任免以及机关工作人员岗位目标责任制的考核和全局干部职工教育培训工作。负责专业技术人员职称评定、考核、继续教育、离退休干部、工人的管理工作。承办局机关并指导直属单位的人事管理、劳动工资和社会保险、安全生产工作。负责党委文秘、信息、工会、共青团、妇联、计划生育工作
财务审计科	4	负责局机关及直属单位财务、会计管理。编制各项水利资金预算、决算。对水利国有资产和专项资金实施监督管理。负责局直属单位各类经济活动的内部审计工作以及局属单位负责人任期经济责任的审计工作

续表

科室名称	定编人数	工 作 职 能
农田水利科	4	负责编报农田水利规划、计划并组织实施。负责管好用好市、县下达的各项水利资金。推动乡镇村农田水利工程管理制度的改革，对乡镇水利站进行业务指导。负责农田水利科研实验及水利新技术推广与应用。负责协调和指导全县农田基本建设工作
防汛科（防汛办公室）	4	负责制定本县防御洪水方案；组织防汛工作检查，做好防汛除涝工作，及时上情下达。负责水情雨情的收集、编发收译工作，掌握汛情和水利工程的运行状况。负责防汛物资的准备、管理和防汛资金的使用；组织蓄滞洪区安全建设。负责全局有线、无线通信的维修及更新改造工作
水政监察科	4	负责组织有关水法律、法规、规章的宣传贯彻，组织起草地方性水规章制度规范性文件工作。 负责水行政调解、裁决、复议和诉讼工作，组织协调有关部门查处水事违法案件和处罚违法行为。负责对水政监察队伍指导、监督与管理，定期对执法人员进行政治业务的培训、考核。负责节水用水工作，制定水价格标准和相应的用水管理办法，审定用水单位节水用水方案
规划设计科	4	负责编制全县水利工程中长期发展规划和编制相应工程建设专项规划。负责编制给水工程中长期建设计划和年度投资计划，办理基建项目的立项。承办大中型水利基建项目建议书、可行性研究以及工程的投资效益评估。负责水利基建项目册勘测、设计、施工项目管理和质量监督

2010 年，静海县水务局按照职责调整机构职能科室，调整后共设 8 职能科室，即办公室、人事劳、财务审计科、农田水利科、防汛科（防汛抗旱办公室）、水政监察科、规划设计科、行政审批科，见表 10－1－44。

表 10－1－44 **2010 年局机关机构设置人员编制及工作职能**

科室名称	定编人数	工 作 职 能
局领导	6	
办公室	11（其中 7 个事业工勤编）	协助局领导对各科室工作进行综合协调、组织管理机关日常工作；负责机关内部规章制度建设。承办机关文秘、政务信息、档案、信访、保密、提案、议案、督促查办以及房建维修、卫生、绿化和机动车管理等工作。负责局系统内部保卫工作、安全事故处理、消防管理、社会治安综合治理、妇联、计划生育工作；负责双拥及民兵预备役管理工作

续表

科室名称	定编人数	工作职能
人事科	4	负责监督检查局党委决议的贯彻实施。承办局系统的组织、宣传、纪检、监察、统战、精神文明建设工作。负责科级领导班子配备考察、任免以及机关工作人员岗位目标责任制的考核和全局干部职工教育培训工作。负责专业技术人员职称评定、考核、继续教育、离退休干部、工人的管理工作。承办局机关并指导局属单位的机构编制管理、人事管理、劳动工资和社会保险、安全生产工作
财务审计科	4	负责局机关及局属单位财务、会计管理。编制各项水利资金预算、决算。对水利国有资产和专项资金实施监督管理。负责局属单位各类经济活动的内部审计工作以及局属单位负责人任期经济责任的审计工作
农田水利科	4	负责编报农田水利发展规划、计划并组织实施。负责管好用好市、县下达的各项水利资金。推动乡镇村农田水利工程管理制度的改革，对乡镇水利站进行业务指导。负责协调和指导全县农田基本建设工作。负责农田水利科研试验及水利新技术推广与应用
防汛科 （防汛抗旱办公室）	4	负责制定本县防御洪水方案，组织防汛工作检查，做好防汛除涝工作，及时上情下达。负责水情雨情的收集，掌握汛情和水利工程的运行状况。负责防汛物资的准备、管理和防汛资金的使用；组织蓄滞洪区安全建设。负责全局有线、无线通信的维修及更新改造工作
水政监察科	2	负责组织有关水法律、法规、规章的宣传贯彻，组织起草地方性水规章制度规范性文件工作。负责水行政调解、裁决、复议和诉讼工作，组织协调有关部门查处水事违法案件和处罚违法行为。负责对水政监察队伍指导、监督与管理，定期对执法人员进行政治业务的培训、考核。负责节水用水工作，制定水价格标准和相应的用水管理办法，审定用水单位节水用水方案
规划设计科	4	负责编制全县水利工程中长期发展规划和编制相应工程建设专项规划。负责编制给水工程中长期建设计划和年度投资计划，办理基建项目的立项。承办大中型水利基建项目建议书、可行性研究以及工程的投资效益评估。负责水利基建项目的勘测、设计、施工项目管理和质量监督
行政审批科	2	负责统一对外受理公民、法人或者其他组织提出的水行政许可申请，并依法进行审查及业务和政策咨询。负责已受理的水行政许可事项相关材料的汇总和报审。负责已受理的水行政许可事项提请会商、会审，受理业务的联系、协调、督办，确保工作时效承诺制。负责受理业务的统一收费及证件、批复按时送达和水行政许可材料整理、立卷、归档

（二）局属企事业单位机构设置

1990年年底，局属企事业单位设置为7个：静海县团泊洼水库管理处、静海县水利局扬水站中心站、静海县水利局机井队、静海县水利局汽车队、静海县水利局河闸总所、静海县水利局工程队、天津市静海县津静木制品厂（企业）。

1991年3月16日，根据静海县编委《关于水利局内部机构更改名称请示的批复》（静编字〔1991〕19号），同意“静海县水利局河闸总所”更名为“静海县水利局河道管理所”，更名后性质、级别不变。

1995年3月，经工商部门审核批准，“天津市静海县津静木制品厂”更名为“天津市静海县津海木制品总厂”。

1997年6月26日，根据静海县编委《关于建立静海县团泊洼水库渔业发展有限公司的通知》（静编字〔1997〕5号），同意建立静海县团泊洼水库渔业发展有限公司，与静海县团泊洼水库管理处为一套人马两块牌子。

1998年12月29日，根据静海县编委《关于建立静海县水政监察大队请示的批复》（静编字〔1998〕16号），同意建立“静海县水政监察大队”，为局属科级、自收自支的事业单位。所需人员由本系统内部调剂。

1999年7月16日，根据静海县编委《关于建立静海县水利技术推广服务中心请示的批复》（静编字〔1999〕8号），同意建立“静海县水利技术推广服务中心”，为局属科级独立核算的自收自支事业单位，核定人员6人。

2001年12月14日，根据静海县编委《关于县水利局成立农村自来水管理站请示的批复》（静编字〔2001〕5号），同意成立“静海县水利局农村自来水管理站”。其职能是：负责由水利部门组织、国家投资或水利部门自筹资金兴建、改造的农村自来水集中供水工程的建设、管理；负责水利部门产权内的乡（镇）、村集中供水工程设施的养护、维修；负责水利部门产权内的各乡（镇）、村集中供水水厂的经营管理。实行计划用水按标准价收取水费。该站为局属科级自收自支事业单位，核定人员15名，所需人员从局属中心站调剂解决。

2001年年底，静海县团泊洼水库管理处在事业单位法人年检时更名为“静海县团泊水库管理处”。1987年市农委下发的《关于转发市编委核定下达县处级县属局级县属副局级事业单位名单的通知》（津农委〔1987〕119号）文件中已将“静海县团泊洼水库管理处”核定为“静海县团泊水库管理处”。

2002年5月22日，根据静海县编委《关于明确静海县团泊水库管理处机构规格及撤销静海县团泊水库渔业发展有限公司的通知》（静编字〔2002〕5号），决定静海县团泊水库管理处为县属副局级自收自支事业单位，归属县水利局管理。同时撤销静海县团泊水库渔业发展有限公司。

2002年9月23日，根据静海县编委《关于团泊水库管理处增加内设机构请示的批复》（静编字〔2002〕9号），同意团泊水库管理处增设“保卫科”，其主要职责是：依法对水库大坝安全实施监督，防止对大坝及闸涵的人为破坏活动；维护库区内的渔业生产秩序，配合有关部门打击入库偷盗行为；负责保护库区水资源、水环境及动植物资源；负责水库管理处机关内部的安全保卫工作。“保卫科”为团泊水库管理处内设科室，规格为县局属科级，所需人员从水库管理处内部调剂解决。

2004年9月20日，根据静海县编办《关于县水利局更改所属事业单位名称请示的批复》（静编办字〔2004〕10号），同意将“静海县水利局扬水站中心站”更名为“静海县水利局排灌管理站”。更名后，其机构规格、性质、经费渠道、工作职能不变。原静海县水利局扬水站中心站的所有债权债务，由静海县水利局排灌管理站承接。

2008年2月29日，根据静海县编办《关于县水利局汽车队更改名称请示的批复》（静编办字〔2008〕3号），同意将静海县水利局汽车队更名为“天津市静海县水利局测绘所”，其主要职责是：负责水利工程的测量、勘测咨询及测绘技术服务；负责水利工程施工材料的运输及防汛物资的调运等。更名后，机构的等级规格、性质、人员编制、经费渠道均不变。

2008年，根据天津市编办下发的《天津市静海县未核定过编制的科级事业单位机构编制核定表》（津编事字〔2007〕11号）的有关规定，“静海县水利局工程队”更名为“天津市静海县水务局工程服务中心”。

2009年，根据天津市编办下发的《天津市静海县未核定过编制的科级事业单位机构编制核定表》（津编事字〔2007〕11号）的有关规定，“静海县水利局机井队”更名为“天津市静海县机井服务站”。

2010年3月18日，根据静海县编委《关于静海县建设管理委员会及相关单位职能划转等问题的通知》（静编字〔2010〕2号），决定将原由建设管理委员会承担的负责编制县城供水、排水发展规划；县城供水、排水管理；收取排水设施使用费；县城节水管理的职责划入水务局。将建设管理委员会所属事业单位天津市静海县市政工程管理站23名事业编制暂划给静海县水务局排灌管理站。（注：县城供水并未划归水务局）同年8月19日，向静海县编委上报《关于成立静海县水务局城区排水管理所的请示》，2011年3月15日，根据静海县编委《关于县水务局成立城区排水管理所的批复》（静编字〔2011〕6号），成立天津市静海县水务局城区排水管理所，其主要职责是：负责县城排水管网的施工，养护维修和城市污水排放水质监测以及城市排水设施损害赔（补）偿费、污水处理费的收取使用。该所为差额拨款事业单位，等级规格相当县局属科级，核定事业编制23名，所需编制、人员从县建委所属事业单位天津市静海县市政工程管理站划转（2010年已暂划给静海县水务局排灌管理站）。

2010年年底，局属事业单位设置为10个：静海县团泊水库管理处、静海县水务局排灌管理站、天津市静海县机井服务站、天津市静海县水务局测绘所、静海县水务局河道管理所、天津市静海县水务局工程服务中心、静海县水政监察大队、静海县水利技术推广服务中心、静海县水务局农村自来水管理站、天津市静海县水务局城区排水管理所(2011年3月15日正式批复)。局属企业单位设置1个，即天津市静海县津海木制品总厂（企业)。2010年局所属事业单位机构编制核定，见表10-1-45。

表10-1-45 **2010年局所属事业单位机构编制核定**

序号	单位名称	等级规格	经费渠道	核定编制数	实际在岗人数	职能
1	静海县团泊水库管理处	相当县属副局级	自收自支	—	96	(1) 负责保护库区水资源，水环境，依法制止私自引用水库水资源。 (2) 负责水库堤防及建筑物的日常安全检查和安全监督，防止对大坝及建筑物的人为破坏和自然毁损。 (3) 负责水库水情、雨情的监测、统计上报工作，掌握和提供水库库区相关资料。负责水库防汛预案和具体防汛工作的安排、指导和落实、确保水库安全度汛。 (4) 负责水库大坝及建筑物的除险加固工程申报，搞好维修和养护，编制岁修计划。 (5) 禁止和预防在库区范围内挖坑、取土、建房、葬坟、烧荒、放牧、炸鱼、毒鱼、电力捕鱼。打击在库区内砍伐林木，捕猎野生动物活动。 (6) 负责水库库区范围内的治安保卫工作，维护库区的渔业生产秩序，与公安部门的密切配合，打击入库偷盗行为。 (7) 搞好水库的渔业生产开发工作，负责水产品新技术，新产品的推广和运用。 (8) 负责水库旅游管理工作，使库区旅游有序开展。 (9) 积极配合和参与水库综合开发建设工作，开展水利法规的教育宣传活动，为水库开发建设当好参谋
2	静海县水务局排灌管理站	相当县局属科级	自收自支	162	119	(1) 负责全县土地的排涝和部分过境客水的排除工作。 (2) 负责全县主要河道、干渠的引调水工作。 (3) 负责团泊水库的蓄水工作。 (4) 负责全县60座大洼闸涵的调度、管理和维护工作。 (5) 负责全县24座国有扬水站的机电设备及水工建筑的日常管理、运用、测试及维护工作。 (6) 完成局交办的其他工作任务

续表

序号	单位名称	等级规格	经费渠道	核定编制数	实际在岗人数	职能
3	天津市静海县机井服务站	相当县局属科级	自收自支	88	29	（1）为农村水利建设提供技术支持与管理保障。 （2）水利资料及水文信息的咨询。 （3）水利设施及水利工程的经营。 （4）负责全县机井建设和管理工作。 （5）负责本县内地质勘察施工。 （6）承担居民生活饮用水和工农业生产用水的钻井及修井工作
4	天津市静海县水务局测绘所	相当县局属科级	自收自支	14	1	（1）负责水利工程的测量。 （2）勘测咨询及测绘技术服务。 （3）负责水利工程施工材料的运输及防汛物资的调运等
5	静海县水务局河道管理所	相当县局属科级	自收自支	73	66	（1）负责全县市管一级河道的日常管理工作；负责一级河道堤防、闸涵的维修和养护工作。 （2）负责一级河道堤防树木的管理工作。 （3）负责全县38条二级河道和干渠的日常管理。 （4）负责编制河道堤防和水利设施的岁修养护及除险加固工程的规划设计、工程项目申报及工程施工管理工作。 （5）负责河道管理范围内建设项目的审查和现场位置的确认工作。 （6）协助大清河管理处协调地方关系，配合水政监察科及大清河管理处对水事违法行为进行查处
6	天津市静海县水务局工程服务中心	相当县局属科级	自收自支	75	34	（1）为水利工程建设提供管理保障。 （2）水利工程建设与管理水利工程规划、勘测、设计。 （3）水利工程质量管理。 （4）水利工程建设安全管理。 （5）水利工程专业人员培训。 （6）水利市场开发与中介服务
7	静海县水政监察大队	相当县局属科级	自收自支	—	30	（1）依法对水事活动进行监督检验。 （2）对违反水法规的行为做出行政裁决、行政处罚决定或采取其他行政处置措施。 （3）负责征收或组织征收法律、法规规定的水利行政性收费。 （4）负责地下水开采的管理及井灌区的机井建设管理。 （5）负责打井审批和验收工作

续表

序号	单位名称	等级规格	经费渠道	核定编制数	实际在岗人数	职能
8	静海县水利技术推广服务中心	相当县局属科级	自收自支	9	11	(1) 为农村水利建设提供技术支持与管理保障。 (2) 为农村节水抗旱工程提供规划、勘察设计、施工。 (3) 对农村水利技术进行推广与开发
9	静海县水务局农村自来水管理站	相当县局属科级	自收自支	12	6	(1) 节约用水，按时供水，优质服务，提高效益。 (2) 农村自来水供水工程的建设管理乡镇村集中供水工程设施的维修养护。 (3) 乡镇村集中供水水场的经营管理。 (4) 实行计划用水，按标准水价收取水费
10	天津市静海县水务局城区排水管理所	相当县局属科级	差额拨款	23	23	(1) 承担城市排水管理工作，并组织实施。 (2) 负责编制县城排水规划、建设发展规划和专项工程规划并实施。 (3) 负责公共排水设施县属排水系统的养护维修、运行调度，以及自建排水设施的监督管理。 (4) 负责城市排水和再生水利用行政许可和审批工作。 (5) 负责城市排水和再生水配套工程相关管理工作。 (6) 负责排水新建、改建、扩建建设项目的监督管理，负责排水建设项目前期审查工作，负责新建、改建、扩建排水设施的竣工验收和交接工作。 (7) 承担污水处理和再生水利用特许经营的前期和日常监督管理工作。 (8) 承担城市污水排放水质监测管理工作。 (9) 负责城市排水设施损害赔（补）偿费、污水处理费的收取和使用管理。 (10) 负责中心城区防汛工作的日常管理

注 1. 经费渠道以编办核定为准。
2. 静海县团泊水库管理处和静海县水政监察大队编办没有核定编制。
3.《关于静海县水管单位改革有关问题的会议纪要》（静海政纪〔2008〕1号）提出河道管理所、排灌管理站两个单位经费渠道由自收自支改为全额拨款。团泊水库管理处经费渠道由自收自支改为差额拨款，但编办一直未予重新核定。
4. 天津市静海县水务局城区排水管理所于2011年3月15日正式获得批复。

（三）乡镇水利管理站

乡镇水利管理站成立于1987年，其前身是成立于20世纪60年代的水利组，首批70余名职工均来自原来的水利组，1988年面向全县进行了一次大规模招工，补充了50

余名职工分配到乡镇水利管理站、扬水站中心站和工程队。乡镇水利管理站所有职工的人事关系都隶属于静海县水利局，1997 年静海县水利局机构改革，把乡镇水利管理站移交给乡镇管理，乡镇水利站所有职工的人事关系划归所在乡镇，水利局对其进行业务指导。

乡镇水利管理站现有职能如下所述：

(1) 负责所在乡镇水利建设中长期规划和年度计划、乡镇水利工程建设项目的申报、岁修计划的编报和农田水利基本建设年度计划的制定。

(2) 负责组织实施所在乡镇各类水利工程建设。

(3) 承担所在乡镇防汛抗旱日常工作，负责收集整理雨情、旱情、统计上报工作，抓好工程调度运行，参与抢险救灾工作。

(4) 参与水利工程管理。

(5) 参与水资源管理。

(6) 参与水政执法和水法宣传。

(7) 参与农村饮水工程、乡镇供水规划建设。

(8) 完成上级水务部门和所在乡镇党委、政府交办的其他任务。

二、机构改革

(一) 1997 年静海县水利局机构改革

1997 年 3 月 11 日，静海县委、县政府以《静海县水利局职能配置、内设机构和人员编制方案》(静党〔1997〕39 号) 批复静海县水利局机构改革方案，文件提出静海县水利局职能配置、内设机构和人员编制方案。

1. 职能转变

按照县机构改革方案的要求，水利局要进一步加强水利行业管理和水资源的统一管理，加强水利发展规划和水利政策、法规的研究与应用，强化防汛抗旱、乡镇供水等方面职能，进一步搞好水利事业的规划协调、监督、管理、服务工作，把直接为乡镇服务的乡镇水利管理站移交给乡镇管理，局要对其加强业务指导。

2. 主要职责

水利局是县政府主管水行政工作的职能部门，主要职责如下所述：

(1) 贯彻执行国家和市、县有关水利工作的方针、政策，贯彻实施《水法》和地方性水法规；研究拟定地方性水规章制度；健全水行政执法和管理体系，查处违犯《水法》及相关法律、法规的行政案件。

(2) 依据水法规、统一管理全县水资源，统一实施取水许可制度；做好全县水资源的调查、评价、管理、监督和保护工作。

(3) 掌握全县防汛抗旱情况，负责县防汛抗旱指挥部的日常工作。

(4) 组织编制全县水利发展规划和开发利用水资源。负责跨乡镇水利，防汛除涝，农村水利的综合规划，专业规划及年度计划，并组织实施。

(5) 统一管理调度本县和调入的水源，会同有关部门制定长期供水计划和水量分配方案，负责实施城乡供水分配、调度和水质水量保护；负责汇总全县用水计划，按照县政府有关规定管理节约用水工作。

(6) 主管水利科技、水利工程的勘测设计、水文和对外水利技术合作与交流；主管水利新技术推广与应用和水利科技队伍建设。

(7) 主管全县农田水利建设与管理，乡镇供水工作，对乡镇水利管理站实行业务指导。

(8) 负责全县水利工程建设的行业管理和质量监督，负责水利资金的安排使用和监督管理。

(9) 负责主管全县河道、堤防、水库、蓄滞洪区等水域管理保护及其有关的水产养殖和涉水旅游业的开发管理。

(10) 对全县水利经济和综合经营实行行业指导和管理。

(11) 承办县委、县政府交办的其他事项。

3. 内设机构

根据上述职责，水利局共设 9 个职能科室，即办公室、人事科、党委办公室、水政监察科、规划设计科、农田水利科、防汛科、财务审计科、水利经济管理科。

4. 人员编制和领导职数

水利局机关编制总数为 50 名。其中行政编制 43 名，事业编制 7 名。领导职数按以下规定配备：局级领导职数（由组织部掌握）4 人以下的设 1 职，5～8 人的设 1 正 1 副，9 人以上的设 1 正 2 副；科级领导职数（由人事局审核）3 人以下（2 人以上）的科室设 1 职，4～7 人的设 1 正 1 副，8 人以上的设 1 正 2 副。

（二）2002 年静海县水利局机构改革

2002 年 7 月 25 日，静海县委、县政府以《关于印发〈静海县水利局职能配置、内设机构和人员编制规定〉的通知》（静党〔2002〕35 号）文件，明确设置静海县水利局，加挂静海县水利局和静海县节约用水办公室的牌子。县水利局（水利局、节约用水办公室）是主管全县水行政工作的职能部门。

1. 职能调整

增加的职能：负责全县计划用水、节约用水、控制沉降的管理工作，承担县节约用水办公室的日常工作。

2. 主要职责

根据上述职能调整，县水利局（水利局、节约用水办公室）主要职责是：

(1) 贯彻执行国家和天津市有关水利工作的方针、政策；贯彻实施《中华人民共和国水法》《中华人民共和国水土保持法》《中华人民共和国防汛条例》《中华人民共和国河道管理条例》和《天津市实施〈中华人民共和国水法〉办法》等法律、法规；研究拟定地方性水规章制度；健全水行政执法和管理体系，查处违反《水法》及相关法律、法规的行政案件，实行依法监督和管理。

(2) 组织编制全县水利发展规划，开发利用水资源。负责跨乡镇水利工程、防汛除涝、农村水利的综合规划、专业规划及年度计划，并组织实施。

(3) 依据《天津市实施〈中华人民共和国水法〉办法》统一管理全县水资源。组织实施取水许可制度和水资源费征收；做好水资源的调查、评价、管理、监督和保护工作。

(4) 负责全县节约用水、地下水资源、控制沉降的管理工作，承担县节约用水办公室的日常工作；负责全县防汛抗旱工作，承担县政府防汛抗旱指挥部的日常工作。

(5) 统一管理、调度本县水源以及调入的水源，制订供水计划，进行水质监测。

(6) 负责水利科技、水利工程勘测设计、水文和对外水利技术合作与交流；负责水利新技术的推广与水利科技队伍培训。

(7) 负责全县水利工程建设与管理、乡镇供水工作，对乡镇水利站实行业务指导。

(8) 负责全县水利工程建设的行业管理、质量监督和水利资金的安排使用与监督管理。

(9) 主管全县河道、堤防、水库、国有扬水站、蓄滞洪区等水利设施的管理保护及其涉水旅游业的开发管理。

(10) 对全县水利经济和综合经营进行行业指导和管理。

(11) 承办县委、县政府交办的其他事项。

3. 内设机构

根据上述职责，水利局设 7 个职能科室：办公室、人事劳资科、财务审计科、农田水利科、防汛科（防汛办公室）、水政监察科、规划设计科。

4. 人员编制

县水利局（水利局、节约用水办公室）行政编制 34 名。其中书记、局长各 1 名，副书记、副局长 4 名（不含相当领导职务和非领导职务）；正科长 7 名，副科长 7 名。工勤事业编制 7 名。

（三）2010 年静海县水务局机构改革

2010 年 3 月 16 日，静海县实施行政机构改革，县委、县政府以《关于印发〈静海县政府机构改革实施方案〉的通知》（静党发〔2010〕13号）文件，明确组建水务局为政府工作部门，将水利局的职能、建设管理委员会涉水事务管理的职责整合划入水务局，不再保留水利局。静海县水务局接管建委市政排水人员23人。10月25日，静海县委、县政府以《关于印发〈静海县水务局主要职责内设机构和人员编制规定〉的通知》（静党〔2010〕77号）文件，明确组建静海县水务局（简称县水务局），加挂静海县节约用水办公室的牌子。将县水利局的职责、县建设管理委员会涉水事务管理的职责整合划入县水务局，不再保留县水利局。县水务局是负责全县水行政工作的县政府工作部门。

1. 职责调整

（1）将原静海县水利局的职责划入静海县水务局。

（2）将原由县建设管理委员会承担的负责编制县城供水、排水发展规划；县城供水、排水管理；收取排水设施使用费；县城节水管理的职责划入水务局。

2. 主要职责

（1）贯彻执行国家和本市有关水利工作的法律、法规和方针政策；研究并制定地方水行政措施。

（2）根据全县国民经济和社会发展总体规划，编制全县水利规划和年度计划，并负责组织实施。

（3）负责水资源管理工作，编制全县水资源可持续利用规划；负责落实全县水资源供需计划及水资源调度方案；实行取水许可证制度，负责水资源费征收工作；实施计划用水并组织、指导、监督节约用水工作。

（4）负责县防汛抗旱指挥部的日常工作。

（5）负责组织指导基层单位对县区域内一、二级河道及所属闸、涵和县管扬水站等水利工程设施的管理、维护工作。

（6）组织、实施水行政监察及水行政执法工作，查处违法行政案件；协调部门间和本县区域内的水事纠纷；负责水行政复议及应诉等工作；负责水政监察队伍的业务培训和指导。

（7）负责全县水利工程建设的管理和质量监督。

（8）拟定水利行业的经济调解措施；负责水利资金的安排使用和监督管理；指导水利行业的供水及多种经营工作；管理县水利系统国有资产。

（9）指导农村水利工作，拟定农村水利发展规划，组织指导农田水利基本建设、乡镇供水及工程建设工作。

（10）负责编制县城供水、排水发展规划；承担县城供水、排水管理，收取排水设施使用费；负责县城节水管理。

(11) 承办县委、县政府交办的其他工作。

3. 内设机构

根据上述职责,县水务局设8个内设科室:办公室、人事科、财务审计科、农田水利科、防汛科(防汛抗旱办公室)、水政监察科、规划设计科、行政审批科。

4. 人员编制

县水务局机关行政编制34名,其中书记、局长各1名,副书记、副局长4名;科级领导职数8正6副。机关工勤事业编制7名。

5. 附则

本规定由县机构编制委员会办公室负责解释并对执行情况进行监督检查,其他调整由县机构编制委员会办公室按规定程序办理。

第二节 队伍建设

一、队伍状况

(一) 局机关人员编制

1991—1996年,静海县水利局机关设13个科室,总人数108人,其中女32人,干部73人,工人35人;高级工18人,中级工10人,初级工7人。

1997年机构改革,批复县水利局行政编制43名(含局领导6名),工勤事业编制7名。办公室11名(其中7个工勤事业编),人事科3名,党委办公室6名,水政监察科4名,规划设计科4名,农田水利科6名(其中1个工勤事业编),防汛科4名,财务审计科4名,水利经济管理科2名。

1998年,局机关设13个科室,7个基层单位。全局干部职工总人数713人(女职工192人)。正处级干部4人,副处级干部9人,正科级干部19人。

全局共有大学生16人,其中机关6人(女职工1人),基层10(女职工3人)。大专生42人。其中机关16人(女职工3人),基层26人(女职工5人)。中专生211人(女职工65人)。高中生30人(女职工17人)。初中以下414人(女职工104人)。

全局有高级工程师4人,中级工程师7人(女职工1人),助理工程师40人(女职工4人),技术员25人(女职工10人)。高级工245人(女职工21人),中级工60人(女职工6人),初级工140人(女职工46人)。

2002年机构改革,批复县水利局行政编制34名,工勤事业编制7名。办公室11名

（其中7个工勤事业编），人事劳资科4名，财务审计科4名，农田水利科4名，防汛科（防汛办公室）4名，水政监察科4名，规划设计科4名。

2003年，机关设7个科室，总人数46人。正处级5人，副处级6人，正科级9人，副科级8人，科员11人，工人7人。

2005年年底，全局在职职工556人，其中局机关52人，基层单位504人；干部210人，工人346人；本科学历26人、大专71人、中专及以下459人。局机关：正处级4人，副处级12人，正科级11人，副科级10人，科员7人，工人8人。在册人员专业技术职称情况：高级工程师7人，工程师22人，助理工程师54人。2005年评任情况：评高级工程师1人，工程师1人，助理工程师4人。在册工人中高级工178人，中级工96人，初级工29人，普工43人。

2009年年底，全局在职职工456人，其中干部194人，工人262人；局机关45人（机关正处级5人，副处级9人，正科级10人，副科级10人，科员3人，工人8人），基层单位411人；本科55人、大专142人、中专及以下259人；高级工程师7名，工程师24名，助工94名。高级工137人，中级工96人，初级工3人，普工13人（有13人定职称）。2009年评任高级工程师1名，工程师4名，助工1名。

2010年机构改革，批复县水务局行政编制34名，工勤事业编制7名。办公室11名（其中7个工勤事业编），人事科4名，财务审计科4名，农田水利科4名，防汛科（防汛办公室）4名，水政科2名，规划设计科4名，行政审批科2名。

（二）局属企事业单位人员编制

1991—1996年，局属基层单位7个，总人数730人（包括水利站112人），其中女173人。高级工：1993年52人，1994年19人，1995年32人。中级工：1993年104人，1994年18人，1995年6人，1996年1人。初级工：1993年59人，1994年23人，1995年5人，1996年14人。

2003年，局所属基层单位10个，共有职工588人。即团泊水库管理处：共有职工137人，其中干部65人，工人72人；中心站：共有职工150人，其中干部38人，工人112人；河道管理所：共有职工67人，其中干部23人，工人44人；水政监察大队（地下水资源管理办公室）：共有职工25人，其中干部11人，工人14人；水利技术推广服务中心：共有职工9人，其中干部4人，工人5人；机井队：共有职工77人，其中干部9人，工人68人；汽车队：共有职工12人，其中干部2人，工人10人；水利建筑工程公司：共有职工65人，其中干部16人，工人49人；农村自来水管理站：共有职工15人，其中干部9人，工人6人；津海木制品厂：共有31人（均为工人）。

2005年，局所属基层单位10个，共有职工504人。团泊水库管理处共有职工115

人，其中干部 59 人，工人 56 人；工程师 4 人，高级工程师 1 人。排灌站共有职工 143 人，其中干部 36 人，工人 107 人；工程师 4 人。河道管理所共有职工 62 人，其中干部 24 人，工人 38 人；工程师 7 人，高级工程师 3 人。水政监察大队（地下水资源管理办公室）共有职工 27 人，其中干部 11 人，工人 16 人；工程师 4 人，高级工程师 1 人。水利技术推广服务中心共有职工 9 人，其中干部 4 人，工人 5 人。机井队共有职工 59 人，其中干部 11 人，工人 48 人。汽车队共有职工 6 人，其中干部 2 人，工人 4 人；工程师 1 人。板厂共有职工 27 人，全部为工人。水利建筑工程公司共有职工 46 人，其中干部 12 人，工人 34 人；工程师 1 人，高级工程师 2 人。农村自来水管理站共有职工 10 人，其中干部 7 人，工人 3 人；工程师 1 人。

2009 年，局所属基层单位 10 个，共有职工 411 人。团泊水库管理处共有职工 96 人，其中干部 52 人，工人 44 人；工程师 4 名，高级工程师 2 名。排灌管理站共有职工 121 人，其中干部 32 人，工人 89 人；工程师 4 名。河道管理所共有职工 68 人，其中干部 27 人，工人 41 人；工程师 7 名，高级工程师 3 名。水政监察大队（地下水资源管理办公室）共有职工 29 人，其中干部 15 人，工人 14 人；工程师 4 名，高级工程师 1 人。水利技术推广服务中心共计 11 人，其中干部 6 人，工人 5 人。机井服务站共有职工 30 人，干部 9 人，工人 21 人；测绘所共有干部 1 人；板厂共有职工 13 人，全部为工人；工程服务中心共有职工 36 人，其中干部 12 人，工人 24 人；工程师 1 名，高级工程师 1 名。农村自来水管理站共有职工 6 人，其中干部 3 人，工人 3 人，工程师 1 人。

2010 年，局所属基层事业单位 10 个，核定编制 456 人，实际在岗 415 人。团泊水库管理处实际在岗 96 人；排灌管理站核定编制 162 人，实际在岗 119 人；机井服务站核定编制 88 人，实际在岗 29 人；测绘所核定编 14 人，实际在岗 1 人；河道管理所核定编制 73 人，实际在岗 66 人；工程服务中心核定编制 75 人，实际在岗 34 人；水政监察大队实际在岗 30 人；水利技术推广服务中心核定编制 9 人，实际在岗 11 人；农村自来水管理站核定编制 12 人，实际在岗 6 人；城区排水管理所核定编制 23 人，实际在岗 23 人。

另有局属企业单位 1 个，即天津市静海县津海木制品总厂，2010 年有工人 13 人。

（三）干部更迭

1. 局党委主要领导更迭

党委书记：郭振亮　1991 年 1 月—1992 年 4 月

曹新柏　1992 年 2 月—1996 年 4 月

王庆增　1996 年 4 月—2001 年 8 月

李义刚　2001 年 8 月—

2. 局主要行政领导更迭

局长：曹新柏 1991 年 1 月—1992 年 4 月

王庆增 1992 年 4 月—1996 年 4 月

李金武 1996 年 4 月—2001 年 8 月

李义刚 2001 年 8 月—

1991—2010 年静海县水务（利）局领导干部更选，见表 10-2-46。

表 10-2-46 **1991—2010 年静海县水务（利）局领导干部更迭**

时间	姓名	职务		任职时间
		党内	行政	
1991—1992 年	郭振亮	书记		1991 年 1 月—1992 年 2 月
	曹新柏		局长	1991 年 1 月—1992 年 4 月
	肖永维	副书记		1991 年 1 月—1992 年 2 月
	闫光耀		副局长	1991 年 1 月—1992 年 2 月
	刘家彦		副局长	1991 年 1 月—1992 年 2 月
	季洪泉		副局长	1991 年 1 月—1992 年 2 月
	韩维仁		副局长	1991 年 1 月—1992 年 2 月
	王世铎		工会主席	1991 年 1 月—1992 年 2 月
1992—1996 年	曹新柏	书记		1992 年 2 月—1996 年 4 月
	王庆增		局长	1992 年 4 月—1996 年 4 月
	肖永维	副书记		1992 年 2 月—1994 年 5 月
	闫光耀		副局长	1992 年 2 月—1994 年 5 月
	刘家彦		副局长	1992 年 2 月—1994 年 4 月
	季洪泉		副局长	1992 年 2 月—1996 年 4 月
	韩维仁		副局长	1992 年 2 月—1994 年 7 月
	汪绍盛		副局长	1994 年 4 月—1996 年 4 月
	孙景起		副局长	1994 年 7 月—1996 年 4 月
	刘汝岱		副局长	1994 年 11 月—1996 年 4 月
	王世铎		工会主席	1992 年 2 月—1994 年 4 月
	张永恒		工会主席	1994 年 4 月—1996 年 4 月
	王广振		团泊水库管理处主任 副局长（兼）	1994 年 11 月—1996 年 4 月

续表

时间	姓名	职务		任职时间
		党内	行政	
1996—2001 年	王庆增	书记		1996 年 4 月—2001 年 8 月
	李金武		局长	1996 年 4 月—2001 年 8 月
	汪绍盛	副书记	副局长	1996 年 4 月—2001 年 8 月
	丁连杰		副局长	1996 年 4 月—2001 年 8 月
	刘汝岱		副局长	1996 年 4 月—1999 年 5 月
	季洪泉		副局长	1996 年 4 月—1997 年 1 月
	孙景起		副局长	1996 年 4 月—2001 年 8 月
	孟令国		副局长	2000 年 1 月—2001 年 8 月
	张永恒		工会主席	1996 年 4 月—1999 年 5 月
	董忠海		工会主席	2000 年 9 月—2001 年 8 月
	王广振		团泊水库管理处主任 副局长（兼）	1996 年 4 月—2001 年 8 月
2001—2010 年	李义刚	书记	局长	2001 年 8 月—2010 年 12 月
	汪绍盛	副书记	副局长	2001 年 8 月—2002 年 8 月
	荆学云	副书记	副局长	2003 年 2 月—2010 年 12 月
	孟令国		副局长 副局长（正局级）	2001 年 8 月—2005 年 12 月 2005 年 12 月—2010 年 12 月
	王新乡	纪委书记		2004 年 1 月—2010 年 12 月
	丁连杰		副局长	2001 年 8 月—2004 年 3 月
	孙景起		副局长	2001 年 8 月—2008 年 2 月
	田文学		副局长	2002 年 10 月—2010 年 12 月
	刘永保		副局长	2004 年 1 月—2010 年 12 月
	殷忠刚		副局级员	2008 年 1 月—2009 年 4 月
			副局长	2009 年 4 月—2010 年 12 月
	董忠海		工会主席	2001 年 8 月—2004 年 8 月
	姜连祥		工会主席	2005 年 8 月—2010 年 12 月
	王广振		团泊水库管理处主任 副局长（兼）	2001 年 8 月 4 日—2003 年 8 月

续表

时间	姓名	职务		任职时间
		党内	行政	
2001—2010年	韩滨		团泊水库管理处主持工作（副局级）	2002年5月—2005年5月
			团泊水库管理处主任（副局级）	2005年5月—2005年8月
			团泊水库管理处主任副局长（兼）	2005年8月—2010年12月

注 任职时间上限超过1991年的标记为1991年1月，任职时间下限超过2010年的标记为2010年12月。

（四）职工队伍

截至2010年年底，静海县水务局在职职工473人。1991—2010年，静海县水务（水利）局离退休干部职工402人，见表10－2－47和表10－2－48。

表10－2－47 **2010年水务（水利）系统在职职工基本状况**

项目	学历情况				职称情况				年龄情况				技能人才情况				
						高级职称											
	合计	本科	专科	中专及以下	合计	正高级职称	副高级职称	中级职称	初级职称	35岁以下	36岁至45岁	46岁至55岁	56岁以上	合计	高级工	中级工	初级工
合计	473	63	147	263	133	—	8	32	93	149	133	142	49	242	155	87	—
处级	14	7	3	4	2			1	1			9	5				
处级以下	459	56	144	259	131		8	31	92	149	133	133	44	242	155	87	

表10－4－48 **1991—2010年静海县水务（水利）局离退休职工统计**

序号	所在单位	姓名	性别	原职务（职称）	出生年月	参加工作时间	离退休时间
1	局机关	周宝洪	女	工会副主席	1937年6月	1959年12月	1991年7月
2	局机关	董淑萱	女	副主任科员	1936年2月	1955年7月	1991年7月

续表

序号	所在单位	姓名	性别	原职务（职称）	出生年月	参加工作时间	离退休时间
3	局机关	郭振亮	男	党委书记	1932 年 3 月	1948 年 10 月	1992 年 2 月
4	局机关	王春荣	女	工人	1939 年 3 月	1960 年 7 月	1992 年 4 月
5	局机关	冯庆敏	女	科长	1937 年 6 月	1956 年 6 月	1992 年 9 月
6	局机关	魏淑华	女	工人	1942 年 8 月	1960 年 4 月	1992 年 12 月
7	局机关	元景池	男	副科长	1933 年 3 月	1954 年 3 月	1993 年 6 月
8	局机关	杨克华	女	副科长	1938 年 12 月	1956 年 4 月	1993 年 12 月
9	局机关	王世铎	男	工会主席	1934 年 1 月	1950 年 10 月	1994 年 6 月
10	局机关	韩维仁	男	副局长	1934 年 6 月	1955 年 7 月	1994 年 7 月
11	局机关	王维岭	男	工人	1935 年 7 月	1956 年 2 月	1994 年 8 月
12	局机关	李武祥	男	副科级	1934 年 12 月	1951 年 1 月	1995 年 1 月
13	局机关	李桂琴	女	科员	1940 年 6 月	1958 年 7 月	1995 年 6 月
14	局机关	闫光耀	男	副局长	1935 年 9 月	1955 年 7 月	1995 年 9 月
15	局机关	徐天星	男	工人	1935 年 8 月	1969 年 3 月	1995 年 9 月
16	局机关	陈秀花	女	科员	1941 年 9 月	1965 年 7 月	1995 年 10 月
17	局机关	刘家彦	男	副局长	1936 年 4 月	1953 年 2 月	1996 年 9 月
18	局机关	刘光森	男	工人	1936 年 9 月	1974 年 5 月	1996 年 11 月
19	局机关	季洪泉	男	副局长	1937 年 4 月	1955 年 2 月	1997 年 1 月
20	局机关	庞书先	女	科员	1944 年 9 月	1968 年 12 月	1997 年 1 月
21	局机关	段宝骏	男	科员	1938 年 1 月	1956 年 2 月	1997 年 1 月
22	局机关	张桂芬	女	科员	1943 年 1 月	1959 年 2 月	1997 年 1 月
23	局机关	陈玉松	男	工程师	1937 年 6 月	1964 年 12 月	1997 年 1 月
24	局机关	姜振忠	男	正科级	1940 年 7 月	1958 年 12 月	1997 年 1 月
25	局机关	薛绍成	男	高级工	1937 年 2 月	1968 年 9 月	1997 年 12 月
26	局机关	曹新柏	男	局长	1938 年 4 月	1956 年 8 月	1998 年 4 月
27	局机关	王寿鹏	男	科员	1941 年 11 月	1958 年 7 月	1998 年 8 月
28	局机关	杨席久	男	工会副主席	1942 年 8 月	1960 年 8 月	1998 年 8 月
29	局机关	刘希茹	女	工人	1950 年 5 月	1968 年 10 月	1998 年 8 月
30	局机关	赵俊芳	女	工人	1950 年 6 月	1970 年 10 月	1998 年 8 月
31	局机关	赵玉海	男	工人	1943 年 12 月	1971 年 2 月	1998 年 8 月
32	局机关	高天寿	男	工人	1944 年 7 月	1964 年 4 月	1998 年 8 月

续表

序号	所在单位	姓名	性别	原职务（职称）	出生年月	参加工作时间	离退休时间
33	局机关	张永才	男	工人	1941年2月	1959年1月	1998年8月
34	局机关	郝桂春	男	工人	1938年8月	1971年3月	1998年8月
35	局机关	高家祥	男	中级工	1946年2月	1980年8月	1998年8月
36	局机关	阎振池	男	高级工	1947年10月	1972年9月	1998年8月
37	局机关	王克兰	女	工人	1948年6月	1967年2月	1998年8月
38	局机关	郭树起	男	科员	1945年11月	1964年1月	1999年8月
39	局机关	陈桂田	男	科员	1948年9月	1968年1月	1999年8月
40	局机关	翟国安	男	副主任	1939年10月	1969年10月	1999年10月
41	局机关	高桂芬	女	副科长	1951年10月	1976年10月	1999年12月
42	局机关	徐敏珍	女	科员	1951年3月	1968年12月	1999年12月
43	局机关	杨家绪	男	科员	1944年7月	1964年8月	1999年12月
44	局机关	冯一伟	男	科员	1949年11月	1972年9月	2000年6月
45	局机关	马乃芝	女	科员	1955年10月	1980年12月	2001年4月
46	局机关	薛　英	女	科员	1956年10月	1975年3月	2001年5月
47	局机关	孔祥起	男	科员	1952年6月	1971年3月	2002年10月
48	局机关	刘汝岱	男	副局长	1944年6月	1974年12月	2004年6月
49	局机关	张永恒	男	工会主席	1944年1月	1966年5月	2004年1月
50	局机关	程维桐	男	副主任	1946年1月	1965年8月	2006年3月
51	局机关	王庆增	男	党委书记	1946年3月	1965年5月	2006年4月
52	局机关	齐瑞田	男	工人	1947年8月	1971年4月	2007年8月
53	局机关	杨源志	男	科长	1947年11月	1965年8月	2007年11月
54	局机关	丁连杰	男	副局长	1949年3月	1969年4月	2009年3月
55	局机关	董忠海	男	工会主席	1949年8月	1970年12月	2009年8月
56	排灌管理站	赵居智	男	工人	1939年12月	1956年2月	1991年3月
57	排灌管理站	张家娥	男	工人	1940年10月	1960年6月	1992年4月
58	排灌管理站	赵淑荣	女	工人	1943年9月	1988年7月	1993年9月
59	排灌管理站	赵振刚	男	会计师	1934年1月	1950年10月	1994年10月
60	排灌管理站	张德起	男	工人	1937年2月	1965年5月	1997年3月
61	排灌管理站	苏致琛	男	支部书记	1937年11月	1956年3月	1997年11月
62	排灌管理站	李祥兰	女	高级工	1947年9月	1965年1月	1997年8月

续表

序号	所在单位	姓名	性别	原职务（职称）	出生年月	参加工作时间	离退休时间
63	排灌管理站	马汝敏	男	高级工	1938 年 1 月	1958 年 9 月	1998 年 3 月
64	排灌管理站	关玉堂	男	高级工	1938 年 4 月	1959 年 1 月	1998 年 5 月
65	排灌管理站	刘汝盛	男	高级工	1938 年 7 月	1958 年 8 月	1998 年 7 月
66	排灌管理站	董玉忠	男	科员	1938 年 8 月	1958 年 6 月	1998 年 8 月
67	排灌管理站	王俊义	男	科员	1939 年 11 月	1969 年 12 月	1999 年 11 月
68	排灌管理站	李景友	男	科员	1940 年 3 月	1960 年 2 月	2000 年 3 月
69	排灌管理站	赵学梅	女	工人	1950 年 5 月	1988 年 12 月	2000 年 6 月
70	排灌管理站	王炳祥	女	高级工	1940 年 8 月	1960 年 6 月	2000 年 8 月
71	排灌管理站	纪俊清	男	高级工	1940 年 8 月	1960 年 1 月	2000 年 12 月
72	排灌管理站	焦月安	女	高级工	1951 年 3 月	1970 年 5 月	2001 年 3 月
73	排灌管理站	邓云平	男	高级工	1941 年 5 月	1971 年 5 月	2001 年 5 月
74	排灌管理站	赵希发	男	高级工	1941 年 7 月	1960 年 4 月	2001 年 7 月
75	排灌管理站	孙华芬	女	高级工	1955 年 2 月	1975 年 3 月	2001 年 8 月
76	排灌管理站	刘焕尧	男	高级工	1946 年 7 月	1974 年 1 月	2001 年 8 月
77	排灌管理站	张玉明	男	高级工	1948 年 12 月	1971 年 4 月	2001 年 8 月
78	排灌管理站	张春利	男	科员	1947 年 5 月	1969 年 3 月	2001 年 8 月
79	排灌管理站	赵忠起	男	高级工	1950 年 2 月	1976 年 3 月	2001 年 8 月
80	排灌管理站	马希珍	男	站长	1940 年 4 月	1958 年 7 月	2001 年 10 月
81	排灌管理站	李文田	男	高级工	1941 年 6 月	1960 年 7 月	2001 年 12 月
82	排灌管理站	张永胜	男	高级工	1941 年 12 月	1975 年 2 月	2001 年 12 月
83	排灌管理站	孙德纯	男	科员	1951 年 11 月	1969 年 7 月	2002 年 1 月
84	排灌管理站	边　跃	男	高级工	1942 年 4 月	1960 年 5 月	2002 年 4 月
85	排灌管理站	韩志友	男	高级工	1942 年 7 月	1959 年 11 月	2002 年 7 月
86	排灌管理站	田文龙	男	高级工	1949 年 11 月	1979 年 3 月	2002 年 10 月
87	排灌管理站	孙绍忠	男	高级工	1950 年 11 月	1971 年 1 月	2002 年 10 月
88	排灌管理站	刘宝林	男	高级工	1950 年 3 月	1969 年 3 月	2002 年 10 月
89	排灌管理站	张宗林	男	高级工	1949 年 12 月	1974 年 10 月	2002 年 10 月
90	排灌管理站	郭春来	男	高级工	1951 年 5 月	1971 年 3 月	2002 年 10 月
91	排灌管理站	刘国久	男	高级工	1946 年 10 月	1968 年 7 月	2002 年 10 月
92	排灌管理站	许世敏	男	高级工	1952 年 4 月	1970 年 7 月	2002 年 10 月

续表

序号	所在单位	姓名	性别	原职务（职称）	出生年月	参加工作时间	离退休时间
93	排灌管理站	王振峰	男	高级工	1952 年 1 月	1972 年 12 月	2002 年 10 月
94	排灌管理站	徐万生	男	高级工	1949 年 3 月	1980 年 8 月	2002 年 10 月
95	排灌管理站	李清珍	女	高级工	1952 年 12 月	1972 年 6 月	2002 年 12 月
96	排灌管理站	边金海	男	助工	1943 年 1 月	1960 年 6 月	2003 年 1 月
97	排灌管理站	程德伏	男	科员	1943 年 5 月	1959 年 1 月	2003 年 5 月
98	排灌管理站	杨世明	男	科员	1943 年 9 月	1960 年 6 月	2003 年 9 月
99	排灌管理站	邢录仁	男	高级工	1946 年 4 月	1972 年 12 月	2003 年 12 月
100	排灌管理站	康玉祥	男	高级工	1948 年 9 月	1969 年 12 月	2003 年 12 月
101	排灌管理站	刘树云	男	高级工	1952 年 1 月	1971 年 1 月	2003 年 12 月
102	排灌管理站	张连昌	男	高级工	1952 年 1 月	1969 年 11 月	2003 年 12 月
103	排灌管理站	万长玉	男	高级工	1953 年 1 月	1978 年 7 月	2003 年 12 月
104	排灌管理站	王友礼	男	高级工	1953 年 2 月	1971 年 4 月	2003 年 12 月
105	排灌管理站	章俊华	男	高级工	1953 年 5 月	1978 年 7 月	2003 年 12 月
106	排灌管理站	王福常	男	高级工	1944 年 6 月	1971 年 5 月	2004 年 6 月
107	排灌管理站	常子和	男	高级工	1944 年 9 月	1960 年 9 月	2004 年 9 月
108	排灌管理站	刘希才	男	科员	1944 年 11 月	1960 年 7 月	2004 年 11 月
109	排灌管理站	程庆杰	男	高级工	1953 年 3 月	1971 年 7 月	2004 年 12 月
110	排灌管理站	崔宝文	男	高级工	1951 年 1 月	1971 年 7 月	2004 年 12 月
111	排灌管理站	韩学富	男	高级工	1945 年 5 月	1978 年 7 月	2005 年 5 月
112	排灌管理站	魏金铎	男	副科级	1945 年 5 月	1960 年 7 月	2005 年 5 月
113	排灌管理站	张克祥	男	高级工	1945 年 11 月	1976 年 3 月	2005 年 11 月
114	排灌管理站	王连杰	男	中级工	1955 年 1 月	1978 年 7 月	2005 年 12 月
115	排灌管理站	蔺宝勇	女	科员	1958 年 1 月	1975 年 7 月	2005 年 12 月
116	排灌管理站	李秀芬	女	初级工	1956 年 3 月	1994 年 9 月	2006 年 3 月
117	排灌管理站	王福顺	男	科员	1946 年 6 月	1969 年 3 月	2006 年 6 月
118	排灌管理站	王淑香	女	中级工	1956 年 8 月	1994 年 12 月	2006 年 8 月
119	排灌管理站	邵增武	男	高级工	1955 年 10 月	1977 年 3 月	2006 年 12 月
120	排灌管理站	张家荣	男	高级工	1948 年 5 月	1969 年 3 月	2006 年 12 月
121	排灌管理站	高伯根	男	高级工	1955 年 6 月	1974 年 5 月	2006 年 12 月
122	排灌管理站	刘春芬	女	高级工	1957 年 8 月	1975 年 9 月	2007 年 8 月

续表

序号	所在单位	姓名	性别	原职务（职称）	出生年月	参加工作时间	离退休时间
123	排灌管理站	蔡俊胜	男	高级工	1947 年 11 月	1971 年 2 月	2007 年 10 月
124	排灌管理站	杨羡明	男	高级工	1947 年 11 月	1974 年 6 月	2007 年 11 月
125	排灌管理站	尹德成	男	高级工	1948 年 3 月	1969 年 3 月	2008 年 3 月
126	排灌管理站	邓云木	男	高级工	1948 年 4 月	1970 年 9 月	2008 年 3 月
127	排灌管理站	白忠义	男	高级工	1948 年 5 月	1969 年 9 月	2008 年 5 月
128	排灌管理站	郑殿明	男	高级工	1948 年 7 月	1976 年 3 月	2008 年 7 月
129	排灌管理站	章恩仁	男	高级工	1948 年 8 月	1969 年 3 月	2008 年 8 月
130	排灌管理站	马洪波	男	高级工	1948 年 9 月	1969 年 3 月	2008 年 9 月
131	排灌管理站	徐建洪	男	高级工	1949 年 2 月	1973 年 4 月	2009 年 2 月
132	排灌管理站	孙立江	男	高级工	1949 年 2 月	1971 年 4 月	2009 年 2 月
133	排灌管理站	闫秀甫	男	高级工	1949 年 4 月	1969 年 4 月	2009 年 4 月
134	排灌管理站	苏逢霞	男	高级工	1949 年 3 月	1989 年 4 月	2009 年 4 月
135	排灌管理站	郝建国	男	高级工	1949 年 10 月	1978 年 8 月	2009 年 10 月
136	排灌管理站	周之虎	男	科员	1950 年 1 月	1970 年 12 月	2010 年 1 月
137	排灌管理站	韩洪勋	男	高级工	1950 年 10 月	1971 年 7 月	2010 年 10 月
138	机井服务站	孙桂荣	男	工人	1935 年 6 月	1956 年 8 月	1991 年 4 月
139	机井服务站	唐世洪	男	工人	1941 年 10 月	1970 年 9 月	1991 年 12
140	机井服务站	吕中霞	女	工人	1942 年 12 月	1971 年 7 月	1993 年 6 月
141	机井服务站	于振祥	男	工人	1934 年 8 月	1969 年 7 月	1995 年 3 月
142	机井服务站	胡寿标	男	工人	1935 年 7 月	1970 年 10 月	1995 年 8 月
143	机井服务站	孙树刚	男	工人	1935 年 11 月	1953 年 5 月	1995 年 12 月
144	机井服务站	王松山	男	工人	1946 年 5 月	1970 年 6 月	1996 年 8 月
145	机井服务站	徐俊英	女	高级工	1947 年 3 月	1962 年 9 月	1997 年 3 月
146	机井服务站	周纪润	女	工人	1949 年 12 月	1994 年 9 月	1999 年 12 月
147	机井服务站	薛宗光	男	高级工	1940 年 11 月	1972 年 10 月	2000 年 10 月
148	机井服务站	唐彩英	女	高级工	1950 年 11 月	1969 年 5 月	2000 年 10 月
149	机井服务站	孙永玲	女	初级工	1950 年 10 月	1994 年 9 月	2000 年 10 月
150	机井服务站	张绍华	男	正科级	1941 年 2 月	1959 年 12 月	2001 年 2 月
151	机井服务站	谭会芳	女	高级工	1951 年 1 月	1969 年 10 月	2001 年 2 月
152	机井服务站	赵玉岭	男	高级工	1941 年 5 月	1963 年 3 月	2001 年 5 月

续表

序号	所在单位	姓名	性别	原职务（职称）	出生年月	参加工作时间	离退休时间
153	机井服务站	邵洪玲	女	高级工	1952 年 1 月	1974 年 7 月	2002 年 1 月
154	机井服务站	倪风琴	女	高级工	1952 年 5 月	1975 年 12 月	2002 年 5 月
155	机井服务站	杜连欣	男	高级工	1942 年 5 月	1958 年 3 月	2002 年 5 月
156	机井服务站	权国英	女	中级工	1952 年 6 月	1989 年 5 月	2002 年 6 月
157	机井服务站	任志鸿	男	高级工	1943 年 1 月	1961 年 8 月	2003 年 1 月
158	机井服务站	袁绍新	男	高级工	1943 年 1 月	1965 年 11 月	2003 年 1 月
159	机井服务站	高树生	男	高级工	1943 年 3 月	1965 年 8 月	2003 年 3 月
160	机井服务站	李凤海	男	高级工	1950 年 5 月	1971 年 12 月	2003 年 12 月
161	机井服务站	张洪祥	男	高级工	1948 年 11 月	1970 年 11 月	2003 年 12 月
162	机井服务站	阎维亭	男	高级工	1951 年 4 月	1970 年 4 月	2003 年 12 月
163	机井服务站	吴德起	男	高级工	1946 年 10 月	1972 年 1 月	2003 年 12 月
164	机井服务站	代明华	男	高级工	1946 年 9 月	1969 年 12 月	2003 年 12 月
165	机井服务站	井润泽	男	高级工	1949 年 4 月	1968 年 2 月	2003 年 12 月
166	机井服务站	王维一	男	高级工	1946 年 5 月	1965 年 8 月	2003 年 12 月
167	机井服务站	刘淑军	女	高级工	1954 年 1 月	1974 年 7 月	2004 年 1 月
168	机井服务站	杨春松	男	高级工	1944 年 10 月	1971 年 10 月	2004 年 10 月
169	机井服务站	刘润河	男	高级工	1944 年 11 月	1970 年 11 月	2004 年 11 月
170	机井服务站	刘润民	男	高级工	1950 年 7 月	1969 年 4 月	2004 年 12 月
171	机井服务站	魏恩普	男	高级工	1948 年 10 月	1968 年 2 月	2004 年 12 月
172	机井服务站	丁宝发	男	高级工	1947 年 8 月	1969 年 12 月	2004 年 12 月
173	机井服务站	庞万华	女	中级工	1955 年 1 月	1994 年 9 月	2005 年 1 月
174	机井服务站	李树香	女	高级工	1955 年 2 月	1980 年 8 月	2005 年 2 月
175	机井服务站	韩秀芹	女	中级工	1955 年 5 月	1994 年 9 月	2005 年 5 月
176	机井服务站	史梦言	男	高级工	1945 年 5 月	1970 年 9 月	2005 年 5 月
177	机井服务站	马文玲	女	中级工	1955 年 7 月	1994 年 9 月	2005 年 7 月
178	机井服务站	郑玉振	男	高级工	1945 年 9 月	1970 年 11 月	2005 年 9 月
179	机井服务站	夏慈训	男	高级工	1945 年 10 月	1971 年 3 月	2005 年 10 月
180	机井服务站	陈学彦	男	高级工	1951 年 10 月	1970 年 10 月	2005 年 12 月
181	机井服务站	牛恩强	男	高级工	1951 年 8 月	1971 年 3 月	2005 年 12 月
182	机井服务站	吕学文	男	高级工	1947 年 7 月	1970 年 12 月	2005 年 12 月

续表

序号	所在单位	姓名	性别	原职务（职称）	出生年月	参加工作时间	离退休时间
183	机井服务站	谢永连	男	高级工	1950 年 8 月	1971 年 12 月	2005 年 12 月
184	机井服务站	王健美	男	高级工	1945 年 12 月	1969 年 8 月	2005 年 12 月
185	机井服务站	万寿珍	男	高级工	1946 年 5 月	1969 年 12 月	2006 年 5 月
186	机井服务站	王泽胜	男	高级工	1946 年 5 月	1969 年 12 月	2006 年 5 月
187	机井服务站	朱建敏	女	高级工	1956 年 5 月	1970 年 12 月	2006 年 5 月
188	机井服务站	魏秀英	女	高级工	1956 年 6 月	1975 年 10 月	2006 年 6 月
189	机井服务站	张新庭	男	高级工	1946 年 10 月	1966 年 8 月	2006 年 10 月
190	机井服务站	纪俊杰	男	高级工	1951 年 3 月	1977 年 3 月	2006 年 11 月
191	机井服务站	强万成	男	高级工	1949 年 8 月	1974 年 6 月	2006 年 11 月
192	机井服务站	董一江	男	高级工	1950 年 3 月	1969 年 8 月	2006 年 11 月
193	机井服务站	韩国通	男	高级工	1951 年 4 月	1970 年 12 月	2006 年 11 月
194	机井服务站	邹俊礼	男	高级工	1950 年 7 月	1970 年 11 月	2006 年 11 月
195	机井服务站	潘光谦	男	高级工	1950 年 1 月	1970 年 11 月	2006 年 11 月
196	机井服务站	毛应元	男	高级工	1951 年 12 月	1969 年 5 月	2006 年 12 月
197	机井服务站	赵恩俊	男	高级工	1952 年 5 月	1970 年 10 月	2006 年 12 月
198	机井服务站	刘凤喜	男	高级工	1952 年 5 月	1971 年 10 月	2007 年 5 月
199	机井服务站	冯以祥	男	高级工	1952 年 6 月	1970 年 11 月	2007 年 6 月
200	机井服务站	程少水	男	高级工	1952 年 6 月	1971 年 1 月	2007 年 6 月
201	机井服务站	李桂凤	女	高级工	1957 年 8 月	1977 年 3 月	2007 年 8 月
202	机井服务站	王玉红	女	高级工	1957 年 10 月	1976 年 12 月	2007 年 10 月
203	机井服务站	孙秀芬	女	高级工	1957 年 12 月	1976 年 12 月	2007 年 12 月
204	机井服务站	郎荣爱	女	高级工	1958 年 3 月	1977 年 5 月	2008 年 3 月
205	机井服务站	崔长良	男	高级工	1953 年 5 月	1971 年 1 月	2008 年 5 月
206	机井服务站	王金华	女	高级工	1958 年 9 月	1975 年 10 月	2008 年 9 月
207	机井服务站	魏少海	男	高级工	1953 年 11 月	1971 年 1 月	2008 年 11 月
208	机井服务站	车玉香	女	高级工	1958 年 12 月	1977 年 3 月	2008 年 12 月
209	机井服务站	刘希凯	男	高级工	1954 年 7 月	1974 年 7 月	2009 年 7 月
210	机井服务站	赵学成	男	高级工	1954 年 7 月	1973 年 10 月	2009 年 7 月
211	机井服务站	刘广生	男	副科级	1949 年 10 月	1968 年 3 月	2009 年 12 月
212	机井服务站	李和平	男	高级工	1955 年 3 月	1973 年 10 月	2010 年 3 月

续表

序号	所在单位	姓名	性别	原职务（职称）	出生年月	参加工作时间	离退休时间
213	团泊水库管理处	赵树和	男	工人	1939年10月	1956年3月	1991年3月
214	团泊水库管理处	程润树	男	工人	1934年3月	1969年3月	1994年3月
215	团泊水库管理处	韩远林	男	科员	1937年11月	1956年8月	1997年11月
216	团泊水库管理处	曹凤傲	男	高级工	1938年10月	1971年3月	1998年10月
217	团泊水库管理处	王绍忠	男	高级工	1939年7月	1959年11月	1999年7月
218	团泊水库管理处	彭德惠	女	高级工	1950年6月	1969年11月	2000年6月
219	团泊水库管理处	潘秀稳	女	初级工	1951年5月	1994年10月	2001年6月
220	团泊水库管理处	崔晓义	男	正科级	1942年8月	1964年3月	2002年8月
221	团泊水库管理处	孙景立	男	高级工	1942年3月	1959年5月	2002年3月
222	团泊水库管理处	付德润	男	高级工	1949年1月	1976年12月	2003年12月
223	团泊水库管理处	翟洪丰	男	高级工	1954年8月	1970年8月	2003年12月
224	团泊水库管理处	杨秀梅	女	初级工	1952年12月	1996年11月	2004年3月
225	团泊水库管理处	赵金香	女	高级工	1954年6月	1971年10月	2004年6月
226	团泊水库管理处	李宝青	男	高级工	1944年6月	1971年9月	2004年6月
227	团泊水库管理处	林凤鸣	男	高级工	1952年6月	1970年12月	2004年12月
228	团泊水库管理处	张宗福	男	高级工	1952年7月	1970年11月	2004年12月
229	团泊水库管理处	于希水	男	高级工	1952年5月	1971年3月	2004年12月
230	团泊水库管理处	刘元安	男	高级工	1947年12月	1965年8月	2004年12月
231	团泊水库管理处	史春林	男	高级工	1949年1月	1968年2月	2004年12月
232	团泊水库管理处	丁杰元	男	高级工	1949年12月	1968年4月	2004年12月
233	团泊水库管理处	王凤吾	男	高级工	1954年7月	1971年7月	2004年12月
234	团泊水库管理处	杨正元	男	高级工	1951年2月	1969年1月	2004年12月
235	团泊水库管理处	于树宏	男	高级工	1953年12月	1969年3月	2004年12月
236	团泊水库管理处	李占强	男	高级工	1953年9月	1969年10月	2004年12月
237	团泊水库管理处	李金锁	男	高级工	1953年10月	1978年7月	2005年12月
238	团泊水库管理处	李占东	男	高级工	1954年10月	1977年3月	2005年12月
239	团泊水库管理处	张长升	男	中级工	1949年1月	1995年1月	2005年12月
240	团泊水库管理处	张树臣	男	高级工	1952年3月	1974年4月	2005年12月
241	团泊水库管理处	滕有功	男	高级工程师	1946年4月	1973年5月	2006年4月
242	团泊水库管理处	李长金	女	中级工	1956年4月	1996年5月	2006年4月

续表

序号	所在单位	姓名	性别	原职务（职称）	出生年月	参加工作时间	离退休时间
243	团泊水库管理处	程庆凤	女	中级工	1956 年 11 月	1988 年 5 月	2006 年 11 月
244	团泊水库管理处	赵培喜	男	高级工	1952 年 12 月	1971 年 1 月	2006 年 12 月
245	团泊水库管理处	尚先武	男	高级工	1952 年 8 月	1971 年 1 月	2006 年 12 月
246	团泊水库管理处	楚向华	男	科员	1950 年 7 月	1969 年 1 月	2006 年 12 月
247	团泊水库管理处	王月忠	男	高级工	1954 年 9 月	1980 年 8 月	2006 年 12 月
248	团泊水库管理处	王荣民	男	高级工	1952 年 5 月	1970 年 9 月	2006 年 12 月
249	团泊水库管理处	李旭祯	女	中级工	1958 年 2 月	1996 年 8 月	2006 年 12 月
250	团泊水库管理处	张景仁	男	高级工	1948 年 7 月	1969 年 12 月	2008 年 7 月
251	团泊水库管理处	郭振云	女	中级工	1963 年 8 月	1993 年 12 月	2008 年 11 月
252	团泊水库管理处	周淑梅	女	高级工	1962 年 11 月	1987 年 10 月	2008 年 11 月
253	河道管理所	张斋亭	男	中级工	1936 年 7 月	1960 年 7 月	1996 年 11 月
254	河道管理所	蒋友德	男	正科级	1938 年 1 月	1969 年 12 月	1998 年 10 月
255	河道管理所	马春莆	男	高级工	1939 年 7 月	1958 年 3 月	1999 年 7 月
256	河道管理所	李玉树	男	高级工	1940 年 6 月	1958 年 1 月	2000 年 6 月
257	河道管理所	孙树明	男	高级工	1946 年 2 月	1972 年 9 月	2001 年 8 月
258	河道管理所	房仲浮	男	高级工	1945 年 6 月	1968 年 7 月	2002 年 10 月
259	河道管理所	王继阳	男	高级工	1943 年 5 月	1976 年 7 月	2003 年 5 月
260	河道管理所	张长立	男	高级工	1943 年 7 月	1969 年 3 月	2003 年 7 月
261	河道管理所	王向福	男	高级工	1948 年 3 月	1972 年 12 月	2003 年 12 月
262	河道管理所	张春江	男	高级工	1946 年 2 月	1972 年 9 月	2003 年 12 月
263	河道管理所	刘遵生	男	高级工	1949 年 1 月	1977 年 3 月	2003 年 12 月
264	河道管理所	姜云鹏	男	高级工	1952 年 1 月	1974 年 12 月	2003 年 12 月
265	河道管理所	王　敏	女	高级工	1954 年 9 月	1970 年 9 月	2004 年 9 月
266	河道管理所	赵作伍	男	高级工	1953 年 7 月	1972 年 12 月	2004 年 12 月
267	河道管理所	赵雨发	男	高级工	1954 年 1 月	1970 年 2 月	2004 年 12 月
268	河道管理所	徐继敏	男	高级工	1951 年 2 月	1970 年 12 月	2004 年 12 月
269	河道管理所	元景田	男	高级工	1945 年 5 月	1966 年 5 月	2005 年 5 月
270	河道管理所	只长兴	男	正科级	1946 年 11 月	1965 年 8 月	2006 年 11 月
271	河道管理所	张茂荣	男	高级工程师	1947 年 12 月	1971 年 2 月	2007 年 12 月
272	河道管理所	高学贤	男	高级工	1947 年 12 月	1972 年 9 月	2007 年 12 月

续表

序号	所在单位	姓名	性别	原职务（职称）	出生年月	参加工作时间	离退休时间
273	河道管理所	程孟彬	男	高级工	1948年9月	1977年3月	2008年9月
274	河道管理所	王秀荣	男	高级工	1949年9月	1969年2月	2009年9月
275	河道管理所	秦义水	男	高级工	1950年5月	1968年8月	2010年5月
276	河道管理所	郭家英	女	助理会计师	1955年7月	1974年9月	2010年7月
277	河道管理所	宋永琪	男	工程师	1950年12月	1969年3月	2010年12月
278	汽车队	李西安	男	工人	1942年3月	1969年7月	1992年8月
279	汽车队	宋金奎	男	高级工	1943年10月	1961年5月	1997年9月
280	汽车队	肖满堂	男	高级工	1939年3月	1959年12月	1997年9月
281	汽车队	吕忠贵	男	高级工	1952年4月	1977年4月	2003年12月
282	汽车队	张家文	男	高级工	1953年7月	1977年3月	2004年12月
283	汽车队	王建国	男	高级工	1954年7月	1973年9月	2004年12月
284	汽车队	王茂年	男	高级工	1953年4月	1972年12月	2004年12月
285	汽车队	邓云海	男	高级工	1949年1月	1971年1月	2004年12月
286	汽车队	陈寿福	男	高级工	1949年3月	1970年1月	2005年12月
287	汽车队	单秀娜	女	高级工	1958年2月	1975年10月	2005年12月
288	汽车队	袁凤山	男	高级工	1951年5月	1969年2月	2006年12月
289	工程服务中心	李增金	男	工人	1937年10月	1977年3月	1992年4月
290	工程服务中心	胡继成	男	工人	1940年3月	1976年1月	1992年12月
291	工程服务中心	芦桂芬	女	工人	1948年3月	1969年9月	1993年4月
292	工程服务中心	李树忠	男	副队长	1933年8月	1972年1月	1993年12月
293	工程服务中心	穆容秀	女	中级工	1948年6月	1968年8月	1994年5月
294	工程服务中心	王汝华	女	工人	1944年12月	1977年2月	1995年3月
295	工程服务中心	王卓静	女	工人	1950年2月	1968年9月	1995年5月
296	工程服务中心	靳金玉	女	高级工	1950年1月	1969年2月	1996年12月
297	工程服务中心	石茂树	男	工人	1935年6月	1977年3月	1997年4月
298	工程服务中心	陈宝江	男	工人	1937年6月	1977年3月	1997年6月
299	工程服务中心	刘淑霞	女	中级工	1949年11月	1981年6月	1997年12月
300	工程服务中心	高秀芹	女	工人	1947年12月	1968年7月	1998年2月
301	工程服务中心	陈维林	男	工人	1938年9月	1977年3月	1998年9月
302	工程服务中心	杜廷顺	女	工人	1949年8月	1965年10月	1999年9月

续表

序号	所在单位	姓名	性别	原职务（职称）	出生年月	参加工作时间	离退休时间
303	工程服务中心	许广臣	男	正科级	1940 年 9 月	1969 年 5 月	2000 年 1 月
304	工程服务中心	郭宝连	男	副科级	1940 年 3 月	1959 年 12 月	2000 年 3 月
305	工程服务中心	张家芬	女	工人	1950 年 7 月	1994 年 9 月	2000 年 8 月
306	工程服务中心	张淑敏	女	工人	1950 年 7 月	1970 年 5 月	2000 年 8 月
307	工程服务中心	刘淑珍	女	工人	1950 年 10 月	1969 年 10 月	2000 年 10 月
308	工程服务中心	刘凤英	女	工人	1950 年 12 月	1985 年 9 月	2000 年 12 月
309	工程服务中心	王兆桂	女	工人	1950 年 11 月	1984 年 2 月	2000 年 12 月
310	工程服务中心	李淑香	女	高级工	1951 年 1 月	1969 年 6 月	2001 年 2 月
311	工程服务中心	李玉华	女	高级工	1951 年 10 月	1969 年 6 月	2001 年 10 月
312	工程服务中心	高惠玲	女	初级工	1952 年 2 月	1994 年 9 月	2002 年 3 月
313	工程服务中心	吴玉琪	女	高级工	1952 年 5 月	1968 年 12 月	2002 年 5 月
314	工程服务中心	郭淑芳	女	高级工	1952 年 6 月	1970 年 4 月	2002 年 6 月
315	工程服务中心	刘莉	女	初级工	1951 年 9 月	1969 年 6 月	2002 年 6 月
316	工程服务中心	孟广琴	女	高级工	1951 年 9 月	1969 年 11 月	2002 年 6 月
317	工程服务中心	安洪芬	女	高级工	1946 年 5 月	1969 年 10 月	2002 年 6 月
318	工程服务中心	张兰芝	女	高级工	1949 年 7 月	1969 年 8 月	2002 年 6 月
319	工程服务中心	吴敏	女	高级工	1951 年 8 月	1969 年 12 月	2002 年 7 月
320	工程服务中心	袁泽文	男	高级工	1949 年 11 月	1969 年 4 月	2002 年 10 月
321	工程服务中心	韩连芝	女	高级工	1950 年 7 月	1970 年 11 月	2002 年 12 月
322	工程服务中心	李忠苓	女	高级工	1948 年 3 月	1969 年 11 月	2002 年 12 月
323	工程服务中心	郝国顺	男	高级工	1949 年 6 月	1969 年 11 月	2003 年 12 月
324	工程服务中心	邢世平	男	高级工	1951 年 3 月	1972 年 1 月	2003 年 12 月
325	工程服务中心	刘焕起	男	高级工	1949 年 1 月	1975 年 11 月	2003 年 12 月
326	工程服务中心	阎秀义	男	高级工程师	1951 年 7 月	1970 年 7 月	2003 年 12 月
327	工程服务中心	赵广军	女	会计师	1957 年 2 月	1974 年 12 月	2003 年 12 月
328	工程服务中心	白桐和	男	高级工	1947 年 7 月	1974 年 12 月	2003 年 12 月
329	工程服务中心	孙承忠	男	高级工	1944 年 6 月	1969 年 9 月	2004 年 6 月
330	工程服务中心	寇中华	男	高级工	1944 年 8 月	1965 年 3 月	2004 年 6 月
331	工程服务中心	康少英	男	高级工程师	1946 年 7 月	1968 年 12 月	2004 年 12 月
332	工程服务中心	郝桂龙	男	高级工	1951 年 7 月	1969 年 12 月	2004 年 12 月

续表

序号	所在单位	姓名	性别	原职务（职称）	出生年月	参加工作时间	离退休时间
333	工程服务中心	胡庆彬	男	高级工	1952 年 1 月	1977 年 3 月	2004 年 12 月
334	工程服务中心	翟梦文	男	高级工	1952 年 9 月	1973 年 1 月	2004 年 12 月
335	工程服务中心	张树忠	男	高级工	1949 年 7 月	1971 年 1 月	2004 年 12 月
336	工程服务中心	刘瑞华	女	初级工	1955 年 3 月	1973 年 10 月	2005 年 3 月
337	工程服务中心	陈玉英	女	初级工	1955 年 3 月	1985 年 1 月	2005 年 3 月
338	工程服务中心	代占云	女	中级工	1954 年 8 月	1994 年 12 月	2005 年 3 月
339	工程服务中心	马玉芹	女	高级工	1955 年 4 月	1971 年 4 月	2005 年 4 月
340	工程服务中心	孙久余	男	高级工	1945 年 8 月	1965 年 8 月	2005 年 8 月
341	工程服务中心	乔永新	男	高级工	1949 年 7 月	1968 年 12 月	2005 年 12 月
342	工程服务中心	王增民	男	副科级	1952 年 7 月	1974 年 3 月	2005 年 12 月
343	工程服务中心	周金生	男	高级工	1951 年 11 月	1971 年 1 月	2006 年 12 月
344	工程服务中心	缴文华	男	高级工	1955 年 1 月	1977 年 3 月	2006 年 12 月
345	工程服务中心	李绪昌	男	高级工	1947 年 3 月	1977 年 3 月	2007 年 3 月
346	工程服务中心	宋振琴	女	中级工	1957 年 5 月	1996 年 11 月	2007 年 5 月
347	工程服务中心	刘井武	男	工程师	1956 年 6 月	1975 年 3 月	2007 年 11 月
348	工程服务中心	展淑敏	女	高级工	1962 年 11 月	1980 年 12 月	2007 年 11 月
349	工程服务中心	李跃水	男	中级工	1948 年 12 月	1980 年 4 月	2008 年 12 月
350	工程服务中心	吴桂芬	女	高级工	1959 年 10 月	1976 年 12 月	2009 年 10 月
351	工程服务中心	高俊岐	女	中级工	1959 年 11 月	1993 年 12 月	2009 年 11 月
352	工程服务中心	邓云友	男	高级工	1950 年 5 月	1969 年 12 月	2010 年 5 月
353	工程服务中心	朱凤霞	女	中级工	1960 年 6 月	1996 年 11 月	2010 年 6 月
354	农村自来水管理站	马银章	男	高级工	1953 年 10 月	1975 年 01 月	2005 年 12 月
355	农村自来水管理站	郑双才	男	高级工	1954 年 12 月	1971 年 7 月	2006 年 12 月
356	水政监察大队	韩立江	男	高级工	1948 年 10 月	1969 年 4 月	2008 年 10 月
357	水政监察大队	赵俊荣	女	高级工	1959 年 4 月	1975 年 10 月	2009 年 4 月
358	水政监察大队	王曰贵	男	支部书记	1949 年 7 月	1969 年 12 月	2009 年 7 月
359	津海木制品总厂	李金平	女	工人	1945 年 2 月	1988 年 12 月	1995 年 6 月
360	津海木制品总厂	边世文	男	工人	1938 年 9 月	1971 年 11 月	1995 年 12 月
361	津海木制品总厂	肖大树	男	工人	1945 年 10 月	1971 年 7 月	1995 年 12 月
362	津海木制品总厂	史维武	男	工人	1940 年 4 月	1959 年 1 月	1995 年 12 月

续表

序号	所在单位	姓名	性别	原职务（职称）	出生年月	参加工作时间	离退休时间
363	津海木制品总厂	王桂森	女	工人	1949 年 11 月	1969 年 11 月	1995 年 12 月
364	津海木制品总厂	刘桂琴	女	工人	1959 年 11 月	1974 年 11 月	1996 年 8 月
365	津海木制品总厂	尤庆珍	女	工人	1951 年 7 月	1969 年 2 月	1996 年 9 月
366	津海木制品总厂	史云岭	男	工人	1945 年 9 月	1965 年 1 月	1996 年 9 月
367	津海木制品总厂	魏东河	男	工人	1944 年 5 月	1966 年 8 月	1996 年 9 月
368	津海木制品总厂	刘洪芳	女	工人	1951 年 2 月	1976 年 12 月	1996 年 9 月
369	津海木制品总厂	李章云	男	工人	1937 年 11 月	1970 年 9 月	1996 年 9 月
370	津海木制品总厂	刘树根	男	工人	1942 年 8 月	1970 年 9 月	1996 年 9 月
371	津海木制品总厂	王茂昌	男	工人	1946 年 3 月	1969 年 8 月	1996 年 9 月
372	津海木制品总厂	郑丙巨	男	工人	1937 年 7 月	1957 年 10 月	1996 年 9 月
373	津海木制品总厂	翟兆发	男	工人	1944 年 3 月	1970 年 12 月	1996 年 9 月
374	津海木制品总厂	陈国珍	女	干部	1940 年 9 月	1969 年 4 月	1996 年 10 月
375	津海木制品总厂	孙立新	男	工人	1944 年 3 月	1965 年 1 月	1996 年 10 月
376	津海木制品总厂	桑仲典	男	工人	1944 年 8 月	1970 年 9 月	1996 年 12 月
377	津海木制品总厂	王素琴	女	工人	1953 年 3 月	1976 年 12 月	1999 年 12 月
378	津海木制品总厂	李振元	男	工人	1950 年 4 月	1971 年 9 月	1999 年 12 月
379	津海木制品总厂	李永珍	女	工人	1953 年 7 月	1976 年 12 月	2000 年 5 月
380	津海木制品总厂	李玉成	男	工人	1948 年 11 月	1974 年 7 月	2002 年 7 月
381	津海木制品总厂	刘继文	女	工人	1953 年 11 月	1974 年 11 月	2002 年 7 月
382	津海木制品总厂	于希福	男	工人	1948 年 3 月	1966 年 8 月	2003 年 3 月
383	津海木制品总厂	孙树友	男	工人	1949 年 5 月	1970 年 9 月	2003 年 5 月
384	津海木制品总厂	李国树	男	工人	1948 年 1 月	1972 年 1 月	2004 年 1 月
385	津海木制品总厂	牛秀华	女	工人	1959 年 12 月	1975 年 1 月	2004 年 12 月
386	津海木制品总厂	张桂荣	女	工人	1959 年 12 月	1975 年 1 月	2004 年 12 月
387	津海木制品总厂	闫维山	男	工人	1950 年 1 月	1970 年 9 月	2005 年 1 月
388	津海木制品总厂	王继光	男	工人	1951 年 1 月	1969 年 4 月	2006 年 1 月
389	津海木制品总厂	李孟清	男	工人	1951 年 1 月	1970 年 3 月	2006 年 1 月
390	津海木制品总厂	边永发	男	工人	1951 年 5 月	1970 年 8 月	2006 年 5 月
391	津海木制品总厂	胡井山	男	工人	1952 年 5 月	1970 年 9 月	2006 年 5 月
392	津海木制品总厂	赵玉柱	男	工人	1951 年 9 月	1974 年 4 月	2006 年 9 月

续表

序号	所在单位	姓名	性别	原职务（职称）	出生年月	参加工作时间	离退休时间
393	津海木制品总厂	朱家新	男	工人	1951年12月	1976年12月	2006年12月
394	津海木制品总厂	李树来	男	工人	1952年5月	1969年9月	2007年5月
395	津海木制品总厂	谢永成	男	工人	1952年6月	1970年9月	2007年6月
396	津海木制品总厂	李庆森	男	工人	1952年10月	1976年1月	2007年10月
397	津海木制品总厂	刘彦才	男	工人	1952年10月	1973年3月	2007年10月
398	津海木制品总厂	邢学成	男	工人	1952年11月	1971年7月	2007年11月
399	津海木制品总厂	张绍秋	男	工人	1952年8月	1969年1月	2007年8月
400	津海木制品总厂	孟凡起	男	工人	1953年9月	1976年12月	2008年9月
401	津海木制品总厂	吴振忠	男	工人	1955年8月	1974年7月	2010年9月
402	津海木制品总厂	马汝敏	男	工人	1955年11月	1974年8月	2010年11月

二、职称评定

1991年以后，大中专毕业生相继到静海县水利系统工作，随着静海县水务（利）系统专业技术人员整体专业水平不断提高，具有高级职称和中级职称人数逐年增加。

2006年，专业技术职务实行评聘分开，为做好专业技术职务岗位设置与管理工作，保障专业技术人才优化配置，完善专业技术聘任制，充分发挥职称工作在整体性人才资源开发中的独特作用，调动专业技术人员积极性和创造性，根据《天津市水利局事业单位高、中级专业技术职务聘任管理暂行规定》的要求，结合全局实际情况，2006年11月6日静海县水利局党委印发《关于事业单位高、中级专业技术职务实行评聘分开的暂行办法》（静水党〔2006〕8号），办法明确了评聘分开的基本原则范围、专业技术岗位设置、任职资格评审、专业技术职务竞聘及工资待遇等。2006年局属事业单位高、中级专业技术职数设置分配见表10-2-49。

表10-2-49 **2006年局属事业单位高、中级专业技术职数设置分配**

单位名称	副高级职数	中级职数	备注
静海县水利局排灌管理站	2	5	
静海县水利局河道管理所	2	5	
静海县水利局机井队	1	3	
静海县水利局工程队	1	4	

续表

单 位 名 称	副高级职数	中级职数	备注
静海县水政监察大队	2	5	
静海县团泊水库管理处	2	5	
静海县水利局农村自来水管理站		1	
合 计	10	28	

1991—2010 年，经过各级评审委员会评审通过，取得高级、中级专业技术职务的有 57 人次，其中高级职称 13 人，中级职称 42 人，见表 10-2-50 和表 10-2-51。

表 10-2-50 **1991—2010 年取得高级专业技术职务资格人员名录**

序号	单位	姓名	性别	出生年月	参加工作时间	专业技术职务	获取资格时间
1	河道管理所	张茂荣	男	1947 年 12 月	1971 年 2 月	高级工程师	1995 年 10 月
2	团泊水库管理处	滕有功	男	1946 年 4 月	1973 年 5 月	高级工程师	1996 年 12 月
3	工程服务中心	康少英	男	1946 年 7 月	1968 年 12 月	高级工程师	1997 年 12 月
4	工程服务中心	阎秀义	男	1951 年 7 月	1970 年 7 月	高级工程师	1999 年 11 月
5	河道管理所	邱文治	男	1954 年 7 月	1971 年 2 月	高级工程师	2003 年 11 月
6	水政监察大队	张景顺	男	1958 年 4 月	1981 年 2 月	高级工程师	2004 年 11 月
7	水政监察大队	王恩军	男	1952 年 11 月	1971 年 2 月	高级工程师	2004 年 11 月
8	河道管理所	朱德民	男	1969 年 1 月	1992 年 8 月	高级工程师	2005 年 11 月
9	河道管理所	刘兆群	女	1956 年 8 月	1981 年 2 月	高级工程师	2006 年 11 月
10	团泊水库管理处	边批修	男	1969 年 3 月	1993 年 11 月	高级工程师	2007 年 11 月
11	团泊水库管理处	姜洪海	男	1966 年 5 月	1988 年 8 月	高级工程师	2008 年 11 月
12	农村自来水管理站	赵文亮	男	1971 年 2 月	1992 年 9 月	高级工程师	2009 年 12 月
13	工程服务中心	王强	男	1960 年 5 月	1981 年 2 月	高级工程师	2010 年 11 月

表 10-2-51 **1991—2010 年取得中级专业技术职务资格人员名录**

序号	单位	姓名	性别	出生年月	参加工作时间	专业技术职务	获取资格时间
1	工程服务中心	康少英	男	1946 年 7 月	1968 年 12 月	工程师	1992 年 11 月
2	水政监察大队	王曰贵	男	1949 年 7 月	1969 年 12 月	政工师	1993 年 1 月
3	河道管理所	苏会平	男	1956 年 1 月	1992 年 8 月	主治医师	1994 年 11 月
4	工程服务中心	阎秀义	男	1951 年 7 月	1970 年 7 月	工程师	1994 年 11 月

续表

序号	单位	姓名	性别	出生年月	参加工作时间	专业技术职务	获取资格时间
5	团泊水库管理处	姜洪海	男	1966年5月	1988年8月	工程师	1994年11月
6	团泊水库管理处	王永	男	1966年7月	1989年8月	工程师	1995年1月
7	团泊水库管理处	闫亚滨	男	1957年8月	1974年12月	主治医师	1995年10月
8	河道管理所	刘兆群	女	1956年8月	1981年2月	工程师	1997年12月
9	团泊水库管理处	边批修	男	1969年3月	1993年11月	工程师	1998年10月
10	河道管理所	邱文治	男	1954年7月	1971年2月	工程师	1998年11月
11	河道管理所	朱德民	男	1969年1月	1992年8月	工程师	1999年11月
12	工程服务中心	王强	男	1960年5月	1981年2月	工程师	1999年11月
13	水政监察大队	张景顺	男	1958年4月	1981年2月	工程师	1999年11月
14	工程服务中心	赵广军	女	1957年2月	1974年12月	会计师	2001年2月
15	水政监察大队	王恩军	男	1952年11月	1971年2月	工程师	2002年10月
16	农村自来水管理站	赵文亮	男	1971年2月	1992年9月	工程师	2002年1月
17	排灌管理站	刘金文	男	1968年7月	1988年12月	工程师	2003年11月
18	水政监察大队	张兰英	女	1962年5月	1979年8月	工程师	2003年11月
19	排灌管理站	刘玉杰	男	1970年1月	1992年9月	工程师	2003年11月
20	排灌管理站	王军	男	1973年6月	1995年9月	工程师	2004年11月
21	水政监察大队	郝广来	男	1965年2月	1982年6月	工程师	2004年11月
22	工程服务中心	苏义兴	男	1962年12月	1981年2月	工程师	2004年11月
23	河道管理所	郑兆镇	男	1973年11月	1993年9月	工程师	2004年11月
24	河道管理所	贺连海	男	1961年8月	1981年2月	工程师	2004年11月
25	水政监察大队	王境坤	男	1965年1月	1988年12月	工程师	2005年11月
26	河道管理所	陈自金	男	1960年2月	1981年2月	政工师	2005年4月
27	工程服务中心	刘井武	男	1956年6月	1975年3月	工程师	2006年11月
28	团泊水库管理处	马秀华	男	1957年11月	1981年2月	工程师	2007年11月
29	河道管理所	吕德生	男	1972年7月	1996年9月	工程师	2007年11月
30	水政监察大队	李春元	男	1964年8月	1981年5月	工程师	2007年11月
31	排灌管理站	花绍鹏	男	1972年8月	1998年9月	工程师	2008年12月
32	河道管理所	张崇明	男	1979年8月	2002年9月	工程师	2008年12月
33	机井服务站	赵士通	男	1968年3月	1986年12月	工程师	2008年9月

续表

序号	单位	姓名	性别	出生年月	参加工作时间	专业技术职务	获取资格时间
34	测绘所	刘存勇	男	1963年1月	1981年1月	工程师	2009年11月
35	水政监察大队	刘宝强	男	1979年3月	2003年9月	工程师	2009年12月
36	机井服务站	王凤民	男	1959年1月	1980年1月	工程师	2009年12月
37	水利技术推广服务中心	王礼	男	1967年8月	1988年11月	工程师	2009年12月
38	排灌管理站	尹桂强	男	1982年1月	2004年8月	工程师	2010年11月
39	团泊水库管理处	朱峰	男	1962年8月	1980年9月	工程师	2010年11月
40	团泊水库管理处	车玉虎	男	1963年9月	1980年7月	工程师	2010年11月
41	水政监察大队	吴金声	男	1977年3月	1997年9月	工程师	2010年11月
42	城区排水管理所	李万珍	女	1977年8月	1997年9月	工程师	2010年11月

第三节　治　水　人　物

一、人物简介

曹新柏　男，汉族，1938年3月出生，天津市静海县大张屯乡前小屯村人，中共党员，初中文化。1956年进入静海县水利局工作，1966年抽调海河指挥部任工程组长，1974年抽调海河民兵团任副团长，1975年抽调海河指挥部大港电厂指挥部任副指挥，1977定编海河指挥部任副主任，1980年海河指挥部与水利局合并，任静海县水利局副局长，1984年3月任静海县水利局局长，1992年3月任静海县水利局党委书记，1996年任正局级（县属）调研员，1998年退休。

1957年被评为省水利积极分子，1972年、1974年被评为县先进积极分子，1973年被评为市根治海河先进分子，1977年被评为县先进工作者。

王庆增　男，汉族，1946年3月出生，天津市静海县陈官屯镇人，中共党员。初中文化。1965年参加工作，在北京市房山县参加0401国防建设，任中队部文书，1968年进入静海县陈官屯公社一街大队、县贫宣队工作，1974年先后任静海县独流镇、蔡公庄乡公社副主任，1980年任静海县蔡公庄乡乡长、党委书记，1990年任静海县交通局党委副书记、副局长，1992 年任静海县水利局局长，1996 年任静海县水利局党委书记，2001 年任正局级（县属）调研员，2006 年退休。第九届静海县人民代表大会代表团长，第十二届静海县人民代表大会代表。

李义刚 男，汉族，1957 年 10 月出生，天津市静海县独流镇人，中共党员。1998 年毕业于中央党校函授学院党政管理专业，本科学历。1974 年参加工作，先后在静海县管铺头税务所、静海县社队企业局、静海县政府财办、静海县农经委工作，1987 年任静海县大丰堆乡党委副书记，1992 年任静海县大丰堆乡乡长、党委副书记，1994 年任静海县子牙镇镇长、党委副书记，1998 年任静海县沿庄乡党委书记、人大主席（兼），2001 年至 2010 年任静海县水务（利）局党委书记、局长。第十二、十三、十五届静海县人民代表大会代表。

李义刚担任静海县水利局党委书记、局长期间，坚持把水利基础建设放在工作的首位，主动做好项目前期工作。组织技术人员先后编制了《静海县骨干河道综合治理规划》《静海县生态县建设规划（水利部分）》《大邱庄周边干渠治理工程规划方案》《青年渠西段治理工程实施方案》《团泊水库库区加深工程排水方案比较》《静海新城和团泊新城两大水系网络规划》《静海县水源调度规划》《静海县污水治理规划》等规划和实施方案。在人畜饮水工程，小型农田水利建设工程，蓄滞洪区安全建设工程，农村饮水安全及管网改造建设工程等方面，都得到了市水利局资金上的支持。在调研的基础上，结合实际，撰写了《人畜饮水与集中供水相结合是实现农村饮水城市化的主要途径》的调查报告，得到县领导和市水利局领导的肯定，探索了一条适应市场经济发展需要，加强了水资源的统一管理，符合本市农村发展实际的集中供水工程管理的新路子。

2004 年被市委、市政府评为天津市农村饮水解困先进个人，被市水利局评为天津市农村水利工作先进个人，2005 年获市政府颁发的“2000—2005 年科技兴农”先进个人称号，2006 年被市政府评为天津市“十五”防汛抗旱工作先进个人。

孟令国 男，汉族，1961 年 7 月出生，天津市静海县杨成庄乡双窑村人，中共党员。2000 年毕业于中央党校函授学院党政管理专业，本科学历。1981 年参加工作，在静海县杨成庄乡大寨学校任教，1983 年进入静海县委办公室工作，先后在秘书组、机要科任职，1994 年任静海县委办公室秘书科科长兼县委机关党总支部副书记，1995 年任静海县陈官屯镇镇长、副书记，2000 年任静海县水利局副局长。

孟令国分管农村水利工作，一直坚持深入基层调查研究，以解决百姓困难为己任，以为改善和提高农村居民的生活水平为目的，广泛听取农民群众的意见，精心指导小型农村水利工程的规划设计、建设与管理工作。认真审查项目实施、材料设备采购、资金筹措和使用等，积极协调各方面关系。工作上追求优秀、力求完美，他指导建设的农村人畜饮水解困工程、节水工程均为样板工程，受到群众好评。他带领农水科，围绕全县农业结构调整，大力开展节水工程建设，在他的倡导下，在全县推广低压暗管输水技术，林地香菇大棚微滴灌等高效节水技术，提高了农民收入。主持的科研项目“微喷灌技术在设施农业中的应用”2007年获静海县科技进步一等奖。

2004年被市委、市政府评为天津市农村饮水解困先进个人、被市水利局评为天津市农村水利工作先进个人，2006年被市政府评为天津市“十五”防汛抗旱工作先进个人，2008年被市精神文明委员会评为精神文明创建活动先进个人。

田文学　男，汉族，1956年12月出生，天津市静海县杨成庄乡闫家塚村人，中共党员。2000年毕业于中央党校函授学院经济管理专业，本科学历。1981年进入静海县水利局技术科工作，1994年任技术科科长，1999年任规划设计科科长，2002—2012年任静海县水利（水务）局党委委员、副局长。

作为水利局主管工程技术的领导，静海县每一项重大的水利工程都浸透着田文学的心血和汗水。争光渠改造工程于2003年4月17日正式动工，由田文学负责组织实施。该项工程是提高城区河道水环境质量、树立更好的对外形象的一项民心工程，坐落在新老城区结合部，是工厂、商业、居民密集区，工程施工涉及企事业单位、居民及电力、电信、交通、环卫、环保等多个部门。施工中田文学克服了常人难以想象的困难，使工程顺利完成。水利工程受天气影响很大，在争光渠改造工程中，静海县连降中到大雨，使基槽全被淹没，无法继续施工。为了尽快恢复施工，保障工程进度，田文学总是冒雨在工地上现场察看水情，制定应对方案，田文学身先士卒、以身作则的精神，影响和感染着周围的人。“非典”疫情给工程施工造成了巨大的困难。正值静海县争光渠城区段改造工程动工。“非典”疫情的传播给工程带来了更大的困难。田文学作为工程主负责人克服各种困难，带领广大职工取得了防“非典”工作和争光渠改造工程的双胜利。

1992年被市水利局评为先进工程质量监督员、水利科技先进工作者，1994年被市水利局评为水利科技先进工作者，获1999—2000年度市水利局文明标兵，2001年被市政府评为北水南调工程建设突出贡献奖，被市委、市政府评为“引黄济津”先进个人，2006年被市政府评为天津市“十五”防汛抗旱工作先进个人。

殷忠刚　男，汉族，1964年7月出生，天津市静海县唐官屯镇赵官屯村人，中共党员。2007年毕业于天津市委党校法律专业，本科学历。1983年进入静海县纺织厂工作，同年调静海县水利局工作，先后任团泊水库派出所副所长、水利局工程队副队长、团泊水库派出所所长、团泊水库管理处副主任、水利局水政监察科科长，2009年任静海县水利局党委委员、副局长。

殷忠刚长期从事水政执法工作，在办案过程中严格遵守纪律，秉公执法，文明执法，做到依法查处水事违法案件，不徇私情，既维护了水行政执法形象，同时得到领导与大家的好评。殷忠刚踏遍了静海县与河北省邻界的80千米河道堤防岸线。在调处边界水事纠纷方面总结形成了以预防为主、预防与调处相结合的工作新思路。2007年6月静海县曾家河村与青县合老营村因青静黄排水渠取土发生了械斗、群众集体上访事件。殷忠刚耐心细致地做群众的稳定工作和两村的利益协调工作，结果得到了两县政府领导的肯定，也取得了两村群众的认可。由殷忠刚直接协调处理的水事纠纷事件，调处率达100%，有效地维护了静海县正常的水事秩序和社会稳定。

2004年被市水利局评为天津市水利系统水政工作先进个人，2007年被中央社会治安综合治理委员会、水利部评为全国调处水事纠纷创造平安边界先进个人。

薛兴华 男，汉族，1958年4月出生，天津市静海县大郝庄乡薛庄子村人，大专学历。1981年毕业于静海县水利学校农田水利专业，同年，分配到静海县水利局工作，先后在机井科，农水科，防汛科工作，1996年任防汛科科长。第八届静海县政协委员，第九、十、十一届静海县政协常委。

薛兴华从事防汛抗旱工作20余年，在防汛抗旱工作中，认真履行职责，严格要求自己。做好防办的日常工作，制订和完善防汛抗旱各种预案，当好领导参谋，在1998年长江流域发生大洪水时配合海委，协调有关部门完成从静海调运100万条编织袋的防汛抢险物资任务。在历次引黄济津应急输水工程中坚持深入工程第一线，确保输水安全。在气象、雨情、水情测报工作中及时准确，为领导决策提供了保障，在抗旱水源调度上献计献策，合理调度，为全面完成防汛抗旱任务，确保全县安全度汛做出了贡献。

1994年、1995年被市政府评为天津市防汛工作先进个人，1996年被市计划委员会评为天津市“八五”期间以工代赈工作先进工作者，2001年、2004年被市委、市政府评为引黄济津工作先进个人，2006年被市政府评为天津市“十五”防汛抗旱工作先进个人，2007年被国家防汛抗旱总指挥部、人事部和解放军总政治部授予全国防汛抗旱模范，2009年被市水利局评为天津市水利系统水政工作先进个人。

王曰贵 男，汉族，1949年7月出生，天津市静海县唐官屯镇大十八户村人，中专学历。王曰贵在机井队（后更名为机井服务站）工作期间，以队为家，兢兢业业，机井队被评为天津市一级井队。王曰贵既是工程指挥员，又是战斗员、技术员。不论是复杂地层、井下塌方，还是钻头、钻杆、井管或潜水泵掉落井底，他都能科学判断、化险为夷。王曰贵热爱自己的事业，不断解难题、破难关，研制出井管内套法、丝锥打捞法、水泵密封法、内套补管法等科学工艺技术，并研制成功研磨机等新设备。

1992年被市委、市政府评为天津市劳动模范，1999—2000年被市水利局评为天津市水政监察工作先进个人。

二、先进个人名录

1991—2010年，静海县水务（利）局获得县级以上（不包括县级）先进个人共有149人次（表10-3-52）。

表10-3-52 **1991—2010年静海县水务（利）局获得县级以上先进个人名录**

序号	姓名	颁奖单位	所获奖项	获奖年度
1	徐红梅	市政府	天津市防汛工作先进个人	1991
2	权玉环	市委、市政府	天津市先进体育工作者	1992
3	田文学	市水利局	水利科技先进工作者	1992
4	田文学	市水利局	先进工程质量监督员	1992
5	王曰贵	市委、市政府	天津市劳动模范	1992
6	高德珍	市水利局	修志先进工作者	1993
7	薛兴华	市政府	天津市防汛工作先进个人	1994
8	马锡珍	市政府	天津市防汛工作先进个人	1994
9	田文学	市水利局	水利科技先进工作者	1994
10	薛兴华	市政府	天津市防汛工作先进个人	1995
11	刘永保	市政府	天津市防汛工作先进个人	1995
12	王强	市政府	天津市防汛工作先进个人	1995
13	张茂荣	市政府	天津市防汛工作先进个人	1995
14	徐红梅	市政府	天津市防汛工作先进个人	1995
15	王强	市委、市政府	1996年天津市防汛抗洪抢险先进个人	1996
16	马锡珍	市委、市政府	1996年天津市防汛抗洪抢险先进个人	1996
17	苏会平	天津市总工会	天津市“八五”立功奖章获得者	1996
18	高天寿	市委、市政府	天津市防汛工作先进个人	1996
19	杨　英	市政府	天津市地下水资源管理先进个人	1996
20	薛兴华	市计划委员会	天津市“八五”期间以工代赈工作先进工作者	1996
21	汪绍盛	市水利局	天津市科教兴农先进个人	1998
22	刘增如	市水利局	天津市科教兴农先进个人	1998
23	杨远志	市水利局	1998年天津市水政先进工作者	1999
24	郭树起	市水利局	1998年天津市水政先进工作者	1999
25	张兰英	市水利局	1998年天津市水政先进工作者	1999

续表

序号	姓名	颁奖单位	所获奖项	获奖年度
26	季如富	市水利局	1998年天津市水政先进工作者	1999
27	刘增如	市水利局	天津市干旱地区水资源开发利用技术研究科技成果一等奖	1999
28	朱德民	市水利局	天津市干旱地区水资源开发利用技术研究科技成果一等奖	1999
29	汪绍盛	市总工会	“九五”立功先进个人	2000
30	马锡珍	市水利局	局级文明标兵	1999—2000
31	张景顺	市水利局	局级文明标兵	1999—2000
32	田文学	市水利局	局级文明标兵	1999—2000
33	姜连祥	市水利局	局级文明标兵	1999—2000
34	杨远志	市水利局	天津市水政监察工作先进个人	1999—2000
35	高启书	市水利局	天津市水政监察工作先进个人	1999—2000
36	高德珍	市水利局	天津市水政监察工作先进个人	1999—2000
37	王曰春	市水利局	天津市水政监察工作先进个人	1999—2000
38	汪绍盛	市水利局	“九五”科技兴水先进个人	2001
39	刘增如	市水利局	“九五”科技兴水先进个人	2001
40	常子贺	市水利局	“九五”科技兴水先进个人	2001
41	汪绍盛	市精神文明委员会	文明市民	2001
42	汪绍盛	市委、市政府	引黄济津先进个人	2001
43	丁连杰	市委、市政府	引黄济津先进个人	2001
44	张茂荣	市委、市政府	引黄济津先进个人	2001
45	刘永保	市委、市政府	引黄济津先进个人	2001
46	薛兴华	市委、市政府	引黄济津先进个人	2001
47	田文学	市委、市政府	引黄济津先进个人	2001
48	邢　新	市委、市政府	引黄济津先进个人	2001
49	汪绍晟	市政府	北水南调工程建设突出贡献奖	2001
50	李金武	市政府	北水南调工程建设突出贡献奖	2001
51	田文学	市政府	北水南调工程建设突出贡献奖	2001
52	高启书	市政府	北水南调工程建设突出贡献奖	2001
53	常子贺	市政府	北水南调工程建设突出贡献奖	2001
54	刘升华	市政府	北水南调工程建设突出贡献奖	2001

续表

序号	姓名	颁奖单位	所 获 奖 项	获奖年度
55	杨合来	市政府	北水南调工程建设突出贡献奖	2001
56	王德伏	市政府	北水南调工程建设突出贡献奖	2001
57	王恩吉	市政府	北水南调工程建设突出贡献奖	2001
58	齐瑞田	市政府	北水南调工程建设突出贡献奖	2001
59	刘桐林	市政府	北水南调工程建设突出贡献奖	2001
60	张茂荣	市精神文明委员会	文明市民	2002
61	邱文治	市水利局	天津市水利系统精神文明建设“文明标兵”称号	2001—2002
62	潘广谦	市水利局	天津市水利系统精神文明建设“文明标兵”称号	2001—2002
63	张汝华	市水利局	水政工作先进个人	2002
64	王曰春	市水利局	水政工作先进个人	2002
65	邱文治	市水利局	水政工作先进个人	2002
66	高启书	市水利局	水政工作先进个人	2002
67	邢 新	市水利局	天津市水利建设先进个人	2001—2002
68	张景顺	市水利局	天津市水利建设先进个人	2001—2002
69	姜连祥	市水利局	天津市水利系统优秀思想政治工作者	2003
70	唐世奇	市水利局	天津市水利系统2003年度水政工作先进个人	2003
71	李义刚	市水利局	天津市农村水利工作先进个人	2004
72	孟令国	市水利局	天津市农村水利工作先进个人	2004
73	谢继东	市水利局	天津市农村水利工作先进个人	2004
74	高德珍	市水利局	天津市农村水利工作先进个人	2004
75	薛兴华	市委、市政府	引黄济津工作先进个人	2004
76	高启书	市水利局	2003年度市水利系统水政工作先进个人	2004
77	张汝华	市水利局	2003年度市水利系统水政工作先进个人	2004
78	王怀俊	市水利局	2003年度市水利系统水政工作先进个人	2004
79	李义刚	市委、市政府	农村人畜饮水解困先进个人	2004
80	孟令国	市委、市政府	农村人畜饮水解困先进个人	2004
81	谢继东	市委、市政府	农村人畜饮水解困先进个人	2004
82	唐庆云	市委、市政府	农村人畜饮水解困先进个人	2004

续表

序号	姓名	颁奖单位	所获奖项	获奖年度
83	王恩军	市委、市政府	农村人畜饮水解困先进个人	2004
84	陈自金	市委、市政府	农村人畜饮水解困先进个人	2004
85	邢　新	市水利局	2002—2003 年度天津市水利工程建设先进个人	2004
86	张景顺	市水利局	2002—2003 年度天津市水利工程建设先进个人	2004
87	焦月如	国家计划生育管理委员会	计划生育贡献奖	2004
88	孙景起	市水利局	2004 年度天津市水利系统水政工作先进个人	2005
89	马洪信	市水利局	2004 年度天津市水利系统水政工作先进个人	2005
90	殷忠刚	市水利局	2004 年度天津市水利系统水政工作先进个人	2005
91	王秀荣	市水利局	2004 年度天津市水利系统水政工作先进个人	2005
92	佟永正	市水利局	2003—2004 年度天津市水利系统精神文明建设先进个人	2005
93	牛顺双	天津市第二次基本单位普查领导小组办公室	天津市第二次基本单位普查先进个人	2005
94	李义刚	市政府	2000—2005 年科技兴农先进个人	2005
95	高启书	市水利局	2005 年度天津市水利系统水政工作先进个人	2006
96	闫志刚	市水利局	2005 年度天津市水利系统水政工作先进个人	2006
97	王怀俊	市水利局	2005 年度天津市水利系统水政工作先进个人	2006
98	舒树柏	市水利局	2005 年度天津市水利系统水政工作先进个人	2006
99	李义刚	市政府	天津市“十五”防汛抗旱工作先进个人	2006
100	孟令国	市政府	天津市“十五”防汛抗旱工作先进个人	2006
101	田文学	市政府	天津市“十五”防汛抗旱工作先进个人	2006
102	刘永保	市政府	天津市“十五”防汛抗旱工作先进个人	2006

续表

序号	姓名	颁奖单位	所 获 奖 项	获奖年度
103	韩　滨	市政府	天津市“十五”防汛抗旱工作先进个人	2006
104	薛兴华	市政府	天津市“十五”防汛抗旱工作先进个人	2006
105	谢继东	市政府	天津市“十五”防汛抗旱工作先进个人	2006
106	刘振旺	市政府	天津市“十五”防汛抗旱工作先进个人	2006
107	邱文治	市政府	天津市“十五”防汛抗旱工作先进个人	2006
108	王恩军	市政府	天津市“十五”防汛抗旱工作先进个人	2006
109	韩　滨	市水利局	2005—2006年度天津市水利系统精神文明建设先进个人	2006
110	缴万利	市水利局	2005—2006年度天津市水利系统精神文明建设先进个人	2006
111	刘振旺	市水利局	2005—2006年度天津市水利系统精神文明建设先进个人	2006
112	邱文治	市政府	天津市创建国家环境保护模范城市先进个人	2006
113	刘升华	市公安局政治处	保卫干部（嘉奖）	2007
114	缴万励	市水利局	2006—2007年度天津市水利系统精神文明建设先进个人	2007
115	贺连海	市水利局	2006—2007年度天津市水利系统精神文明建设先进个人	2007
116	姜连祥	市总工会	天津市优秀工会工作者	2007
117	殷忠刚	中央社会治安综合治理委员会、水利部	全国调处水事纠纷创造平安边界先进个人	2007
118	薛兴华	国家防总、人事部、解放军总政治部	全国防汛抗旱模范	2007
119	李银山	市水利局	2007年度天津水利系统水政工作先进个人	2008
120	闫志刚	市水利局	2007年度天津水利系统水政工作先进个人	2008
121	张汝华	市水利局	2007年度天津水利系统水政工作先进个人	2008
122	张景顺	市水利局	2007年度天津水利系统水政工作先进个人	2008

续表

序号	姓名	颁奖单位	所获奖项	获奖年度
123	孟令国	市精神文明委员会	精神文明创建活动先进个人	2008
124	韩　滨	市水利局	2007—2008 年度天津市水利系统文明职工	2008
125	刘金水	市水利局	2007—2008 年度天津市水利系统文明职工	2008
126	常子贺	市水利局	天津市水利工程建设先进个人称号	2008
127	李银山	市水利局	天津市水土保持监督执法专项行动先进个人	2008
128	吴金声	市水利局	2008 年度天津市水利系统水政先进个人	2009
129	闫志刚	市水利局	2008 年度天津市水利系统水政先进个人	2009
130	郝广来	市水利局	2008 年度天津市水利系统水政先进个人	2009
131	张景顺	市水利局	2008 年度天津市水利系统水政先进个人	2009
132	董家桥	市水利局委员会、市水利局	2008—2009 年度天津市水利系统精神文明建设先进个人	2009
133	刘金水	市水利局委员会、市水利局	2008—2009 年度天津市水利系统精神文明建设先进个人	2009
134	李银山	市水利局	2009 年度天津市水土保持监督执法专项治理先进个人	2009
135	薛兴华	市水利局	2009 年度天津市水利系统水政工作先进个人	2009
136	李银山	市水利局	2009 年度天津市水利系统水政工作先进个人	2009
137	朱德民	市水利局	2009 年度天津市水利系统水政工作先进个人	2009
138	靳　毅	市水利局	2009 年度天津市水利系统水政工作先进个人	2009
139	王　礼	市水利局	水务系统优秀信息宣传工作先进个人	2009
140	牛顺双	市防汛抗旱指挥部	2009 年度引黄济津应急调水先进个人	2010
141	邢　刚	市防汛抗旱指挥部	2009 年度引黄济津应急调水先进个人	2010
142	元英瑾	市防汛抗旱指挥部	2009 年度引黄济津应急调水先进个人	2010
143	孙学忠	市防汛抗旱指挥部	2009 年度引黄济津应急调水先进个人	2010

续表

序号	姓名	颁奖单位	所获奖项	获奖年度
144	舒树柏	市水务局	2009—2010 年度天津市水务系统文明职工	2010
145	经广军	市水务局	2009—2010 年度天津市水务系统文明职工	2010
146	李　超	市水务局	2009—2010 年度天津市水务系统文明职工	2010
147	薛　刚	市水务局	2010 年度天津市水务系统水政工作先进个人	2010
148	李银山	市水务局	2010 年度天津市水务系统水政工作先进个人	2010
149	舒树柏	市水务局	2010 年度天津市水务系统水政工作先进个人	2010

三、先进集体

1991—2010 年，静海县水务（利）局获得县级以上（不包括县级）先进集体荣誉奖项共有 64 项（表 10-3-53）。

表 10-3-53 **1991—2010 年静海县水务（利）局获得县级以上先进集体名录**

序号	获奖单位	颁奖单位	所获奖项	获奖年度
1	静海县水利局扬水站中心站	市政府	天津市 1994 年防汛工作先进集体	1994
2	静海县水利局防汛抗旱科	市政府	天津市 1995 年防汛工作先进集体	1995
3	静海县水利局河道管理所	市政府	天津市 1995 年防汛工作先进集体	1995
4	静海县水利局扬水站中心站	市政府	天津市 1995 年防汛工作先进集体	1995
5	静海县水利局防汛科	市委、市政府	天津市抗洪抢险先进集体	1995
6	静海县水利局河道所	市委、市政府	天津市抗洪抢险先进集体	1995
7	静海县水利局工程科	市水利局	天津市水利系统先进建设管理单位	1995
8	静海县水利局	市政府	天津市 1996 年防汛抗洪抢险工作先进集体	1996

续表

序号	获奖单位	颁奖单位	所获奖项	获奖年度
9	静海县水利局农水科	市水利局	天津市科技兴农先进集体	1998
10	静海县水利局办公室	市水利局	2000年天津市水利综合统计三等奖	2000
11	静海县水利局	市水利局党委、市水利局	1999—2000年精神文明建设年“文明单位”	2000
12	静海县水利局工程队	市委、市政府	北水南调工程突出贡献奖	2000
13	静海县水利局	市政府	计划生育先进集体	2001
14	静海县水利局	市水利局	第16届天津市水利职工游泳比赛精神文明队	2001
15	静海县水利局	市水利局	水利知识水法知识竞赛第二名	2001
16	静海县水利局	市水利局	精神文明建设先进单位	2002
17	静海县水利局	市体育局	群众体育工作先进单位	2002
18	静海县水利局	市水利局	2000天津市水利固定资产投资统计三等奖	2001
19	静海县扬水站中心站	市水利局	市水利系统2002—2003年度文明闸站	2003
20	静海县水利局	市公安六处	嘉奖单位	2003
21	静海县水利局	市水利局	天津市水利局2003年度统计工作三等奖	2003
22	静海县水务局农田水利科	市水利局	天津市2004年度农村水利工作先进集体称号	2004
23	静海县水利技术推广服务中心	市水利局	天津市2004年度农村水利工作先进集体称号	2004
24	静海县水务局	市委、市政府	天津市农村饮水解困工作先进集体	2004
25	静海县水务局机井队	市委、市政府	天津市农村饮水解困工作先进集体	2004
26	静海县水务局河道管理所	市水利局	2002—2003年度天津市水利工程建设先进集体	2004
27	静海县水务局	市水利局	天津市2003年度水利综合统计年报评比三等奖	2004
28	静海县水务局河道管理所	市水利局	2004—2005年度天津市水利系统文明闸站（所）	2005

续表

序号	获奖单位	颁奖单位	所获奖项	获奖年度
29	静海县水务局排灌管理站	市水利局	2004—2005年度天津市水利系统文明闸站（所）	2005
30	静海县团泊水库管理处	市水利局	2004—2005年度天津市水利系统文明闸站（所）	2005
31	静海县水务局	市水利局	天津市2005年度水利综合统计年报评比二等奖	2005
32	静海县水务局	市水利局	2004年度天津市地下水资源管理取水工程先进单位	2005
33	静海县水务局	市水利局	2004年度天津市地下水资源管理工作目标考核二等奖	2005
34	静海县水务局	天津市政府	天津市“十五”防汛抗旱工作先进集体	2006
35	静海县水务局	市爱卫会 市政府	市级卫生先进单位	2006
36	静海县水务局	市水利局	天津市2006年度水利综合统计年报评比三等奖	2006
37	静海县水务局	市水利局	2006年度水利基建固定资产投资统计评比三等奖	2006
38	静海县水务局水政监察科	市水利局	2006年度水利系统水政先进集体	2006
39	静海县水务局	市爱卫会 市政府	市级卫生先进单位	2007
40	静海县水务局排灌管理站	市水利局	文明闸站（所）	2007
41	静海县水务局 河道管理所	市水利局	文明闸站（所）	2007
42	静海县团泊水库管理处	市水利局	文明闸站（所）	2007
43	静海县水务局	市水利局	天津市2006—2007年度水利基建固定资产投资统计评比三等奖	2007
44	静海县水务局	市水利局	天津市水利系统2007年度水政工作先进单位	2007
45	静海县水务局办公室	市公安局	荣获集体嘉奖	2008
46	静海县水务局	水利部	全国水土保持监督执法专项行动先进集体	2008

续表

序号	获奖单位	颁奖单位	所获奖项	获奖年度
47	静海县水务局	市爱卫会 市政府	市级卫生先进单位	2008
48	静海县水务局	市水利局	天津市2007—2008年度水利基建固定资产投资统计评比二等奖	2008
49	静海县水务局	市水利局	天津市2007—2008年度水利综合统计年报评比二等奖	2008
50	静海县水务局水政监察科	市水利局	天津市水利系统2008年度水政工作先进集体	2008
51	静海县水务局水政监察科	市水利局	天津市水土保持专项执法行动先进集体	2008
52	静海县水务局	市水务局	2008—2009年度水利统计工作先进单位	2009
53	静海县水务局	市水务局	天津市水土保持监督执法专项行动先进集体	2009
54	静海县水务局	市水务局	天津市水利系统水政工作先进集体	2009
55	静海县水务局	市水务局	2008—2009年学法用法“五个一”活动阶段三等奖	2009
56	静海县水务局排灌管理站	市水务局	文明闸站（所）	2009
57	静海县水务局 河道管理所	市水务局	文明闸站（所）	2009
58	静海县团泊水库管理处	市水务局	文明闸站（所）	2009
59	静海县水务局	市防汛抗旱 指挥部	天津市2009年度引黄济津应急调水工作先进集体	2010
60	静海县水务局河道管理所	市防汛抗旱 指挥部	天津市2009年度引黄济津应急调水工作先进集体	2010
61	静海县水务局	市水务局	2010年度天津市区县水务业务工作考核先进集体	2010
62	静海县水务局	市水务局	2010年度天津市水务系统水政工作先进集体	2010
63	静海县水务局	市水务局	2009—2010年度天津市水务系统文明单位	2010
64	静海县水务局	水利部办公厅	全国水利系统“五五”普法先进集体	2011

第十一章

基础工作

水利事业是经济社会发展的重要支柱，水利规划、科技教育和水利普查等工作又是做好水利事业的基础工作。1991—2010 年，静海县水利（水务）局围绕水利建设的实际情况，制定治水方针和任务，指导水利建设发展，先后制定了一系列水利发展规划、水利综合规划、水利专项规划，为静海县水利事业的发展奠定了基础。在人畜饮水解困和农村供水安全等工作中推广运用先进技术，实现节水节电。与高校合作开办脱产大专班，提高职工专业能力。2010 年静海县开展了第一次水利普查，摸清了静海县经济社会发展对水资源的需求，了解水利行业能力建设状况。

第一节　水利规划

一、水利发展规划

2005 年编制了《静海县农村水利“十一五”发展规划》，总体目标是到 2010 年使水利建设总体上一个台阶，为静海县实现“五年上台阶，八年跨入全市先进行列”的奋斗目标，做出积极贡献。其中规划了八大项工程：防洪工程、水资源开发利用工程、干渠清淤及大洼闸涵改造工程、灌排工程、节水建设工程、农村饮水安全及管网改造工程、水利信息化建设工程、水环境保护工程。规划工程项目总投资 17.07 亿元。

2010 年编制了《静海县水务事业发展和建设节水型社会“十二五”规划》，规划提出：“十二五”期间，进一步完善防洪减灾综合体系，全县新修撤退路 22 条；明显改善农村水利基础设施条件，新建和维修干渠闸涵 12 座，清挖淤积渠道 8 条。更新改造及扩建 9 座扬水站，恢复原有除涝标准。加强水环境保护与水生态建设，市政排水工程改造 7 处排水系统、新建 2 座雨水泵站，改造 1 座污水泵站，新建 1 座污水处理厂；控沉工程，逐步实施静海县地下水资源自动监测系统，年用水指标平均递减达 5%；加大水环境治理力度，使地表水水质状况有明显好转；实施污水处理达标工程建设，改善和恢复生态环境。

二、综合规划

2005 年编制了《静海县“十一五”防汛规划》，规划提出“十一五”期间，四个分洪洼淀内新修撤退路135条，长378.49千米；建设围村埝7个，其中东淀撤退路4条，长5.93千米，可解决6377人的安全撤离。文安洼撤退路15条，长47.1千米，可解决14579人的安全撤离；结合乡村规划，移乡建镇修建围村埝3个，全长15.5千米，可安置17571人。贾口洼撤退路36条，长108.96千米，可解决65080人的安全撤离；围村埝3个，全长16千米，可安置14700人。团泊洼撤退路80条，长216.5千米，可解决12.77万人的安全撤离。

2005年编制了《静海县节水灌溉“十一五”规划》，规划提出到2010年节水控制面积达47000公顷，占有效灌溉面积的80%。把全县总体分为五个节水灌区：一是团泊洼周边地表水灌区；二是运西津涞路两侧井灌区；三是马厂减河以南混合灌区；四是京沪铁路以西京沪高速公路以东夹道喷灌区；五是西台路两侧大棚滴灌区。该规划以科技化、集约化、现代化为目标，通过水、田、林、路综合治理，建设高标准农田，发展优质高效节水农业；以现有防洪排涝体系为基础，以保障防洪安全、改善水环境为前提，通过水库、河道、泵站、防洪围埝等工程综合治理提高防洪减灾标准。到“十一五”末，水利建设总体水平上一个新台阶。

《静海县团泊灌区续建配套与节水改造“十一五”规划》，2005年农水科编制。2006—2010年，规划面积20133.33公顷，总投资3.1亿元。主要是扬水站更新改造、干支渠清淤、闸涵维修配套及节水工程建设。

《静海县“十二五”节水建设规划》，2010年编制。2011—2015年大幅提高水资源利用效率和效益，新建节水项目区150处，节水面积11066.67公顷，全县节水面积累计达到53800公顷，占有效灌溉面积的97%。新建工业节水工程5项，年节水120万立方米。该规划总体思路是按照全县经济发展目标和布局，以科技化、集约化、现代化为目标，发展优质高效节水农业；以现有防洪排涝体系为基础，通过路网建设，以保障防洪安全；通过河道、泵站、城区管网等工程综合治理提高防洪减灾标准。

《静海县2006—2010年农村饮水安全及管网入户改造工程规划》，2005年编制。2005年，国家启动了农村饮水安全应急工程，按照水质、水量、用水方便程度等指标衡量，到2010年全县384个行政村中有320个村，11.3万户，37.3万人的饮水氟含量在每升1.2毫克以上，存在饮水水质不达标问题，需要实施饮水安全工程；有355个村，13.5万户，41.7万人因供水设施和供水管网老化失修，存在饮水不方便问题，需要实施管网入户改造工程。工程计划总投资20162.97万元。

三、专项规划

2009年编制完成《静海县农用桥、闸、涵维修改造工程规划》，并经县政府批准。

静海县农田干支渠上的农用桥、涵、闸大多数始建于20世纪60—70年代，由于建设标准低，又缺乏必要的维修养护，其中的部分桥梁已成为危桥甚至坍塌，部分闸涵破损严重、运行使用困难。不仅影响渠道的正常灌、排、蓄水，甚至威胁车辆、行人的通车安全，对加快农村经济发展和新农村建设造成一定影响，亟须维修改造。市政府和市有关部门对桥、闸、涵的维修改造十分重视，安排专项资金，实施农用桥闸涵维修改造工程。根据市水利局《关于编制农用桥闸涵维修改造工程规划的通知》（津水农〔2008〕11号）的文件精神，参照《农用桥闸涵维修改造工程规划大纲》编制规划设计报告。经调查2011—2015年需要维修重建的农用桥、闸、涵288座，其中桥93座、闸27座、涵168座。预算总投资1.29亿元。

《静海县农村生活垃圾处理及坑塘整治工程规划》，2010年编制。共涉及16个乡镇，141个行政村。规划提出2011—2015年建设农村生活污水处理厂124个、治理坑塘121座。总投资36783万元，其中农村生活污水处理厂投资26428万元，占总投资的72％；坑塘投资10355万元，占总投资的28％。

第二节 科技与教育

一、科技

静海县水利局在2001—2002年人畜饮水解困工程中，推广应用“新打深机井采用钢筋混凝土管代替钢管的成井工艺、井管材料、成井深度、开采量等技术”。此项目通过专家论证，在人畜饮水解困工程中得到广泛应用，确保了人畜饮水解困任务的完成。

2004年静海县水利局在高家楼、沿庄村、东禅房、王口镇、唐官屯镇、玉田庄村的人畜饮水解困工作中，应用恒压变频自动供水设备，取代水塔、气压罐等传统供水设施，保证了恒压自动变量供水，实现了节水、节电的目的。采用恒压变频技术，解决了原来供水时间段，压力小，管道末端用水户得不到供水等问题，实现了全天候供水，使受益村民达到城市化用水标准，缩小了城乡差距。2004年以“恒压变频技术在农村供水工程中的应用于推广”为课题，获得静海县科技进步奖。

二、教育

2005—2006年，经局党委研究，报县领导及人事部门同意，委托天津农学院为县水利局开办水利水电建筑工程专业脱产大专证书班，学制一年半。全局范围内，男 30 周岁，女 25 周岁以下，2004 年 6 月底以前在编的初中、中专、高中毕业的职工和非水利专业的大专以上文化程度（大专自愿）的在职职工和待岗职工报名学习，共计 93 名学员参加了大专班的学习，其中在职职工 52 人，待岗职工 10 人，临时工 6 人，职工子女 25 人。大专班专职教师基本情况，见表 11－2－54；静海县水利水电大专班学员情况，见表 11－2－55。

表 11－2－54 **大专班专职教师情况表**

姓名	年龄	学历	职称	任职情况	备注
刘玉林	60	大本	副教授	农水、施工	“双师”兼技能指导
杨惠刚	44	大本	副教授	水力学、地质、水资源规划	技能指导
孙书洪	40	研究生	副教授	结构、水工、农水	“双师”兼技能指导
朱秀清	39	研究生	副教授	建筑结构、水工	技能指导
陆作人	54	大本	副教授	泵站、水文	“双师”兼技能指导
郭健	48	大本	讲师	水工	“双师”兼技能指导
周莉	32	大本	讲师	水利经济	
李惠敏	46	大本	讲师	泵站、水工	
杨奎明	38	大本	实验师	建材、测量	技能指导
邹姗	25	大本	讲师	工程力学、水力学	
张淑敏	45	大专	实验师	土工及材料试验	“双师”兼技能指导
彭增莆	40	大本			
王玉飞	26	研究生	讲师	水文与水资源	
刘玲	27	大本	助讲	CAD 计算机	技能指导
邵华	30	大专	助理实验师	土工、建材	技能指导

注 1. 副教授职称教师，5 人，占 33.3%。
2. “双师”教师，5 人，占 33.3%。
3. 技能指导教师，10 人，占 66.7%。

表 11－2－55 **大专班学员情况表**

序号	姓名	性别	政治面貌	所在单位	在职情况	家长姓名
1	李金海	男		排灌站	在职	李伯龙
2	只炳瑞	男		排灌站	在职	只长兴
3	李春旭	男		排灌站	在职	李学明

续表

序号	姓名	性别	政治面貌	所在单位	在职情况	家长姓名
4	刘树玉	男		排灌站	在职	刘汝岱
5	王娜	女		排灌站	待岗	王茂昌
6	李霞	女		排灌站	待岗	李玉成
7	赵兴华	男		排灌站	在职	赵雨发
8	马双元	男		排灌站	在职	马迎立
9	刘伟	男		排灌站	在职	刘增茹
10	刘健	男		排灌站	在职	彭德惠
11	袁凤勇	男		排灌站	在职	袁大洪
12	吴振东	男	中共党员	排灌站	在职	吴国川
13	田春有	男	中共党员	排灌站	在职	田宝玉
14	于建勇	男		排灌站	在职	于振祥
15	张纪元	男		排灌站	在职	张春利
16	王德同	男	中共党员	排灌站	在职	王建成
17	肖军	男		排灌站	在职	郭淑芳
18	董宝航	男		排灌站	在职	董忠海
19	周振浩	男		机井队	在职	周作兴
20	徐延潮	男		机井队	在职	徐天兴
21	刘辉	男		机井队	在职	李淑香
22	乔桂文	男		机井队	在职	乔永新
23	刘丽	女		机井队	在职	刘希凯
24	姚洪祥	男		机井队	在职	姚恩阁
25	林祥	男		机井队	在职	林凤鸣
26	强刚	男		机井队	在职	强万成
27	邓中升	男		机井队	在职	邓云友
28	周浩	男		机井队	在职	周之虎
29	王文刚	男	中共党员	河道所	在职	王桂权
30	杨强	男		河道所	在职	杨正元
31	王建(大)	男		河道所	在职	王卓静
32	滕述军	男		河道所	在职	滕有功

续表

序号	姓名	性别	政治面貌	所在单位	在职情况	家长姓名
33	吴玉琨	男		河道所	待岗	吴振起
34	张哲	男		河道所	待岗	张立波
35	张凯	男		河道所	待岗	张宗福
36	曲静文	女		河道所	待岗	曲兆东
37	孔亮	男		河道啊	待岗	孔祥起
38	李宁	男		供水站	在职	李景华
39	唐颖	女		供水站	在职	唐庆云
40	张文茹	女		供水站	在职	张洪奎
41	张喜军	男	中共党员	技术中心	在职	张友利
42	杨晓冬	男		技术中心	在职	杨远志
43	王建勇	男	中共党员	技术中心	在职	王庆俊
44	崔玉龙	男		工程队	在职	崔国华
45	韩广勇	男		工程队	待岗	韩立江
46	郝彬彬	男		工程队	待岗	穆容秀
47	王子国	男		工程队	在职	王维岭
48	郝秀银	男		工程队	在职	郝锦华
49	刘宝坤	男		工程队	在职	刘广营
50	郑学强	男		工程队	在职	郑绍志
51	李银山	男	中共党员	水库	在职	李富言
52	朱华彬	男		水库	在职	朱仁和
53	李昆明	男		水库	在职	李金锁
54	王松	男		水库	在职	王树起
55	经广军	男		水库	在职	安国英
56	董仲臣	男		水库	在职	董一江
57	陈培禄	男		水库	在职	陈然
58	邵忠健	男		水库	在职	邵世敏
59	刘金强	男		水库	在职	刘广生
60	程治甫	男			子女	程庆杰
61	王富琛	男			子女	王海亭
62	徐亮	男			子女	车玉香
63	王晓玥	男		供水站	临时	王强

续表

序号	姓名	性别	政治面貌	所在单位	在职情况	家长姓名
64	高磊	男		供水站	临时	高启书
65	杨义建	男	中共党员	供水站	临时	杨立升
66	王健(小)	男		供水站	临时	王万山
67	赵建民	男		供水站	临时	赵培喜
68	马成亮	男			子女	马秀华
69	邓庆民	男			子女	邓吉武
70	袁静(小)	女			子女	袁凤山
71	张仲来	女			子女	张长生
72	王林	男			子女	王建国
73	于海莲	女			子女	于继英
74	姚斌	男			子女	姚香玉
75	郭富强	男			子女	郭维臣
76	邵进	男			子女	邵宝成
77	杨立平	男			子女	杨家生
78	张娟	女			子女	张永仕
79	梁惠	女			子女	梁文生
80	梁永琛	男			子女	梁文生
81	孙海燕	女		河道所	待岗	孙景起
82	于艳	女		水库	待岗	于树宏
83	孙桐杰	男		供水站	临时	孙景立
84	袁静(大)	女		排灌站	待岗	袁绍新
85	赵建华	男			子女	赵文勇
86	刘磊	男			子女	刘恒洲
87	张莹	女		水库	待岗	张展飞
88	赵萌	女			子女	赵仲起
89	高志民	男			子女	高俊臣
90	王伟	女			子女	王振峰
91	梁倩	女			子女	梁金城
92	吴金声	男		工程队	在职	吴国政
93	赵宝强	男		水库	在职	赵玉海

第三节 水 利 普 查

一、安排部署

根据《国务院关于开展第一次全国水利普查的通知》(国发〔2010〕4号)要求，依照《天津市全国第一次水利普查实施方案》，结合静海县水务事业的实际，开展静海县第一次水利普查。

(一) 普查目的和意义

水利普查是一项重大的国情国力调查，是国家资源环境调查的重要组成部分。开展全国水利普查是为了查清中国江河湖泊基本情况，掌握水资源开发、利用和保护现状，摸清经济社会发展对水资源的需求，了解水利行业能力建设状况，建立国家基础水信息平台，为国家经济社会发展提供可靠的基础水信息支撑和保障。搞好全国水利普查，有利于谋划水利长远发展思路，科学制定国家经济社会可持续发展战略；有利于实行最严格的水资源管理制度，推进水资源合理配置和高效利用；有利于深化水利管理体制改革，增强水利公共服务能力；有利于提高全社会水患意识和水资源节约保护意识，推进资源节约型、环境友好型社会建设。

(二) 普查目标与任务

水利普查是一项重大的国情国力调查，是国家资源环境调查的重要组成部分，是国家基础水信息的基准性调查。按照国务院开展第一次全国水利普查的工作部署，开展全县水利普查是为了查清静海县江河湖泊基本情况，掌握水资源开发、利用和保护现状，了解水利行业能力建设情况，增补控制地面沉降、城市排水，非常规水开发利用基础设施基本情况，建立静海县基础水信息平台，为静海县经济社会发展提供可靠的基础水信息支撑和保障。开展全县水利普查，有利于谋划水务长远发展，科学制定水务及国民经济和社会发展规划；有利于加强水务基础设施建设与管理；有利于实行最严格的水资源管理制度，推进水资源合理配置和高效利用；有利于深化水务管理体制改革，增强水务公共服务能力；有利于提高全社会水患意识和水资源节约保护意识，推进资源节约型、环境友好型社会建设。

(1) 全面查清静海县河湖的基本情况。通过对静海县河湖进行全面系统的调查，查清河湖的数量及其分布，查清河湖的水文特征状况。

（2）全面查清静海县水利工程基本情况。通过对静海县水利工程的普查，查清各类水利工程的数量与分布、规模与能力及效益等基本情况。

（3）查清静海县经济社会用水状况。通过对城乡居民生活用水，农业用水、工业用水、建筑业用水、第三产业用水等国民经济各行业用水以及河道外生态环境用水的调查，全面查清静海县经济社会用水状况。

（4）全面查清静海县河湖开发治理保护情况。通过对静海县河湖取水口、水源地、入河湖排污口、河湖治理情况等普查，查清静海县河湖开发治理保护的基本情况。

（5）查清静海县水土保持情况。通过对全县土壤侵蚀情况、侵蚀沟道、水土流失治理措施等的调查，掌握水土流失、治理情况及其动态变化等。

（6）查清静海县水利行业能力建设情况。通过对各类水利单位和机构的调查，全面查清水利单位的数量及分布、从业人员数量及结构、资产规模及运营状况等。

（7）建立静海县基础水信息平台。通过水利普查，进一步完善基础水信息标准和统计调查制度，建立健全基础水信息登记和台账管理系统，建立静海县基础水信息数据库（包括普查综合成果空间数据库及属性库，主题空间数据库及属性库）和信息管理系统，建立水信息资源整合和共享机制，形成规范、统一、权威的静海县基础水信息平台。

（三）主要普查内容

第一次全国水利普查包括河湖基本情况普查、水利工程基本情况普查、经济社会用水情况调查、河湖开发治理保护情况普查、水土保持情况普查、水利行业能力建设情况普查，以及灌区和地下水取水井两个专项普查。各项普查内容如下。

1. 河湖基本情况普查

查清静海县流域面积 50 平方千米及以上河流的名称位置、长度面积等基本特征，重点普查流域面积 100 平方千米及以上河流的河源河口位置、河流比降、多年平均年降雨量和年径流量等水文特征；对于具有水文站（或水位站）的河流，查清水文站（或水位站）的名称位置、观测项目、设施状况等情况；对于具有实测和历史洪水调查资料的河流，利用已有资料填报最大洪水的发生情况。同时对重要区间流域（河段）进行普查。

查清静海县常年水面面积 1 平方千米及以上湖泊的名称位置、水面面积、咸淡水属性等基本特征，重点普查常年水面面积 10 平方千米及以上湖泊的平均水深、容积等形态特征。

2. 水利工程基本情况普查

以独立发挥作用的各类水利工程为普查对象，查清静海县各类水利工程的数量、分布等基础信息，重点查清一定规模以上的各类水利工程的基本情况、工程特征、作用与效益及管理情况等，对规模以下的工程主要查清数量及规模情况。

水库工程。重点调查总库容为10万立方米及以上的水库工程，10万立方米以下的水库工程简单调查，仅查清其数量和总库容。

水闸工程。重点调查过闸流量5立方米每秒及以上的水闸工程；过闸流量1～5立方米每秒（含1立方米每秒）之间的水闸工程简单调查，仅查清其数量和过闸流量；过闸流量1立方米每秒以下的水闸工程不调查。

泵站工程。重点调查装机流量1立方米每秒或装机功率50千瓦及以上的泵站工程；装机流量1立方米每秒且装机功率50千瓦以下的泵站工程简单调查，仅查清其数量和规模。

引调水工程。重点调查跨流域且跨水资源三级区的引调水工程，不包括应急供水和临时生态补水的引调水工程。

堤防工程。重点调查堤防级别5级及以上的堤防工程，5级以下堤防工程仅查清数量及长度。

农村供水工程。重点调查供水规模200立方米每天及以上或供水人口在2000人及以上的集中式供水工程；供水规模200立方米每天以下且供水人口在2000人以下的集中式供水工程和分散式供水工程以村为单元调查其数量及供水规模。

坑塘工程。调查容积500立方米及以上的坑塘，以村为单元查清其数量、总容积及主要效益。

3. 经济社会用水情况调查

在摸清各类经济社会用水户数量及有关情况的基础上，采取用水大户逐个调查与一般用水户典型调查相结合的方式，结合流域和区域经济社会发展主要指标调查，查清城乡生活，农业、工业、第三产业等国民经济各行业用水情况，以及河道外生态环境用水状况。

居民生活用水户。以县级行政区为单元，参考城市化水平，采用PPS抽样（按规模大小成比例的概率抽样）方法，至少抽取100个典型居民生活用水户（包含城镇和农村居民用水户）进行调查，主要调查用水人口、用水来源及用水量等指标。

灌区及规模化畜禽养殖场。重点调查万亩以上的灌区，根据当地规模及以下灌区实际情况，区分地表水灌区、地下水灌区和混合灌区三种类型选取一定数量的典型灌区进行调查；主要调查灌溉面积、取水量及用水量等指标。重点调查大牲畜大于等于100头（匹），或小牲畜大于等于500头，或家禽大于等于15000只的规模化畜禽养殖场，主要调查牲畜存栏数和用水量等。小型畜禽养殖场不调查。

公共供水企业。对所有城镇供水企业和日供水量超过1000吨（或用水人口超过1万人）的农村供水单位进行调查，主要调查供水企业的水源类型、用水人口、取水量、供水量等。

工业用水户。重点调查给定标准以上工业用水大户。根据各地工业企业用水情况将用水大户的确定标准分为年取水量15万立方米、10万立方米和5万立方米三个档次，自上而下分析县域内年用水量大于等于以上标准的工业企业数量是否超过50家，若超出则选用该档标准，若不足则降档分析，但最低标准为5万立方米。用水大户以外的其他工业用水户，区分高用水工业和一般工业，采用PPS抽样方法，抽取典型工业用水户进行调查。主要调查工业总产值、从业人员数量、主要产品用水量、取水量、用水量和排水量等。

建筑业和第三产业用水户。重点调查年取用水量不小于5万立方米的第三产业机关及企事业用水大户，用水大户以外的第三产业用水户抽样调查，采用分层随机系统抽样方法确定；建筑业只选取一定数量的建筑业企业进行典型调查（一般选取5～10个）。主要调查服务领域、主要社会经济指标、用水量和排水量等。

4. 湖开发治理保护情况普查

查清静海县河流湖泊的开发利用与治理保护的总体情况。重点调查河湖取水口及取水量、地表水水源地及供水量、河流湖泊治理及水功能区划、入河湖排污口及入河湖废污水量等情况。

河湖取水口。普查范围为河流湖泊（含河流上的水库）上的所有取水口，重点调查取水流量0.20立方米每秒及以上的农业取水口和年取水量15万立方米及以上其他取水用途取水口，主要包括取水口的基本情况、取水用途及取水量、取水许可及管理等；规模以下取水口仅查清数量及取水量。

地表水水源地。普查范围为向城镇集中供水的地表水饮用水水源地，以及向乡村集中供水且供水人口1万人及以上或日供水量1000立方米及以上的地表水饮用水水源地。主要调查水源地基本情况、水源保护区、供水用途、供水量及管理情况等。

河湖治理保护情况。普查范围为流域面积100平方千米及以上河流和常年水面面积10平方千米及以上湖泊的治理保护情况。重点调查具有防洪任务的河段和湖泊。河流治理保护情况普查主要包括基本情况、河流治理及达标情况、水功能区划等；湖泊治理保护情况主要普查内容包括湖泊基本情况、湖泊治理情况、水功能区状况等。

入河湖排污口。普查范围为河流湖泊（含河流上的水库）上的所有入河湖排污口。重点普查规模以上（入河湖废污水量300吨每日及以上或10万吨每年及以上）的入河湖排污口基本情况、排污口设置许可情况、污水类型及入河湖废污水量等。规模以下排污口仅查清数量。

5. 水土保持情况普查

查清静海县土壤侵蚀的分布、面积和强度，侵蚀沟道的数量、分布与基本特征，主要水土保持措施的数量、分布及治理等情况。

土壤侵蚀普查。土壤侵蚀普查包括水蚀、风蚀及冻融侵蚀三种类型，主要内容包括土壤侵蚀影响因素（包括降水，土地利用，水土保持的生物措施、工程措施及耕作措施，地表粗糙度及覆被情况，地貌类型、坡度坡向等）的基本状况，评价土壤侵蚀的分布、面积与强度，分析土壤侵蚀的动态变化和发展趋势。

侵蚀沟道普查。侵蚀沟道谱查主要内容包括侵蚀沟道的位置及面积、长度、沟道纵比等几何特征。

水土保持措施普查。水土保持措施普查以县级行政区为单元调查基本农田、水土保持林、经济林、种草、治理等各类措施面积以及小型蓄水等工程措施情况，分析各种治理措施的状况、数量及分布情况。

6. 水利行业能力建设情况普查

普查范围为静海县境内主要从事水利活动的法人单位，水行政主管部门或其所属单位管理的从事非水利活动的法人单位，以及乡镇水利管理单位。其中，普查的法人单位类型包括：机关、事业单位、企业和社会团体 4 种类型。重点调查水利系统内各类单位的名称、类型等基本情况，主要业务活动，人员情况，供水指标，资产财务状况，资质情况，信息化情况等；水利系统外单位简单调查。

7. 灌区专项普查

全面查清静海县灌溉面积及其分布，灌区的数量、分布、灌溉面积、灌排工程设施等情况。

以行政村为单元，查清静海县总灌溉面积、不同水源工程的灌溉面积、井渠结合灌溉面积、低压管道输水灌溉面积、喷灌面积、微灌面积、2011 年实际灌溉面积等情况。

重点调查 2000 亩及以上灌区，主要调查灌区整体情况，包括灌区概况、灌溉面积、管理情况等；调查灌排渠系状况，流量在 1 立方米每秒及以上的灌溉渠道、灌排结合渠道和流量在 3 立方米每秒及以上的排水沟道及相应建筑物，以灌区为单元进行逐条调查；流量为 0.2～1.0 立方米每秒的灌溉渠道、灌排结合渠道和流量为 0.6～3.0 立方米每秒的排水沟道及相应建筑物，以灌区为单元按照流量分级填报其数量、长度等。2000 亩及以下灌区，主要查清其数量、灌溉水源类型及灌溉面积等情况。

8. 地下水取水井专项普查

全面查清静海县地下水取水井的数量、分布及取水量等情况，查清地下水水源地情况。

取水井分为机电井和人力井。重点调查规模以上机电井（包括井口井管内径 200 毫米及以上的灌溉机电井、日取水量 20 立方米及以上的供水机电井），查清水井位置、埋深、水泵型号、地下水类型等基本情况，水源类型、取水用途及取水量等取水状况以及管理情况；规模以下机电井和人力井以村为单元调查，主要查清数量、取水量及供水效益等情况。

调查日取水能力在0.5万立方米及以上的地下水水源地，查清其位置、地下水类型等基本情况，取水用途、取水量等取水状况以及管理情况。

9. 各项普查内容间相互关系

本次普查包含河湖基本情况普查、水利工程基本情况普查、经济社会用水情况调查、河湖开发治理保护情况普查、水土保持情况普查、水利行业能力建设情况普查，以及灌区和地下水取水井两个专项普查。上述各项普查内容在工作进度安排、普查指标设置、工作组织等方面存在着一定的相互关系，在普查表填报与审核、普查组织实施上需要注意相互协调和衔接。

在工作进度安排上，河湖名录是其他各项普查对象进行清查工作的基础，因此，河湖基本情况普查中河湖名录编制必须在其他各项普查对象进行清查之前完成。在普查指标设置上，各项普查内容之间存在一定的指标关联关系，如河湖名录和河湖编码与水利工程基本情况、河湖开发治理保护情况、经济社会用水情况调查等存在关联，水利工程基本情况普查中的水闸、泵站工程与河湖取水口的取水工程存在关联，灌区用水调查与灌排工程存在指标关联等，存在关联的普查指标，在普查表填报中通过表间审核关系得以体现。在普查组织实施上，各项普查内容中有些普查内容可放在一起组织实施，如灌区用水与灌区专项普查、以村为单元填报的各普查表可放在一起组织实施。

（四）普查技术路线和步骤

1. 总体技术路线

根据普查总体目标要求，按“在地原则”，以县级行政区为基本工作单元，采取全面调查、抽样调查、典型调查和重点调查等多种调查形式。普查数据的收集采用清查登记、档案查阅、现场查勘、DEM和DLG数据融合提取技术、遥感分析、估算推算等多种调查技术。整个普查遵循内外业相结合的原则，充分利用已有的基础资料，积极开展部门之间的协作与交流。

分析整理基层的普查数据，以县为单元进行填报，并对填报数据进行审核、检查、订正，完成数据录入、转换，逐级上报审核、逐级汇总分析。形成从下到上的信息获取、审核、传输、存储、分析为一体的普查数据处理规范；建立普查数据库体系，构筑“国家-流域-省-地-县”五级水利普查信息管理系统。

2. 主要技术方法

根据不同的普查任务和内容，分别采取以下技术方法开展普查：

对河湖基本情况普查采取内业提取数据、外业实地调查复核的方法。全国利用1∶50000 DEM、DLG、DOM数据和分辨率为2.5米、20米的影像数据，分析提取河流湖泊的基本特征参数，提出河湖清查图、河湖特征清查表。流域机构和各级普查机构对河湖清查图和特征清查表进行核对并填报，同时填报水文站水位站、实测和调查最大洪水普查表，并逐级上报汇总，形成河湖基本特征、河流水系特征及湖泊的形态特征成果。

对水利工程基本情况、河湖开发治理保护情况、灌区、地下水取水井、水土保持措施和行业能力建设情况普查，通过档案查阅、现场查勘、遥感影像解译、对象访问等方法，按照“在地原则”，以县级行政区为基本工作单元，对普查对象进行清查、登记和建档，编制普查对象名录，确定普查表的填报单位，对规模以上的普查对象逐项填报，规模以下的普查对象区分不同情况汇总填报，逐级进行审核、汇总和平衡。

对经济社会用水情况调查，按照“在地原则”，以县级行政区为基本工作单元，区分不同用水户情况采用不同的方法确定调查对象名录。采取用水大户逐个调查与一般用水户典型（或抽样）调查相结合的方式，分析计算不同用水行业的用水指标。根据流域和区域经济社会主要指标，分析推算流域和区域城乡居民生活用水、农业和工业等国民经济各行业生产用水和河道外生态用水状况，逐级进行审核、汇总和协调平衡分析。

对土壤侵蚀普查，通过基础资料分析、DEM信息提取、遥感和野外调查等技术手段的综合运用，获取气象、土壤、地形、植被、土地利用、水土保持措施等主要侵蚀影响因子，利用侵蚀模型定量评价侵蚀强度，综合分析水蚀、风蚀、冻融侵蚀的分布、面积与强度。对侵蚀沟道普查，充分利用已有的基础资料，利用遥感影像与DEM提取侵蚀沟道基本信息，通过野外调查进行复核、完善，逐级审核、汇总和平衡。

3. 工作步骤

本次普查采取“先试点、后清查、再全面调查”的方式，分为前期准备、清查登记、填表上报、成果发布四个阶段进行。

（1）前期准备阶段。前期准备阶段主要包含编制普查方案、数据处理方案及开发普查软件，成立普查机构、落实普查人员，组织普查试点，开展普查培训，制作基础图件，收集并处理基础数据，以及宣传动员等环节。

国务院第一次全国水利普查领导小组办公室已编制《第一次全国水利普查总体方案》，市普办编制了《天津市第一次全国水利普查实施方案》，以及其他相关技术文件，根据上述文件结合静海县实际情况，编制相应的普查实施方案。

参照天津市第一次全国水利普查领导小组和办公室的模式，成立县级普查机构，选聘得力干部和工作人员，全面负责辖区内的水利普查工作。根据本地区普查对象类型、特点及数量等情况，选聘一定数量的普查指导员和普查员，从事普查工作。各级水利普查机构要充分利用多种形式，深入开展水利普查的宣传工作，为普查顺利实施创造良好的舆论氛围。

普查培训分县级、乡镇级培训二级，县、乡镇二级普查机构组织实施。国务院水利普查办公室统一编制培训教材、课件，县级主要负责培训普查指导员，乡镇级主要负责培训普查员。

培训工作分两个阶段组织实施。第一阶段为清查登记培训，第二阶段为填表上报培训和汇总平衡培训。培训的重点是普查工作流程、关键环节、普查表填报要求和指标解释、数据质量控制和审核方法、普查软件操作方法等。

收集第二次全国经济普查、第二次全国土地调查、第二次全国农业普查、第一次全国污染源普查等普查资料，全县统计年鉴、水利统计年鉴资料，收集掌握的现有水利工程、取水口、排污口、用水户等相关资料，各级水利普查机构进行分析整理。由县级普查机构综合上级普查机构提供资料和本级收集的资料，编制县域内普查对象基础名录，作为普查对象清查工作的基础。

(2) 清查登记阶段。清查登记阶段主要包含普查对象清查、建立动态指标台账和全面调查等环节，全面获取普查数据。

按“在地原则”，以县级普查机构为主组织实施清查工作。针对普查对象的特点，县级普查机构划分普查小区。普查员依据普查对象基础名录，对所有普查对象按普查小区进行地毯式清查，主要登记普查对象名称、位置、规模、管理单位及隶属关系、联系方式等基本信息。普查指导员进行审核、检查，确保普查对象不重不漏。

县级普查机构组织录入清查数据，审核汇总清查名录。确定普查表的填报单位。县级普查机构分类汇总清查对象名录，形成辖区内清查名录。

在清查过程中，普查员甄别普查对象，对需要记录动态指标台账的普查对象管理单位同时发放台账表，没有管理单位的普查对象台账表由普查机构填报。台账表按填报要求逐月记录，年终汇总台账数据。

根据普查对象的实际情况，普查表填报单位或普查员分别通过档案查阅、实地访问、现场测量、工程查勘、推算估算等方法获取普查数据。

县级普查机构核对河湖基本情况普查内业提取的河湖水系特征及湖泊形态特征等指标。

县级普查机构进行土壤侵蚀野外调查单元和侵蚀沟道的外业调查工作。

县级普查机构在全面获取各类普查对象数据的同时，在1∶5万电子地图上对各类普查对象进行标绘，为上级普查机构建立普查对象的空间数据库奠定基础。

(3) 填表上报阶段。填表上报阶段主要包括普查数据填报、审核、录入及成果汇总协调等环节。

普查表由县级普查机构组织普查对象管理单位填报。普查表填报单位分析整理普查数据，填报普查表，进行普查表数据的内部审核，普查员、普查指导员进行指导与审核，普查机构进行会审。

县级普查机构采取交叉作业的方式，抽取一定比例普查表进行抽查，与原成果进行对比，统计分析错误率，不满足验收标准要求重新填报，直至满足验收标准为止。

以县级普查机构为主，通过普查数据处理上报软件录入普查表，要求专人录入数据，专人进行录入复核，并通过软件系统按预先设定的审核关系进行自动校审，发现错误及时处理。

县级普查机构对普查成果进行汇总、审核，与已有的相关成果（含行业内和外行业数据）进行对比分析，对偏差较大的数据进行重点分析、协调，发现问题及时修改。其他各级普查机构分别对区域内普查成果进行逐级汇总、审核、分析、协调。

（4）成果发布阶段。成果发布阶段主要包括普查成果逐级抽查验收、普查资料分析整理汇编、普查数据管理和空间数据库建设、普查成果验收和成果总结发布等环节。

各级普查机构开展普查资料分析整理汇编工作，建立普查数据管理和空间数据库系统。上级普查机构对下级普查成果进行验收。在各级普查机构普查成果验收前，上级普查机构按一定比例抽取普查对象，逐个进行审核、对比、核查，按统一标准进行验收，验收不合格的重新进行普查，直至验收合格为止。

（五）普查时间

第一次全国水利普查的时点为 2011 年 12 月 31 日 24 时，时期为 2011 年度。凡是 2011 年年末资料，如“2011 年年末单位人员”等数据，均以普查时点数据为准；凡是年度资料，如“2011 年供水量”等数据，均以 2011 年 1 月 1 日至 2011 年 12 月 31 日的全年数据为准。

（六）普查组织和实施

1．领导机构

县政府成立静海县第一次全国水利普查领导小组，负责普查的组织和实施工作。由分管副县长为组长，水务局局长、统计局局长、县政府办副主任为副组长，县委宣传部，发改委、财政局、规划局、城乡建委、环保局、县农委、水务局、统计局、县人武部等部门为成员单位，分管领导为成员。

2．工作机构

县水利普查领导小组下设办公室（简称“县水普办”），设在县水务局，领导小组各成员单位明确 1 名相关业务科室负责人作为办公室成员，负责具体联络、协调配合。办公室承担领导小组日常工作，具体负责普查的组织实施，主要职责是：

组织拟定本县普查工作总体方案，经县水利普查领导小组审定后组织实施；制定和组织实施全县水利普查各阶段工作方案及技术规范；组织开展普查宣传报道和普查人员的选聘与培训工作；对全县普查工作进行业务指导、督促检查和验收；建立普查档案，负责软件开发应用和数据库的建设；负责普查数据的质量控制、数据处理和审核汇总分析工作；向县普查领导小组提交普查报告，根据县普查领导小组的决定发布普查成果，组织总结表彰和普查成果的开发应用；承办县普查领导小组交办的其他工作。

各乡镇成立第一次全国水利普查领导小组，加强组织协调。要建立具体工作班子，抽调专门技术人员，明确专人负责。按照县普查领导小组及其办公室的统一规定和要求，制定并组织实施本地区水利普查方案，组织开展宣传动员、清查调查、资料录入、审核上报等工作，协助有关部门做好辖区内各专项普查工作。

3. 部门分工

普查工作在县第一次全国水利普查领导小组统一领导下，加强部门分工协作。领导小组成员单位要严格按照职责分工，明确分管领导和业务科室，全力参与、协调配合，共同做好水利普查工作。

县政府办负责县级文件下发，抓好各部门协调和分工落实工作。

宣传部负责组织水利普查的新闻报道和宣传工作，配合县水普办制定宣传方案和计划，组织开展有关宣传活动。

发展改革委协助做好二、三产业普查工作及相关普查数据的审核、普查成果的分析、应用。

财政局负责普查经费预算审核、安排和拨付，并监督经费使用情况。

国土资源局负责提供地理信息水利要素图文资料，参与水土保持普查，审核河湖流域及行政区域边界。

环保局负责提供第一次全国污染源普查成果数据等普查所需资料和有关资料的衔接工作，参与、配合做好污水处理厂、入河排污口的普查，比对分析审核有关普查数据。

城乡建委负责提供相关地理信息水利要素地形图文资料，参与、配合城镇居民生活用水、建筑业用水普查，分析审核有关普查数据。

县农委负责提供第二次全国农业普查成果数据等普查所需资料和有关资料的衔接工作，参与农业灌溉面源用水、畜牧用水等普查，比对、分析审核有关普查数据。

统计局指导开展普查工作，参与普查方案设计和有关政策的制定，负责提供第二次全国经济普查成果数据等普查所需资料和有关资料的衔接工作，协同水务（利）部门做好普查数据的核定、统计分析和汇总工作。参与普查工作的监督管理，负责查处普查工作中违反统计法的行为。

城管部门提供绿化、环境卫生用水数据，协助相关普查工作。

水务公司具体承担供水范围内的经济社会用水台账、清查、普查工作。

水务局牵头会同有关部门开展全县水利普查工作，负责拟订全县普查总体方案和不同阶段的工作方案，组织普查工作和培训。负责河湖基本情况、水利工程、河湖开发保护、经济社会用水、水土保持、地下水井、灌区和水利行业能力的普查和成果分析汇总上报工作。

各乡镇政府负责辖区内涉及水利普查的各项工作。

4. 普查人员

选聘普查指导员和普查员。根据天津市普查办《关于转发第一次全国水利普查普查员和普查指导员工作细则的通知》（津水普办〔2010〕7 号）的通知要求，按照选聘条件和要求，选聘 54 名普查指导员和 384 名普查员，经过培训、考核，颁发证书，持证上岗。

普查中，可在镇、村（居）民委员会及有关单位临时聘用部分基层普查人员。

5. 宣传动员

广泛动员和组织社会各界力量积极参与水利普查工作。充分发挥报刊、广播、电视、网络等新闻媒体的作用，宣传普查工作的重大意义和水利工作的重要性，得到全社会的共同关注和支持，为普查顺利实施创造良好的舆论氛围。水务局和宣传部要高度重视普查宣传工作，纳入工作议程，制订宣传工作计划，明确分工，根据普查不同阶段宣传的重点，组织开展一些有影响力的宣传活动，把宣传动员工作贯穿水利普查工作的始终。

6. 质量保证

县水普办根据国家的规定和要求，确定普查工作评价标准，建立目标责任制，做到一级抓一级，一级对一级负责。建立普查数据质量控制责任制，设立专门的质量控制岗位。

针对普查中每一个环节的进度和质量，加强督查和考核验收。县水普办统一组织普查数据的质量核查工作，在各主要环节，按一定比例抽样检查。数据质量达不到规定要求的，必须重新调查。

（七）普查进度安排

第一次全国水利普查为期 3 年，从 2010 年 1 月至 2012 年 12 月。总体上分为前期准备阶段、清查登记阶段、填表上报阶段和成果发布四个阶段。根据各项普查内容的特点和相互关系，其中河湖名录的编制应于 2010 年 12 月下旬完成，作为其他普查对象开展清查登记的基础；土壤侵蚀普查野外调查单元的数据采集工作应于 2011 年 3—9 月完成，2011 底基本完成土壤侵蚀普查工作。各阶段工作计划如下。

1. 2010 年工作计划（前期准备阶段）

前期准备阶段的工作任务主要包括：成立各级普查机构，落实普查工作经费，编制普查实施方案，制作工作底图，全面部署普查工作，开展第一阶段普查培训及宣传动员等。

成立县普查机构，落实工作经费。2010 年 5—12 月，成立静海县第一次全国水利普查领导小组及办公室；做好普查工作经费的落实工作，保证普查工作正常开展的基本经费需求。

编制普查方案及相关细则。2010 年 7—12 月，编制完成《静海县第一次全国水利普查实施方案》。

河湖名录编制及预清查工作。2010 年 9—12 月，基本完成河流湖泊套县级行政区的河湖名录编制，为开展普查对象清查工作奠定基础；完成规模以上工业企业、第三产业、万亩以上灌区、规模以上取水口门预清查工作。

2. 2011 年工作计划（清查登记阶段）

清查登记阶段的工作任务主要包括：开展第一阶段区县级培训工作，继续制作普查工作底图和编制河湖名录，开展普查对象清查工作，建立动态指标台账，开展普查数据的全面获取、分期分批上报普查数据，开展第二阶段普查培训及宣传动员等。

（1）开展第一阶段区县级培训。2011 年 1—2 月，县级普查机构组织开展第一阶段县级培训工作。

（2）制作普查工作底图及编制河湖名录。2011 年 1—2 月，完成普查工作底图和河湖名录编制工作。

（3）普查对象清查。2011 年 4—6 月，开展普查对象清查登记，清查名录审核、录入、抽查、汇总与上报工作。逐级完成清查名录审核、汇总及抽查验收。

（4）建立动态指标台账。2011 年 1—12 月，根据普查实施方案要求，普查对象管理单位建立取水量、用水量等动态指标台账。

（5）开展全面调查，分批分期上报普查数据。2011 年 4—12 月，开展全面调查，获取普查数据。

（6）开展第二阶段培训。2011 年 10—12 月，区县级普查机构组织开展第二阶段区县级培训。

3. 2012 年 1—6 月工作计划（填表上报阶段）

填表上报阶段的工作任务主要包括：正式填表、数据录入、处理、上报和审核验收等。

普查表填报与审核。2012 年 1—3 月，构完成普查表填报、录入、审核等工作。

普查数据逐级汇总、审核、协调、上报。2012 年 3—4 月，完成普查数据汇总、抽查、协调、上报。

4. 2012 年 7—12 月工作计划（成果发布阶段）

成果发布阶段的工作任务主要包括：普查数据汇总协调平衡、普查成果逐级抽查验收、普查资料分析整理汇编、普查数据管理和空间数据库建设、普查成果验收和宣传发布等。

普查成果抽查验收。2012 年 7—9 月，完成普查数据汇总协调平衡和普查成果逐级抽查验收；开展普查资料分析、整理、汇编。

普查成果发布。2012 年 10—12 月，建立全县水利普查数据管理系统；完成普查资料分析、整理、汇编等；发布县水利普查公报；召开总结表彰会。

（八）普查工作步骤

1. 成立普查机构，落实普查人员开展普查宣传

参照国务院第一次全国水利普查领导小组和办公室的模式，成立静海县水利普查机构，选聘得力干部和工作人员，全面负责本辖区内的水利普查工作。

2. 编制普查方案

根据国务院第一次全国水利普查领导小组办公室制定的《第一次全国水利普查总体方案》《第一次全国水利普查实施方案》，结合静海县情况，编制普查实施方案。

3. 开展普查培训

按国家培训和地方培训两级组织实施的要求，由县水普办主要负责培训市级普查指导员、普查员和其他行政、技术人员。

4. 基础图件及公用数据的收集与处理

综合上级普查机构提供资料和本级收集的资料，编制县域内普查对象基础名录，作为普查对象清查工作的基础。

5. 普查对象清查

利用国家分发的普查工作底图，以及基础名录底册，按照“在地原则”，对各类普查对象进行清查，摸清普查对象的名称、位置、规模、管理单位、隶属关系等，编制各类水利普查对象名录，确定普查表填报单位，填报清查表。

6. 普查数据采集与登记

普查指导员和普查员根据编制的普查对象名录，组织开展现场调查，指导基层填表单位填写普查表和台账表。

7. 数据处理与上报

县水普办对现场调查采集的数据或基层填表单位填报的普查表和台账表，利用普查软件进行数据录入和审核，并打印正式普查表反馈至填表单位签字盖章确认。最后，根据现场调查人员和基层填表单位确认的普查数据，打印汇总表，由县水普办签字盖章，连同基础数据正式上报至上级水利普查办公室。

8. 数据审核和验收

普查数据由县水普办报上级普查机构进行审核、汇总和平衡分析，并通过数据质量

抽查，进行数据质量评估。

（九）普查经费

全县水利普查所需经费由县、镇两级政府负担，并列入相应年度的财政预算，按时拨付，确保到位。

县级经费主要用于：普查的组织与实施，普查方案制订、评审与文件编印，宣传动员与培训，人员聘用、设备购置、软件开发，摸底清查、入户调查、现场核查，数据录入与处理，分析汇总与建档，数据库维护，检查、验收、总结表彰和发布等过程的费用。镇级经费主要用于人员聘用、宣传发动和清查调查、数据录入审核等。

县水普办根据普查方案编制普查总体经费预算，经县财政部门审核后，作为水利普查专项经费列入年度财政预算按时拨付。财政部门要加强对预算编制的指导和经费使用情况的监督。

（十）普查工作要求

凡在静海县境内水利普查范围内的单位，都必须严格按照《中华人民共和国统计法》的有关规定和此次普查的具体要求，如实填写、按时报送普查数据，确保基础数据真实可靠。任何地方、部门、单位和个人都不得虚报、瞒报、拒报、迟报，不得伪造、篡改普查资料。

各级普查机构及其工作人员，对在普查中所获得的涉密资料和数据，必须严格履行保密义务。

二、普查成果

（一）概述

1. 自然、经济和社会

静海县地处华北平原东部，天津市西南部，海河流域下游，东经 116°42′06″～117°15′15″，北纬 38°34′59″～39°04′15″。静海县总面积为 1414.9 平方千米（普查区国土面积 1474.04 平方千米），辖 18 个乡镇（其中 16 个建制镇，2 个乡），36 个居委会，383 个行政村。2011 年总人口 57.13 万人，其中农业人口 45.66 万人，非农业人口为 11.47 万人。全县工业总产值 1260.1 亿元，全县生产总值 307.07 亿元。

地形特征：静海县的地形比较平缓但多洼淀，总的趋势是南高北低，西高东低，平均地面坡降为 1/2 万，最高点在西南端的小河附近，海拔约 7.0 米，最低点在团泊水库北端库区内，海拔为 2.4 米。静海县的主要洼淀有贾口洼、团泊洼及东淀，历史上曾是黑龙港河、子牙河、大清河等河系的滞沥和分洪区。

气候特征：静海县属暖温带半湿润大陆性季风气候，虽临渤海但属内陆海湾，海洋气候影响不大，而大陆气候显著，四季分明。春季（3—5月）干燥、多风、光照足；夏季（6—8月）炎热、多雨、阴天多；秋季（9—11月）昼暖、夜凉、温差大；冬季（12月至次年2月）寒冷、寡照、少雪。

2. 河湖水系及水资源

流经静海的一级河道有大清河、子牙河、南运河、独流减河、马厂减河和子牙新河。另外还有两条二级河道，黑龙港河和青静黄排水渠。

地表水资源比较缺乏，主要来自降水，但降雨时空分布不均，最高的1995年为702.3毫米，最低的1999年为214.3毫米，多年平均降雨量为495.6毫米。降雨有明显的季节性，降水多发生在夏季，其余三季以风为主，降水少，一年中多数时间呈干燥状态。

静海地下水资源比较丰富，据天津市地下水管理办公室、天津市地质环境监测总站资料，全县地下水可开采量为8214万立方米，其中深层水3631万立方米，浅层水4583万立方米。深层水为承压水，在县内普遍分布。浅层淡水主要分布在子牙河、南运河两侧及大清河北部一带，一般宽度1～3千米，面积近280平方千米，主要由河水入渗形成。

3. 水利（水务）发展

按照天津市水务一体化精神，2010年3月，静海县实施行政机构改革，县委、县政府以《关于印发〈静海县政府机构改革实施方案〉的通知》（静党发〔2010〕13号）文件明确，组建水务局为政府工作部门，将水利局的职能、建设管理委员会涉水事务管理的职责整合划入水务局，不再保留水利局。静海县水务局的成立，标志着静海县实现了城乡水务一体化管理。

2011年静海县水务局（静海县节约用水办公室、天津市静海县防汛抗旱指挥部办公室）及局属单位共13个。其中静海县水务局机关1个，2011年静海县水务局局机关设8个科室，即办公室、水政监察科、农水科、规划设计科、财务审计科、人事劳资科、防汛科、行政审批科。局属事业单位10个：静海县团泊水库管理处、静海县水利技术推广服务中心、静海县水务局河道管理所、静海县水政监察大队、静海县水务局农村自来水管理站、天津市静海县水务局测绘所、天津市静海县水务局工程服务中心、天津市静海县水务局排灌管理站、天津市静海县水务局城区排水管理所、天津市静海县机井服务站；企业单位1个，天津市静海县津海木制品总厂。

驻静事业单位2个，天津市九宣闸管理所，天津市低水闸管理所。驻静企业单位1个，天津市泽禹工程建设监理有限公司。

全县18个乡镇均设立水利站，为乡镇直属。

（二）普查工作概况

（1）水利普查区划。此次水利普查静海县是按乡镇行政区划以及域内驻静单位分区调查，区划数量 18 个乡镇分布在县境内，境内驻静单位分别为华北石油生活基地、大港石油生活基地。普查对象总数为 5274 个，其中水库工程 1 个；水闸工程 159 个；泵站工程 86 个；堤防 10 条段；农村供水工程 36 个；塘坝及窖池 428 个；河湖取水口 228 个；治理保护河流（河段）8 个；入河湖排污口 2 处；2000 亩以上灌区 19 个；行业能力普查对象 34 个；地下水取水井普查对象 3464 眼（县管井，不包括 61 眼市管井）；经济社会用水普查对象 370 个，其中居民生活用水 120 户；规模化畜禽养殖场 24 家；公共供水企业 17 家；工业企业 119 家；建筑业与第三产业 71 家；水土保持设定 1 个普查点。

（2）动员各级水利普查工作人员、普查员和普查指导员数量。成立了以主管农业县长张绵生为组长、水务局局长李义刚、统计局局长胡凤山、政府办主任姚新为副组长、宣传部、发改委、财政局等 10 个委办局为成员的水利普查领导小组；静海县水务局组建了水利普查办公室，按照普查的 8 项任务分解落实到 8 个责任人。选聘乡镇级普查指导员 55 人，村级普查员 383 人（表 11-3-56）。

表 11-3-56 **水利普查单位人员构成**

普查机构专职人数	技术支撑单位参与人数	普查指导员人数		普查员人数	
		水利系统	非水利系统	水利系统	非水利系统
6	14	8	55	6	383

（3）发放普查表数量与实际回收普查表数量。发放普查表 5763 张，实际收回 5763 张。其中水利工程专项发放普查表 1121 张，实际回收普查表 1121 张；经济社会用水专项发放普查表 370 张，实际回收普查表 370 张；河湖开发治理保护专项发放普查表 218 张，实际回收普查表 218 张；水土保持专项发放普查表 1 张，实际回收普查表 1 张；行业能力专项发放普查表 34 张，实际回收普查表 34 张；灌区专项发放普查表 555 张，实际回收普查表 555 张；地下水专项发放普查表 3464 张，实际回收普查表 3464 张。

（4）普查填表责任对象（单位或个人）数量。填表责任单位共计 2395 个，水利工程专项 514 个，经济社会用水专项 370 个，河湖开发治理保护专项 117 个，水土保持专项 1 个，行业能力专项 34 个，灌区专项个 447 个，地下水专项 912 个。

（三）对象清查与普查对象

此次普查，静海县共录入清查对象 5469 个，普查对象 5274 个。对象清查与实际填报普查对象数量差异原因是，有些项目只清查不普查，如规模以上的水利工程作为普查对象填写普查表，规模以下只填清查表，不填普查表。如排污口：清查 357 个，普查 2 个；水闸：清查 278 座，普查 159 座；泵站清查 224 座，普查 86 座（表 11－3－57）。

表 11－3－57 **静海县数据汇总**

对象类别		清查对象数	普查对象数	发放普查表数	收回普查表数	责任单位数
合　计		5469	5274	5763	5763	2395
水利工程	水库工程	1	1	1	1	1
	水电站工程	0	0	0	0	0
	水闸工程	278	159	159	159	15
	泵站工程	224	86	86	86	44
	引调水工程	0	0	0	0	0
	堤防工程	10	10	10	10	1
	农村供水工程	36	36	437	437	25
	塘坝及窖池	428	428	428	428	428
小　计		977	720	1121	1121	514
社会经济用水	居民生活用水	120	120	120	120	120
	灌区调查对象	20	19	19	19	19
	规模化养殖场	24	24	24	24	24
	公共供水企业	16	17	17	17	17
	工业企业	119	119	119	119	119
	建筑业与第三产业	71	71	71	71	71
小　计		370	370	370	370	370
河湖开发治理保护	河湖取水口	228	228	208	208	114
	地表水水源地	0	0	0	0	0
	治理保护河流	8	8	8	8	1
	治理保护湖泊	0	0	0	0	0
	入河湖排污口	357	2	2	2	2
小　计		593	238	218	218	117
水保	水保措施	1	1	1	1	1
	水保治沟骨干工程	0	0	0	0	0
小　计		1	1	1	1	1

续表

对象类别		清查对象数	普查对象数	发放普查表数	收回普查表数	责任单位数
行业能力	水利企业	2	2	2	2	2
	水利行政机关	1	1	1	1	1
	水利事业单位	13	13	13	13	13
	系统外单位	10	0	0	0	0
	乡镇水利管理单位	18	18	18	18	18
小　计		44	34	34	34	34
灌区	灌区工程	20	19	127	127	19
	灌溉面积	0	428	428	428	428
小　计		20	447	555	555	447
地下水	规模以上机电井	3464	3464	3464	3464	912
	规模以上地下水水源地	0	0	0	0	0
小　计		3464	3464	3464	3464	912

（四）主要普查结果与分析

1. 河流湖泊

（1）河流数量。流经静海的主要河流有8条，即大清河、子牙河、南运河、独流减河、子牙新河、马厂减河、黑龙港河和青静黄排水渠。河段总长207.71千米。

（2）湖泊数量为0。

2. 水利工程

（1）水库工程。静海县水库工程普查对象1座：水库总库容1.8亿立方米，兴利库容1.41亿立方米。

（2）水电站工程。静海县无水电站工程。

（3）水闸工程。水闸数量278个，其中规模以上159个，规模以下119个，分布在全县18个灌区内。静海县水闸工程普查对象规模以上159座，过闸总流量3744.5立方米每秒，其中中型8座，过闸流量1750立方米每秒，小（1）型36座，过闸流量961.5立方米每秒，小（2）型115座，过闸流量1033立方米每秒。

按闸的形式分：159座水闸包括分（泄）洪闸1座，过闸流量200立方米每秒；节制闸36座，过闸流量2044立方米每秒；排（退）水闸84座，过闸流量1088.10立方米每秒，引（进）水闸38座，过闸流量412.40立方米每秒，引水能力61239.00万立方米。

(4) 泵站工程。泵站数量224个，其中规模以上86个，规模以下138个，分布在全县18个灌区内。静海县泵站工程普查对象86个，水泵数量323台，总装机流量499.16立方米每秒，装机总功率45704千瓦。

(5) 引调水工程。静海县无引调水工程。

(6) 堤防工程。静海县堤防数量10条，分布在全县境内；堤防长度285.859千米，达标长度0米，穿堤防建筑物数量230处。

(7) 农村供水工程。规模以上农村供水工程调查对象36个，其中联村30个，单村6个均为集中式供水到户，设计供水规模为5.9406万立方米每天，设计供水人口为42.9303万人，实际供水人口35.507万人，年实际供水量668.5851万立方米；规模以下农村供水工程调查对象19个，均为集中式供水到户，设计供水规模0.1553万立方米每日，设计供水人口1.466万人，实际供水人口1.466万人，年实际供水量30.6751万立方米。

(8) 塘坝工程。静海县无塘坝工程。

(9) 窖（池）工程。静海县无窖（池）工程。

3. 河湖开发治理保护

(1) 河湖取水口共计228个。其中规模以上185个，规模以下43个。2011年取水量15197.2008万立方米，灌溉面积16.41千公顷。

(2) 地表水源地数量0处。

(3) 河湖治理保护情况。河段数量8条，河段长度207.71千米、有防洪任务的河段长度164.16千米，不同防洪标准下的河段长度为：小于30年，且大于等于20年为97.12千米；小于100年，且大于等于50年为67.04千米。已治理河段长度101.77千米，未治理河段长度62.39千米。

(4) 入河排污口。排污口数量2个，天津市清源污水处理有限公司排污口和天津市华静污水处理有限公司排污口。2011年入河流废污水量416.5175万吨，其中工业污水216.8575万吨，生活污水199.6600万吨。批复的废污水量1095.0000万吨。

4. 经济社会用水

经济社会用水普查对象370个。

居民生活用水户。按照《居民生活用水户样本分配标准表》，抽取120个典型居民生活用水户。其中城镇24户居民，常住人口78人，家庭生活年用水量1432.7立方米，人均日用水量为50.32升，农村96户常住人口305人，家庭生活年用水量4973.02立方米，家庭非生活用水量153.76立方米，人均日用水量为44.67升。

灌区调查对象共19个，其中18个万亩以上灌区，1个规模以下典型灌区。2011年实际灌溉面积 27.67 千公顷，其中规模以上灌区实际灌溉面积 27.47 千公顷，取水量 5907.8791 万立方米，用水量 5109.9 万立方米，亩均毛用水量 143.4 万立方米，亩均净用水量 124.03 万立方米。规模以下灌区实际灌溉面积 201.73 公顷，取水量 63.3816 万立方米，用水量 53.875 万立方米，亩均毛用水量 209.4567 万立方米，亩均净用水量 178.0403 万立方米。

非耕地用水，鱼池面积 2.11 千公顷，2011 年鱼池取水量 2013.638 万立方米，鱼池用水量 1812.274 万立方米，鱼池补水亩均用水量 573 立方米。

规模化畜禽养殖场。调查对象共 24 个，大牲畜养殖场 11 个，大牲畜存栏量 1.6508 万头，年用水量 41.9352 万立方米，每头日均用水量 69.60 升，小牲畜养殖场 10 个，存栏量 2.2872 万头，用水量 5.5118 万立方米，每头日均用水量 6.60 升，家禽养殖场 3 个，存栏量 7.9009 万只，用水量 2.1656 万立方米，每只日均用水量 0.75 万立方米。

公共供水企业。规模以上公共供水企业调查对象共 17 个，供水人口 41.8085 万人，取水量 1440.7319 万立方米，出厂水量 1440.7319 万立方米，售水量 1208.0982 万立方米。

工业企业。调查对象 119 个，包括 5 万吨以上工业用水大户 16 个和工业企业典型用水户 103 个，其中工业企业典型用水户包括高用水行业典型用水户 54 个、一般工业典型用水户 49 个。调查对象工业总产值 375.4 亿元，用水量 390.0885 万立方米，取水量 390.0885 万立方米，排水量 272.3374 万立方米。

建筑业与第三产业。调查对象 71 个，其中建筑业调查对象 7 个，完成施工面积 4.2777 万平方米，从业人员 87 人，用水量 0.73781 万立方米，单位施工面积用水量 0.17 立方米每平方米；住宿餐饮业调查对象 17 个，从业人员 0.1237 万人，实际用水量 18.9037 万立方米，从业人员日均用水量 418.68 升；其他三产 41 个，从业人员 0.1515 万人，实际用水量 13.9885 万立方米，从业人员日均用水量 252.97 升；第三产业用水大户 6 个，从业人员 0.2709 万人，实际用水量 28.238 万立方米，从业人员日均用水量 285.58 升。

5. 水土保持

土壤侵蚀普查。静海县水力侵蚀野外调查计划调查单元数 3 个（代码为 1202230059、1202230034、1202230030）。静海县实际调查水力侵蚀单元数 3 个；无野外调查单元调整情况。水力侵蚀野外调查成果图 3 个，野外调查成果表 3 份。

侵蚀沟道普查。无。

水土保持措施普查 23 个单位，包括 18 个乡镇及 5 个单位。静海县水土流失治理措施有：基本农田 33000 公顷；水土保持林 5920 公顷。

6. 水利行业能力建设

水利行业能力建设普查对象 34 个单位。其中系统内单位 16 个，包括市管单位 3 个，静海县水务局及局属单位共 13 个；各乡镇水利站管理单位 18 个。系统外非水利普查对象 10 个，其中两个为事业单位，其余八个为涉水企业。

(1) 人员情况。静海县 2011 年年末从事水利行业在职人员为 719 人，其中水利行政机关 55 人，水利事业单位 499 人，水利企业 40 人，乡镇水利管理单位 125 人。乡镇水利管理站为各乡镇政府管辖，水利站人员为各乡镇农业经济委员会全体人员。

(2) 资产财务情况。2011 年水利行政机关资产合计 8037.8 万元，其中固定资产原值 511.5 万元，净资产 737 万元，本年收入 3879.5 万元，本年支出 3869.1 万元。

水利事业单位数量为 13 个，其中独立核算单位 11 个、非独立核算单位 2 个；资产 56290 万元，其中固定资产原值为 49153.3 万元，本年收入 4160 万元，其中财政补助收入 1840.1 万元，本年支出合计为 3811 万元。执行企业会计制度的事业单位 1 个，资产 2084.6 万元，营业收入 2639.3 万元，净利润为负 70 万元。

水利企业 2 个，资产 288.5 万元，营业收入 740.6 万元，营业成本为 496.3 万元，营业利润 23.9 万元，净利润 17.9 万元。

各乡镇水利管理单位属各乡镇政府下属科室，非独立核算单位，编制内人员薪酬总额为 585.8 万元。年平均薪酬为 4.69 万元。

(3) 信息化情况。静海县水利行业年末拥有计算机 149 台，其中水利行政机关拥有 55 台，职工人数为 55 人，平均每人拥有一台计算机，计算机上有率为 100%；水利事业单位年末拥有计算机 61 台，职工人数为 389 人，计算机占有率为 6.37%；乡镇水利管理单位年末拥有计算为 33 台，职工人数为 125 人，人均占有率为 3.78%。

(4) 社会团体共 0 个。

7. 灌区情况

静海灌区 20 个，中型灌区 18 个（面积 43.79 千公顷），小型灌区 2 个（1 个 266.67 公顷，1 个 33.33 公顷），总面积 44.09 千公顷。灌区普查对象 19 个，其中规模以上中型灌区 18 个，小型灌区 1 个，总灌溉面积 44.06 千公顷（中型灌区 43.79 千公顷，小型灌区 266.67 公顷），其中高效节水灌溉面积 21.48 千公顷（低压管道输水灌溉面积 21.23 千公顷）。不同水源工程的灌溉面积分别是：河湖泵站灌溉面积 27.31 千公顷、机电井控制灌溉面积 29.34 千公顷，井渠结合面积 12.56 千公顷。2011 年实际灌溉面积 27.67 千公顷、机电井实际灌溉面积 12.82 千公顷。

灌溉渠道及建筑物 1.0 立方米每秒及以上为：渠道长 22.4 千米，衬砌长 0 千米，渠系建筑物 31 座。

灌溉渠道及建筑物 0.2～1.0 立方米每秒为：渠道长 1649.0 千米，衬砌长 113.3 千米，渠系建筑物 767 座。

灌排结合渠道及建筑物 1.0 立方米每秒及以上：渠道长 962.1 千米，衬砌长 0 千米，渠系建筑物 1137 座。

灌排结合渠道及建筑物 0.2～1.0 立方米每秒及以上：渠道长 588 千米，衬砌长 0 千米，渠系建筑物 1176 座。

排水沟道 3.0 立方米每秒以上：沟道长 24.0 千米，沟道建筑物 264 座。

排水沟道 0.6～3.0 立方米每秒以上：沟道长 1533.7 千米，沟道建筑物 1173 座。

8. 地下水取水井

机电井和人力井。静海县规模以上机电井共有 3525 眼，其中市管井 61 眼，县管井 3464 眼。分布在全县 18 个乡镇及静海县经济开发区。2011 年县管井取水量为 4288.12 万立方米，其中灌溉取水 2800.23 万立方米、农村生活取水 887.998 万立方米、城镇生活取水 56.10 万立方米、工业取水 543.7927 万立方米。农村供水人口 42.96 万人。机电井控制灌溉面积 29.34 千公顷，2011 年实际灌溉面积 12.82 千公顷。

本县没有规模以下机电井、人力井。

地下水水源地。无。

（五）普查成果质量

1. 质量控制措施

(1) 对象清查过程的质量控制措施。静海县水利普查办领导十分重视对象清查、数据录入工作，成立了静海县第一次全国水利普查工作领导小组，建立了水利普查办公室，设专职人员 8 人，聘任普查指导员 55 人，聘任普查员 383 人，责任落实到人。按照清查分区编制各类清查对象的基础名录，作为清查工作的基础。

在清查工作中，采取全程质量控制、全员质量控制、建立责任制等多种方式加强质量管理。对各乡镇上报的清查表从以下几方面进行审核：一是检查上报资料的规范性和完备性，主要是依据清查数据成果上报要求，检查上报资料是否完整、内容是否齐全、格式是否正确、上报手续是否规范，检查清查数据上报资料之间是否矛盾；二是检查清查数据的完整性、有效性和一致性；主要是依据对象清查工作细则、清查表填表说明，全面检查清查表必填数据的漏填情况、已填数据的有效性和逻辑关系的一致性；三是检查清查数据的合理性和可靠性，通过对对象清查数据汇总表的审核分析和历史资料比对，检查普查对象数量、结构和分布的合理性；四是检查普查对象漏报、错报情况，依据水利普查区划，检查有无未报清查数据成果的乡和村级普查区划单元。对有问题的普查表返回填报单位，进行核实、重新填报。

(2) 取用水台账建设的质量控制措施：一是及时建立取用水台账，建立了灌区取用水量台账对象 20 个，经济社会用水量台账对象 370 个，河湖取水口取水量台账对象 136

个，地下取水井台账3464个；二是规范取用水运行记录管理，配备计量设施，不定期开展台账建设记录的督查。河湖取水口按开泵时间计量，经济社会用水典型用水户有水表的水表计量，无水表的发计量水桶计量，地下取水井按开泵时间计量。按每月实际取水量合计填写台账表，逐月上报。

(3) 现场调查阶段质量控制措施。在清查和普查阶段，采取现场调查和抽查等多种方式检查工作质量，发现问题及时改正。2011年6月25日，市普查办对静海县水利普查工作进行了抽检，抽取良王庄乡和中旺镇为典型代表，并对良王庄乡十里堡村、于家堡村，中旺镇中旺村、张高庄村进行了抽查，通过内业抽查和外业查看各项指标均满足要求。

(4) 数据处理过程的质量控制措施。数据处理过程中严格执行国家数据处理的统一规定，按照规范性、完整性，一致性的原则层层把关，保证各级数据处理工作的一致性，所填报数据与基础数据相统一，汇总数据与上报的数据相统一，名录和调查表通过了计算机软件审核，各项基础指标、基本信息、管理单位和隶属关系以及空间数据录取都符合要求，做到了调查单位、用水户与县普查办及市普查办数据成果相一致，减少技术性差错。对发现的问题采用实地核实和复核说明的方法加以解决。

(5) 整改工作。2012年8月30日至9月1日，天津市水利普查整改会议后，静海认真落实整改意见，抓住最后一次整改机会，认真核对努力达到国家要求。

2. 总体质量评估

数据录入质量评估。指标录入差错率为0、指标漏录率0。

数据填报质量评估。各类普查对象基础资料内容填写符合填表要求，表内表间数据未见错误，审核程序完善严密、无疏漏。

数据质量总体评估。普查对象完整，普查数据真实可靠。

3. 对比分析

普查资料与2011年统计资料对比：团泊水库各项指标与统计资料完全一致。

水闸159座，统计资料46座，差距较大，原因是统计口径不同。

泵站86座。统计资料24座，差距较大，原因是统计口径不同。

农村供水工程与统计资料相同。

普查总灌溉面积44.09千公顷，统计资料55.47千公顷。差距较大，原因是普查现有水源、工程条件下正常年景能够正常进行灌溉村级上报的数。而水利公报上的灌溉面积是按历年累加的数据，工程设施老化、损坏没有核减。

地下取水井3464眼，统计资料3564眼，差距原因是统计资料没有核减报废井。

第十二章

南运河文化

京杭大运河是世界上开凿最早、流程最长的人工运河，曾是沟通南北经济的交通大动脉，与长城、坎儿井并成为中国古代的三项伟大工程，并且使用至今，是中国古代劳动人民创造的一项伟大工程。

静海境内的大运河自津冀交界的梁官屯村开始，至独流镇的十一堡节制闸止，流经6个乡镇，110余个村庄，境内河道全长49千米。

隋大业四年（公元608年），隋炀帝修运河，南开沁水（卫河），北抵涿郡（北京）。静海境内独流以下的运河段形成，更名永济渠。隋炀帝乘龙舟沿永济渠抵涿郡，因御用，静海境内的大运河又名御河。1292年，运河全县贯通，并称京杭大运河。其间，以天津三岔河口为界，南为南运河，北为北运河，静海境内的大运河称为南运河。

明初实行移民屯田，开垦荒地的政策，由于运河两岸得天独厚的农耕条件，山西等地移民在此依水而居，依水而作，逐渐形成村落。屯田移民耕种官田，因而，这一带的大部分村庄，都以主迁户的姓氏加“屯”字来命名。如现在的唐官屯、陈官屯、王官屯等。距考证，从山东省到静海县，运河沿岸带屯字的村庄共有143个。历史上，这一地区开垦较早，农耕发达。

由于静海毗邻京畿，扼津卫门户，自隋唐以来，漕运地位就举足轻重。据记载，静海地区酿造行业所用的高粱、黄豆、麦麸等原料；各村镇出产的苇席、蒲包、酒、醋等土特产品；外地的布匹绸缎、干鲜果品、日用百货等生活消费品基本上都以漕运为主。独流、静海、唐官屯等古镇也借此兴隆起来。每逢集日，街市叫买叫卖，摩肩接踵，运河沿岸演绎出了静海清明上河图的繁荣景象。

沧海桑田，岁序更迭。运河两岸百姓渔耕劳作，繁衍生息，创造和积累了丰厚的历史积淀。天津最古老的水闸修建于光绪六年（1850年）坐落在南运河与马厂减河交汇点上的九宣闸，至今仍在使用。姜子牙钓鱼台、汉代古城、宋代古船、杨家将古战场、独流镇义和团都记录着古邑静海非凡的历史。

一方水土养育一方人。静海地处九河下梢，形成了特有的地域文化。清代末期，由于独流一带船户需要押运货物、保镖护航，当时在民众中大兴练武之风，涌现出了任向荣、刘玉春、张景元等一批闻名全国的武林宗师，独流通臂拳、独流苗刀蜚声全国。

大运河造就了高尔俨、“励氏四杰”等政要大儒和书画大家。也见证了大运河久远的历史和丰富的文化内涵。

第一节 典籍的记载

一、姜子牙钓鱼台

民国《静海县志》载："邑西子牙镇，相传为姜太公钓鱼处。故河名子牙河，镇名子牙镇。尤奇者，北有尚家村，多姓尚；镇内多吕姓、姜姓，均自称为太公之裔。"《大城县志》《畿辅通志》《燕山丛录》等历史文献对静海的钓鱼台均有记载。

《史记·齐太公世家》载："太公博闻，尝事纣。纣无道，去之。游说诸侯，无所遇，而卒西归周西伯。"《孟子·离娄》载："太公避纣，居东海（包括今渤海）之滨。"商周时期，静海一带为僻静的东海之滨，姜太公是否到此避纣，待后人考证。

二、杨家将的古战场

民国《静海县志》载："钓台西北2里许，有古城，城垣久废，此地或隐或现，宛然可寻，相传为宋杨璟（杨延昭）屯兵之处。"

宋辽时，两国以界河（今海河、大清河、拒马河的总称）为界，静海处在北宋的前沿阵地。《宋史》载："杨延昭（958—1014）于41岁后，曾任莫州（今任丘、大城一带）刺史，高阳关路（即河间府一带，当时管辖今静海县）副都部署（相当于今军分区副司令员），镇守瓦桥关（今雄县）、益津关（今霸州市）和淤口关（今和静海县台头镇相邻的信安镇）。宋朝咸平、景德年间，辽军曾三次越过"三关"和杨延昭部发生战争，静海县一度成为宋辽两军的战场。

第二节 古遗址

移兴寺俗称大佛寺，从佛像下方的莲瓣上刻有"天津卫"的字样分析，应建于明代。移兴寺最早坐落于"佛寺疙瘩"，后被洪水冲毁，移至曹村北侧。遗址东距南运河约300米，地势较为平缓。寺院坐北朝南，山门殿、天王殿、大雄宝殿和讲经堂由南向北依次排列。店内的弥勒、释迦佛铜像高丈余；燃灯佛为泥塑，高2丈，阔7尺；余有高约3尺的小佛30多尊；为旧时静海一大景观。清朝咸丰年间遭火焚，同治年间修复。“七七”事变后，因战火房屋坍塌。1982年，寺内仅存的释迦佛铜像被天津大悲院收存。此处有清乾隆三年（1738年）的建庙碑一块。

大佛寺位于陈官屯镇曹村西约1500米，东临前进渠500米。遗址被当地村民俗称“佛寺疙瘩”，表面平坦，高出地表1.5米。遗址分为上、下两极台地：第一台地呈长方形，面积约1.8万平方米；第二台地位于第一台地正中，亦呈长方形，面积约4500平方米。遗物以建筑构件为主，青砖宽14厘米、长17厘米，还有龙泉青瓷、白釉褐花和青花瓷。

第三节　近现代代表建筑

一、九宣闸

九宣闸位于南运河和马厂减河分流处，建于清光绪六年（1880年），是马厂减河的枢纽工程。原名宣九闸，意为宣泄九河之水的大闸。闸基高出南运河河床4尺。闸基上，建分水桥墩4座，以花岗石砌成。旧时，该闸分5孔，为多块木板组成的滚水坝。每块木板高1尺5寸，河水从上漫过。民国七年（1918年），改分块木板的滚水坝为整块木板的减水闸，以起重机启闭水闸。至2010年，该闸保存完好，为天津市最古老的水闸。

二、唐官屯铁桥

唐官屯铁桥位于唐官屯镇南2千米处，清宣统元年（1909年）建，是津浦铁路在马厂减河上的桥梁。钢架，桥面铺木板，全长40米，宽4米。桥两端为水泥桥墩，平架两根钢梁，两侧立高4米的三角形钢架，构成方形框架。20世纪90年代再修。

三、唐官屯给水站

唐官屯给水站始建于1910年，1999年整修。给水站紧邻南运河，带有典型的日耳曼建筑风格。砖混结构，木檩架，木质门窗。局部出现墙体及木构件老化、污渍现象，现已废弃不用。该站原为唐官屯火车站给水处，后因运河水位下降，于给水站旁打井取水，仍用原管道为火车站供水。该站建筑年代久远，保存较好。

四、独流运河木桥

独流运河木桥位于静海县独流镇兴业大街东侧的南运河上。初建于民国时期，1952年在原址按原结构重建。桥长31.8米，宽5米，为木质结构。两侧有护栏19根，材质为黄花松，护栏原涂有绿色油漆，现已基本剥落。下有桥墩5个，桥墩南侧有迎凌柱5根。此桥是运河上唯一的老木桥。2008年，该桥被国家文物局编入《第三次全国文物普查重要新发现》中。

第四节 碑碣石刻

一、东西双塘义渡碑

东西双塘义渡碑位于西双塘运河西岸距桥头20米，清同治五年（1866年）立。碑高1.48米，宽0.53米，厚0.2米。螭首方座，篆额“万古流芳”四字，饰双龙，首题“静邑东西双塘承办义渡永免杂差碑记”。碑文楷书，记载知县陈元禄在东西双塘筹资造船，举办南运河义渡，免除该村杂役的经过。陈元禄撰文，碑阴为董事人姓名。

二、钓台诗碑

钓台诗碑存于静海镇带状公园内。清乾隆四十一年（1776年），清高宗弘历由运河南下路经钓台时撰文。碑高3.05米，宽0.9米，方首，篆额“御制”二字，旁饰由云纹组成的兽面纹。碑文为七言诗一首，行书，丙申暮春之月上弦御笔，落款有所审惟贤，乾隆御笔印两方。

三、行政公署高谕碑

行政公署高谕碑存于静海镇带状公园内。通高1.55米，宽0.51米，厚0.19米，圆首，方座，额题正书“奉饬谕令”。碑文记载西双塘代表马金庸等人经省长核准，修建涵洞引运河水的经过。碑阴额题《约据章程》，记载启闸引水的有关规定。

四、《南运减河靳官屯闸记》石碑

南运河畔，靳官屯南，耸立雄伟的九宣闸。闸身5孔，桥墩用花岗岩砌就，木质闸板，高1.5尺。闸北侧，有石碑，清直隶总督李鸿章撰文。闸、碑分建于光绪六年（1880年）、光绪十七年（1891年）。130年来，一闸一河一直发挥着巨大作用。一闸一碑也是静海农田水利建设史上的重要古迹。李鸿章撰文《南运河靳官屯闸碑记》，记载着九宣闸与马厂减河的施工经过及重大功能。

当年，淮军将领周盛传驻扎马厂至小站一线。他看到沿途盐碱不毛，深感可惜，立意解决。经勘查、筹划，提出方案，得李鸿章支持。经4年苦战，东至西沽140里的减河胜利竣工，九宣闸建立起来。

此“一举而三备善”“均免水患，盛流畅泄”，危害多年的难题彻底解决；“引淡刷碱”，世代盐渍成为良田，人民心花怒放；泊淀沟通，水网密布，海防加强。

几十年过去，闸、河风姿依旧：1917年良王庄决堤，九宣提闸，泄洪东去，此处顺利复堤；1948年12月，国民党天津守军，妄图利用外围水网，阻滞解放大军的步履。解放军将九宣闸开启，切断水源，破灭了顽敌的须臾梦想；1963年8月山洪暴发，华北大地一片汪洋，浪峰直下静海，津浦路、天津市受到严重威胁。为杀减运河洪水，开启九宣闸门，减轻了下游压力。为使团泊洼尽快脱水，马厂减河两处破堤，打赢了抗洪斗争的最后一仗。

《南运减河靳官屯闸记》碑文

靳官屯曷而设闸也？以有减河故。南运河又曷为而开减河也？津郡处九河下游，三淀既湮，有川而无泽，三岔河为诸水交汇之区，每当伏秋盛涨，众流会萃数百里，浩淼汪洋，一望无际，不有河以分之，其患不止。余于上年，曾在三岔河以北之陈家沟添开减河一道，别通北塘以入海，亦止可稍杀北运河之水势。而南运河上承山东、河南、山西汶、卫、漳诸大川之水，源远流巨，泛滥湮没，往往有害民生，其患尤倍于他水。从前，如四女寺、哨马营、直境捷地、兴济等处，共开有减河四道，以资分泄。无如岁久未修，河道多废，仅存捷地一减河，水患更甚。光绪五年，饬天津道等勘察水利，往复相度。据查津城东南，由青县之靳官屯，经盛军所驻之新农镇，至西大沽以出海，最为顺轨，非特山东之德州以下，如交河、东光、沧州各处均免水患而盛流畅泄，即大清、子牙诸水涨时，亦由此掣泻。是减河之开，较前此四女寺、哨马营各处，尤为因势利导而出水益便。其下游津、静之交俗所称南洼，弥望百里内外，尽为石田，亦可引淡刷碱，俾曩时不毛之地得以繁其生植。盖南运河会漳河之浊流，本有石水斗泥之喻，苟得导引以资灌溉，其肥自能化碱以成腴，既杀盛涨，亦涤积卤，均于减河是赖。不独此也，津地迤西至东，仿南方稻田之制，广为开辟，其阡陌纵横，河渠复绕，尤堪限戎马之足，于海防局势亦不无裨益，所谓一举而三善备焉。规划既定，爰集淮练军三十余营，分段挑浚。盛军既列戍青县之马厂，迤逦至津属之新城。即饬周提督盛传统率该军领袖其事，通力合作，至六年夏间工竣。于是建石质双料五孔大桥闸于靳官屯河头，以资启闭。沿河分建石铁柱板桥四道，以便行人。计河长一百五十余里，其下游横河六道，各长数里，沟渠左右萦带，旁流分注，使入海之尾闾益畅，均归盛军始终经营。此地方百世之利也，独是有其举之莫之敢废。此闸为全河关键，尤在后之人修葺以时，无使圮坏。承乏是邦者，尚其念畿辅之水灾，农田之乐利，与夫海防之形要，无令此河此闸等于四女寺各处之减河，日久淤塞，而失前人创始之美意，则幸甚。是为记。

光绪十七年十二月

附　录

附录一：1991 年《静海县团泊洼水库管理使用实施办法》

静海县团泊洼水库是按全县水利建设总体规划，于 1978 年由民办公助全县统一组织施工修建的，是具有调蓄、灌溉、防洪、渔业生产和临时为天津市蓄水、储水等多种功能的中型平原水库。库区总面积为 8.853 万亩，设计蓄水位为 4.5 米（大沽高程），相应库容 0.98 亿立方米，蓄水面积 7.725 万亩。库区土地涉及杨成庄、团泊、大丰堆、蔡公庄、西翟庄等 5 个乡的 28 个村。该工程建成投产后，在为城市服务解决农业抗旱、排涝、发展水产养殖等方面发挥了重大作用。为了进一步加强水库经营管理，充分发挥其最大经济效益，县政府于 1985 年以静政发〔1985〕42 号文件下发了《静海县团泊洼水库管理使用实施办法》。几年来，由于形势的发展，水库管理使用的情况发生了很大变化，为了最大限度地开发和利用水库资源，经研究决定现将原实施办法进行修改和补充。特重新制定《静海县团泊洼水库管理使用实施办法》。

一、总则

1. 水库在县政府的统一领导下，实行专业管理与群众管理相结合，成为统一管理、统一开发、统一利用的综合经营型水库。

2. 水是生命之源。我县水源奇缺，要充分发挥水库以蓄代排，解决自备水源，避害兴利的作用。必须尽最大努力，按水库设计标准的最大库容，蓄足水。

3. 库内水的利用。要本着首先保农业生产、电厂用水，而后保渔业生产的原则进行合理调度使用。

4. 水库是重要的定国土资源。库区邻近乡村的广大干部和群众都要有保卫水库设施和水资源的责任和义务，坚决杜绝损坏水利设施、污染、盗窃库内资源等现象发生。

二、管理机构

5. 建立团泊洼水库管理委员会，由县农经委、县水利局、畜牧水产局、公安局、城乡建委、林业局、水库管理处、库区的五个乡和水库占地较多的团泊、孟家房子、宫家堡、双窑、董庄窠、闫家塚、高庄子、庞庄子、大邱庄九个重点村，各参加一名负责人共二十五人组成。由一名副县长兼任主任。及时研究，决定水库经营管理中的重大问题。

6. 建立静海县团泊洼水库管理处（县属局级）。它是水库日常经营管理的常设机构。下设办公室、财务科、工程管理科、多种经营科、治安派出所。水库管理处为事业单位，实行企业化管理，独立核算，自负盈亏。水库管理处对县政府和县水库管理委员会负责。其行政、业务工作接受县水利局的指导。

三、工程管理

7. 库区管理范围。确定六排干以东、七排干以西、独流减河南堤桩号 19－26 千米堤段、青年渠以北（库区段）为库区管理范围。

8. 在库区管理范围内，兴修水利设施和其他建筑物以及取土卖土等，必须报请水库管理处批准。

9. 水库工程管理具体办法，参照天津市政府堤防管理办法和市水利局平原水库工程管理条例，另制定细则颁发。

四、水资源的调度运用

10. 水库蓄水，力争按设计库容蓄足蓄满，如渠系水源不能满足水库蓄水时，其他河道有水，必须引水入库，首先满足水库蓄水需要。

11. 水库水源的调度由县政府负责，先保农业、电厂用水后保渔副业，一主多副，综合开发。为确保鱼类正常生长，确定死水位为 3.2 米，相应死库容 0.34 亿立方米，根据水面蒸发渗漏等损失推算，控制死水位定为 7 月 15 日。

五、关于多种经营

12. 渔业开发，要根据生态学原则，确立以优化水质，提高渔业的经济效益、生态效益和社会效益的主导思想。因此，水库养鱼除自然繁殖外，要从优化水体中鱼类种群结构出发，定期投放适合水库生长的鱼苗，以提高渔业产量。

13. 捕捞方法，在捕捞期实行统一组织采取专业队捕捞和组织群众捕捞相结合。经常捕捞和集中捕捞相结合的办法。捕捞队的数量可根据季节和水清鱼情由水库管理处确定，捕捞队自带渔具、船只。由水库管理处或乡、村组织的捕捞队，一律受管理处统一领导，对渔具、船只、人数进行登记由水库管理处发给捕捞证，到指定地点入库生产。捕捞证不准转借、转让、涂改、伪造。更不能以任何借口无证擅自入库捕鱼和从事其他不利于水库管理的活动，否则水库有权按有关规定对违章者给予经济赔偿或处以罚款。

14. 捕捞工具，为保护水库水产资源，根据水产资源保护法的规定，对入库的捕捞工具由水库管理处根据实际情况确定。

15. 捕捞分成比例。捕捞队实行定产上交、超产分成和大包干的办法，根据网具、船只、人数及捕捞技术等确定捕捞上交数量。捕捞队所捕捞全部水产品（包括分成部分）必须交售给指定的生产收购点，不准私自出售，否则处以罚款。

16. 为使各种水产资源受到法律保护，水库管理处可根据水产资源保护法、鸟类保护法的规定确定每年封开库时间，封库期间除保卫人员以及科技管理人员因执行公务可入库外，任何单位和个人都不准擅自入库，否则按有关规定予以处罚，情节严重者，追究刑事责任。

六、林木管理

17. 为加快绿化水库，美化库区环境，提高水库经济效益，采取统一规划、统一指挥，确定绿化堤段，原则上谁栽，谁管谁有。如水库管理处投苗，群众自栽自管效益分成可按二、八大头归群众。

七、财务管理

18. 水库管理处为单独核算、自负盈亏的单位，实行预决算制度。预决算资金由管理处按项目开支，预算外开支由水库管委会讨论议定。管理处年终向管委会汇报本年收支情况，水库管理处要严格财务制度。加强成本核算、厉行节约、勤俭办一切，最大限度地提高经济效益。

八、收益分配

19. 水库收入扣除折旧费、管理费、维修费以及蓄水电费等，鉴于目前经济效益不高的情况下，可先执行县人民政府议定的每年拨给水库占地村每亩五元，其亩数按县人民政府统计局统计的亩数计算，如遇特殊自然灾害，在保证水库管理处各项经费的情况下，其补偿办法由县政府授权水库管委会讨论议定。

20. 枯水年份库内苇蒲全归占地单位，自打自收，收打时间必须经水库管理处研究确定。凡未经水库管理处批准、私自入库收打者将依据有关规定，严肃处理。

九、库区安全保卫

21. 对糟蹋破坏库区所有堤坝、沟渠、大小建筑物，以及保护水资源的各种设施者、触犯刑律者，交公安机关依法惩处，够不上刑律者，可根据治安处罚条例索赔经济损失。

22. 团泊洼水库为市人民政府确定的鸟类自然保护小区，任何单位与个人不得以任何借口入库捕猎，对库内的白鹳、黑鹳、天鹅、中华秋沙鸭、鸳鸯等珍禽更要严加保护，禁止在库区内掏鸟蛋、捕雏鸟，更不容许捣毁鸟窝，违者按有关规章予以处罚。

23. 对擅自砍伐库区林木，投毒污染水资源，入库偷鱼的单位与个人，按照有关规定严肃处理，情节严重、影响很坏的要追究刑事责任。

24. 水库邻近乡村的党政领导和治安人员，要以稳定为大局，把维护好水库治安当作一项重要任务来抓，订出措施，落实责任，努力把水库治安保卫工作做好。

25. 对保护水库和库区水产资源，维护本管理规定，以及抓获检举违章有功的单位和个人，给予精神和物质奖励。

十、维护本规定的严肃性

26. 凡违反本规条款之一者，给予批评教育，对情节严重、影响极坏、造成损失者，严肃处理，直至法律制裁。

27. 本规定解释权属静海县团泊洼水库管理委员会。

28. 本规定自一九九一年一月一日起执行。此规定自生效之日原静政发〔1985〕42号文件废止。

附录二：2006 年《静海县河道管理办法》

第一章　总　　则

第一条　为加强河道管理，保障防洪安全，发挥河道的综合效益，改善和提高我县河道环境质量，根据《中华人民共和国水法》和《天津市河道管理条例》等有关法律、法规，结合本县实际情况，制定本办法。

第二条　本办法适用于本县行政辖区内的河道管理。

第三条　县水利部门是本县河道行政主管部门（以下称县河道行政主管部门），负责黑龙港河、青静黄排水渠、港团河、郑茁排干、王口排干、五堡渠、东连接渠、运西排干（含纪庄子排干）、前进渠、团结渠、争光渠、独流减河耳河、互助渠、运东排干、迎丰渠、青年渠、六排干、七排干、新幸福河、唐家洼排干及其他干渠的管理工作，负责对乡镇河道管理工作的业务指导和检查监督。

坐落在本县内的市管行洪河道（含：独流减河、子牙新河、子牙河、南运河、马厂减河、大清河）由县河道行政主管部门根据市水行政主管部门委托或授权，依据《天津市河道管理条例》实施管理。

各乡镇人民政府负责本乡镇辖区内支渠及以下渠道的管理工作，承担建设、整治和保护责任，对所涉及的行政审批、行政处罚等事项要按有关规定报县水利行政主管部门办理。

第四条　县河道行政主管部门的职责：

（一）负责河道工程建设与管理；

（二）审查在河道管理范围内所建工程的规划设计；

（三）编制、实施河道治理规划；

（四）监督检查河道法规、规章的执行情况；

（五）依法查处河道违法行为，调处河道纠纷；

（六）处罚违反河道法规、规章的单位和个人。

第五条　县人民政府应加强对河道管理工作的领导。河道防汛和清障工作，实行县、乡两级人民政府行政首长负责制。

第六条　县河道行政主管部门及其所属的河道管理单位、河道管理人员，必须按照国家法律、法规和本办法的规定，加强河道管理，执行防洪调度命令和供水计划，维护河道工程和人民生命财产安全。

第七条 任何单位和个人都有保护河道堤防安全和参加防汛抢险的义务。

对维护河道安全做出突出贡献的单位和个人，县人民政府或者县河道行政主管部门给予表彰和奖励。

第二章 河道整治与建设

第八条 河道的整治与建设，应服从流域和水系综合治理规划、服从全县防汛排涝、抗旱调水的总体规划，符合国家规定的防洪标准和其他有关技术要求，维护堤防安全，保持河势稳定和河道畅通。

河道的整治与建设，由县人民政府责成县河道行政主管部门负责组织实施；涉及公路的，应当征求公路行政主管部门的意见；涉及土地变更的，应当征求土地行政管理部门的意见。所需资金由县人民政府按照国家和本市有关规定筹集。

第九条 在河道管理范围内新建、扩建、改建建设项目，修建开发水利、防治水害、整治河道等工程，修建跨河、穿河、穿堤、临河的桥梁、码头、道路、渡口、管道、取水口、排污口、缆线等建筑物和设施，建设单位必须按照河道管理权限，将工程建设方案报县河道行政主管部门审查同意，方可按照建设程序履行审批手续。

建设项目经批准后，建设单位应当将施工安排告知县河道行政主管部门，并与县河道行政主管部门签订确保河道功能正常发挥、保障防洪安全的责任书后，方可施工。

建设项目性质、规模、地点需要变更的，建设单位应当事先向河道行政主管部门重新办理审批手续。

在河道管理范围内不准建设影响河道功能正常发挥和堤防安全的项目。

建设项目施工期间，县河道行政主管部门应当派员到现场监督检查。

第十条 工程施工影响堤防安全、河道行洪、排灌功能正常发挥的，建设单位应当采取补救措施或者停止施工。工程竣工后，建设单位应当将工程竣工报告、质检报告、竣工图报送县河道行政主管部门；工程施工现场必须按照责任书的要求进行清理。

因施工造成河道堤防及其设施损坏的，由建设单位负责赔偿。

第十一条 修建桥梁、码头和其他设施，必须按照县水利总体规划和原设计流量的要求，不得缩小过水断面。桥梁、跨越河道的管道、渡槽、线路的净空高度，以及穿越河道的管道和在两堤之间埋设管道的深度，必须符合水利总体规划和有关技术要求。

第十二条 河道管理范围内已修建的闸涵、泵站和埋设的管道、缆线等设施，设施管理单位应当定期检查和维护，并服从县河道行政主管部门的安全管理；不符合堤防安全要求的，由县河道行政主管部门责令设施管理单位限期改建或者采取补救措施。

第十三条 利用堤顶或者戗台修建的公路、铁路，必须报经县河道行政主管部门同意，服从堤防安全管理。

第十四条 村镇建设规划的临河界限为河道管理范围的外缘线。村镇建设规划涉及河道管理范围的，应当事先征求县河道行政主管部门的意见。

本办法施行前占用河道堤防的建筑物，应当逐步迁出。

第十五条 河道岸线的利用和建设，应当服从河道整治规划。规划行政管理部门审批涉及河道岸线开发利用规划，立项审批行政主管部门审批利用河道岸线的建设项目，应当事先征求县河道行政主管部门的意见。

河道岸线的界限为：有河堤的以河堤外坡脚为准；无河堤的，以护岸为准；既无河堤又无护岸的，以河口为准。

第十六条 河道整治和清淤弃土，由县河道行政主管部门负责管理，在统一监督管理下进行使用和处置，主要用于河道整治与建设，免交相关费用。

第十七条 在县管河道管理范围内修建排水、阻水、引水、蓄水工程以及河道整治工程，必须报经县河道行政主管部门批准。

第三章　河道保护

第十八条 河道管理设定管理范围。河道管理范围为两岸堤防之间的水域、滩地（包括可耕地）、两岸堤防、护岸和护堤地。（护堤地范围：黑龙港河、青静黄排水渠为河堤外坡脚以外各 10 米；其他河道，有堤的为河堤外坡脚，无堤的为河口以外各 10 米。）

第十九条 在河道管理范围内，水域和土地的利用必须符合河道行洪、排沥、输水、蓄水的要求。

第二十条 禁止损毁堤防、护岸、闸坝等水工程建设物和防汛设施、水文监测设施、测量设施、河岸地质监测设施以及通讯照明等设施。

未铺设路面的堤顶，除防汛抢险车辆外，禁止载重 5 吨以上车辆通行；在雨雪泥泞期间，除防汛抢险车辆外，禁止其他车辆通行。

第二十一条 单位和个人对堤防、护岸和其他水工程设施造成损坏或者造成河道淤积的，应当负责修复、清淤或者承担修复、清淤费用。

第二十二条 禁止非河道管理人员操作河道上的涵闸闸门。

第二十三条 在河道管理范围内禁止下列行为：

（一）围垦河道；

（二）擅自拦河筑坝以及修建阻水围堤、阻水渠道、阻水道路；

（三）在河滩地种植高秆农作物、芦苇和树木；

（四）设置阻水渔具或者其他障碍物；

（五）弃置矿渣、石渣、煤灰、泥土、垃圾等；

（六）堆放、倾倒、掩埋、排放污染水体的物体；

（七）在河道内清洗装贮过油类或者有毒有害污染物的车辆、容器；

（八）在堤防和护堤地内建房、放牧、开渠、采砂、挖窖、葬坟、存放物料、开采地下资源、考古发掘以及进行集市贸易活动；

（九）在堤防和护堤地内进行打井、钻探、爆破、挖筑鱼塘、取土等危害堤防安全的活动。

第二十四条 河道的旧堤、原有工程设施，不得填堵、占用或者拆毁；确需填堵、占用、拆毁的，必须报上级河道行政主管部门批准。

第二十五条 护堤护岸林木采伐，报县河道行政主管部门同意后，再报林业部门审批。未经批准，不得擅自砍伐。

任何单位和个人不得侵占、破坏护堤护岸林木。

第二十六条 在河道管理范围内兴建建设项目临时占用堤防、河滩地以及利用河道、堤防、闸桥的，应当征得县河道行政主管部门的同意，并给予适当补偿。

第二十七条 河道管理范围内的阻水障碍物，按照谁设障谁清除的原则，由县防汛指挥机构责令设障者在规定的期限内清除。逾期不清除的，由防汛指挥机构强行清除，并由设障者负担全部清障费用。

第二十八条 壅水、阻水严重的桥梁、引道、码头和其他跨河工程设施，根据国家规定的防洪标准，由县河道行政主管部门提出意见，报经县人民政府批准，责成设施管理单位在规定的期限内改建或者拆除。汛期影响防洪安全的，必须服从防汛指挥机构的紧急处理决定。

第二十九条 在河道上新建、改建、扩建排污口门或者设置临时排水泵点的，必须经县河道行政主管部门同意。向河道排水（含污废水），必须服从防汛统一调度和县河道行政主管部门的监督管理。

排污口门的管理单位应当加强对排污口门的管理，按照国家和本市有关规定排水。因排放污废水造成河道水质污染、河道工程设施腐蚀损坏的，排污单位或者个人应当承担赔偿责任。

第四章　法　律　责　任

第三十条 违反本办法第十三条、第十七条、第二十五条、第二十八条、第二十九条规定的，由县河道行政主管部门责令改正，可处以一千元以上五千元以下罚款；情节严重的，可处以五千元以上二万元以下罚款。

第三十一条 违反本办法第十条、第二十条第二款、第二十三条第（三）项、第

（四）项、第（五）项、第（八）项、第二十四条规定的，由县河道行政主管部门责令改正，有违法所得的，没收违法所得，并可处以一千元以上一万元以下罚款；情节严重的，可处以一万元以上三万元以下罚款。

第三十二条 违反本办法第二十条第一款、第二十三条第（一）项、第（二）项、第（九）项规定的，由县河道行政主管部门责令改正、赔偿损失，可处以一万元以上三万元以下罚款；情节严重的，可处以三万以上十万以下罚款。应当给予治安管理处罚的，由公安机关依照《中华人民共和国治安管理处罚法》的规定予以处罚；构成犯罪的，依法追究刑事责任。

第三十三条 县河道行政主管部门在制止不服从河道管理的行为时，可以采取暂扣车辆和机具物品的措施。

第三十四条 拒绝、阻碍河道管理人员执行公务的，由公安机关依照《中华人民共和国治安管理处罚法》的规定予以处罚；构成犯罪的，依法追究刑事责任。

第三十五条 当事人对行政处罚决定不服的，可以依照《中华人民共和国行政复议法》和《中华人民共和国行政诉讼法》的规定，申请复议或者向人民法院起诉。逾期不申请复议，不起诉，又不履行处罚决定的，由作出处罚决定的机关申请人民法院强制执行。

第三十六条 县河道行政主管部门的管理人员滥用职权、玩忽职守、徇私舞弊的，由其所在单位或者上级主管部门给予行政处分；构成犯罪的，依法追究刑事责任。

第五章 附 则

第三十七条 本办法由县水利局负责解释。

第三十八条 本办法自发布之日起施行。静海县人民政府 1992 年 3 月 25 日发布的《静海县二级河道管理暂行办法》同时废止。

附录三：关于事业单位高、中级专业技术职务实行评聘分开的暂行办法

根据静海水利局党委2006年11月6日印发的《关于事业单位高、中级专业技术职务实行评聘分开的暂行办法》（静水党〔2006〕8号）规定如下：

为做好我局专业技术职务岗位设置与管理工作，保障我局专业技术人才优化配置，完善专业技术聘任制，充分发挥职称工作在整体性人才资源开发中的独特作用，调动专业技术人员积极性和创造性，根据《天津市水利局事业单位高、中级专业技术职务聘任管理暂行规定》的要求，结合我局实际情况，特制订本办法。

一、评聘分开的基本原则

评聘分开是指局属事业单位的高、中级专业技术资格评定与职务聘任分开，工资福利待遇按实际聘任职务确定的制度。

1. 专业技术资格评定要坚持德才兼备的原则，把品德、知识、能力和业绩作为主要标准，择优推荐，择优评定，推进优秀人才脱颖而出。

2. 专业技术职务聘任要坚持“公开、公平、公正”原则，科学设岗、竞争上岗、按岗聘任、合同管理、打破专业技术职务聘任终身制。

3. 单位根据岗位需要进行聘任，只有受聘担任高、中级专业技术职务，在聘任期间享受相应的职务工资待遇。未聘或解聘人员只具有高、中级职务任职资格，不享受相应的工资等任何待遇。

二、评聘分开的范围

局属事业单位各系列高、中级专业技术职务，全部实行评聘分开、竞争上岗。

三、专业技术岗位设置

局党委根据各单位自身规模、工作任务以及事业发展的需要和县编委核定的编制数、专业技术职务结构比例，科学合理地设置岗位。

1. 局将对各单位专业技术职位数量（以下简称职数）进行统一规定，各事业单位要根据局下达的专业技术职数，设置相应的专业技术职位，明确职位职责，确定职位名称。

2. 局每三年对职数进行一次核定，各事业单位的职位设置可随之进行一些调整。有下列情况之一时，职数和职位设置可随时调整：

（1）国家和天津市或本局对事业单位出台较大的人事制度改革政策；

（2）局对单位进行较大的机构调整；

（3）单位职能发生较大变化。

四、任职资格评审

1. 各系列专业技术人员，凡符合本系列专业技术职务任职资格条件的，不受专业技术职务岗位设置限制，均可申报评审或报考相应专业技术职务任职资格。

2. 各专业技术人员申报评审（或报考），要严格按照天津市各系列职称评定的有关规定任职资格推荐评审基本程序执行，严格实行“政策文件公开、评审条件公开、推荐对象公开、申报材料公开、评审结果公开”的“五公开”制度。

3. 要严把评议推荐关。凡申报晋升中级、高级专业技术职务任职资格的人员，要坚持在个人申报述职，评委会评议、民主测评的基础上，进行择优推荐。

五、专业技术职务竞聘

各单位经上级有关部门评审获得高、中级任职资格的专业技术人员，一律参加单位组织的专业技术职务竞聘。

1. 各单位担任科级行政领导的人员，可以参加专业技术职务竞聘，也可以兼任行政领导职务。

2. 非水利专业技术人员根据所从事的岗位聘任。

3. 凡根据工作需要，临时借调的专业技术人员，原则上按相应的技术职务聘任对待。

4. 专业技术职务聘任要实行竞争上岗，按照公平、公开、竞争、择优的原则进行。竞争上岗按以下程序进行：

（1）单位公布专业技术职位、职责及任职条件；

（2）个人报名；

（3）人事科对报名人员进行资格审查，确定竞争人选；

（4）各单位分别组织竞争演讲（当只有1人参加竞争时，竞争人员应在一定范围内进行述职），并进行民主评议，测评推荐确定人选；

（5）各单位将确定的受聘人选上报局人事科；

（6）局领导与受聘人签订聘约，并给受聘人员聘发聘书。

5. 聘约签订必须坚持平等自愿、协商一致地原则，并严格遵守国家和我市的法律法规，聘约经单位领导及本人签字后生效，聘约一经签订，双方要严格遵守。

聘约一式三份，人事科一份，本人一份，单位存单一份。

6. 聘约必须明确受聘者的职责范围、管理权限、工作任务、工作目标、聘任期限和违约责任。

聘任期限一般为三年，也可与一个项目周期时间一致。

7. 聘任期内如果有一方提出变更、终止和解除聘约，要按聘约规定办理。

8. 在聘期内受聘人员有下列情况之一的，单位有权予以解聘：

(1) 不能很好地履行职位职责；

(2) 不能按时完成工作任务；

(3) 因过失给单位造成重大经济损失；

(4) 严重违反单位管理制度；

(5) 年终考核不称职；

(6) 发生安全生产责任事故；

(7) 违反国家法律法规；

(8) 本规定以外，与职务不符的其他行为。

9. 解聘要通知本人，并及时办理解聘的相关手续。

六、工资待遇

1. 被聘任专业技术职务的专业技术人员，享受相应的职务工资待遇。

2. 对只评定相应专业技术职务资格，而未聘任专业技术职务的专业技术人员，只晋升档案工资，不与本人实际享受的工资待遇挂钩。其实际享受的工资待遇，按照下一个专业技术职务系列工资标准，进行核定。

3. 对男满55周岁（包括55周岁）以上、女满50周岁（包括50周岁）以上获得专业技术职务任职资格的人员，本人提出申请可退居二线，可继续参加本单位相应的专业技术职务竞聘，并根据竞聘结果，享受其相应的工资待遇。

4. 对聘期已满，而未继续受聘、续聘人员，如果改任行政管理职务的，按所任职务重新核定工资，对未改任行政管理职务的人员，工资在下一个专业技术职务系列，重新核定。

七、组织领导

1. 为加强对职称评聘工作的领导，各单位要建立职称民主评议工作领导小组。人选由政策水平、业务能力高，工作责任心强，秉公办事的同志组成，一般为5～7人。

2. 根据局制定有关专业技术职务岗位职责、评价标准，以及工作性质等，由领导小组对每一位专业技术人员的品德、知识、能力和业绩等方面进行客观、公正的评价并量化分值，最后将个人评价情况及量化结果提交局党委会，由局党委集体讨论决定受聘人员及其岗位职务。

3. 在组织开展评聘分开工作中，要严格按照市、县有关部门文件规定执行。对评议申报专业技术职务任职资格和开展聘用专业技术职务工作中有弄虚作假行为的单位和个人，严格按照有关文件规定处理。

本规定从2006年12月1日起执行。

关于对《静海县水务志（1991—2010 年）》（送审稿）进行评审的请示

市水务局：

按照市水务局续修天津水务志系列丛书的总体部署，我局已完成《静海县水务志（1991—2010 年）》初稿编纂工作。经征求各有关部门及单位意见，并反复修改，形成《静海县水务志（1991—2010 年）》送审稿。现随文上报，请予以评审。

妥否，请批示。

天津市静海区水务局

2018 年 10 月 15 日

《静海县水务志》(送审稿)专家组评审意见

2018年10月30日，市水务局水务志编委会在静海区水务局组织召开《静海县水务志（1991—2010年）》评审会。会议成立了专家组（名单附后），与会人员听取了静海区水务局关于编纂工作的汇报，经评审质询，具体意见如下：

一、本志记述了静海区行政区域内1991—2010年间的水利环境、水资源、防汛抗旱、农田水利、农村供水、水利工程建设等情况，内容翔实全面。

二、本志运用了述、志、记、图、表、录多种体裁，体例科学，结构严谨，层次清晰，观点正确，主线突出，符合专业志书的编纂要求。

三、本志语言文字质朴流畅，行文规范，图表设置合理。

建议补充规划、教育、科技的内容，部分章节交叉重复的内容应进一步归纳核实；表格按照规范修改，表要紧随其文，增加时间表述；称谓、计量单位的表述应统一按照有关规定订正。

综上，同意通过评审。待调整、补充、修改后，再报市水务局水务志编委会终审后出版。

专家组长：刘学功

2018年10月30日

索　引

说明：1. 本索引采用主题分析索引法，主题词词首按汉语字母顺序排列。
2. 主题词后的数字表示其所在的页码。

编 后 记

以铜为镜，可以正衣冠；以志为镜，可以知得失。盛世修志是中华民族的优良传统，也是时代赋予我们不可推卸的责任。水务志的编写对于保存史料，发展水利事业，促进社会发展，教育子孙后代有重要的现实意义和历史意义。

遵照市水务局的布置，静海县水务局续志工作从 2009 年开始，由水务局干部高德珍兼职编写。局直属各单位主要负责人参加审稿，书记、局长李义刚为编委主任、副局长孟令国为副主任。

在编纂委员会副主任孟令国具体领导下，2012 年 6 月 26 日由局办公室刘升华牵头组织，会同局各相关职能科室和局直属单位，按照市水务局所设定的编纂大纲篇目内容，分工负责所熟悉的相关业务科室、单位，实施资料搜集、汇总及编纂工作。在编纂工作运作过程中，本着静海自身实际，对所涉及的篇目又先后进行了两次修改，有的削减、有的合并，主要体现真实的静海水务，着力突出时代特点、地方特色、专业特征。经过近 4 个月不懈努力，于 2012 年 10 月 15 日形成初稿，其后多次修改完善。

后由于人事变动等原因，编纂工作停滞。2017 年 12 月 15 日，编纂委员会副主任孟令国主持召开了《静海县水务志（1991—2010 年）》编纂工作会议，决定由局办公室李银山牵头，重启编纂工作。局属各单位、机关各科室负责人及撰稿人参加了会议。会上列出时间表，要求各单位高度重视，按照序时进度完成所缺资料搜集及汇总，形成送审稿。2018 年 5 月中旬，区水务局组织各科室、各单位对志稿进行自审修改，同时市水务局修志办编辑人员从篇目到内容提出了具体的修改意见和建议。之后，区水务局再次组织修改完善，2018 年 10 月 15 日，将修改后的送审稿报市水务局请示评审。

2018 年 10 月 30 日，天津市水务局水务志编委会在静海区水务局组织召开《静海县水务志（1991—2010 年）》评审会。有关领导、专家、学者

10余人参加了评审会。天津市水务局党委委员、南水北调办专职副主任、市水务志编委会副主任张文波出席并讲话，静海区水务局副局长孟令国出席并做表态发言，滨海新区建交局副局长孙建山出席会议。会议由市水务局水务志编办室主任丛英主持。经过专家组评议审定，一致同意通过评审，专家组组长刘学功宣读了评审意见。按照专家在评审过程中提出的意见和建议，对稿件进行完善，于2020年8月完成修改上报天津市水务局水务志编委会终审。市水务局水务志编办室与静海区水务局编纂人员再次核实补充修改，2021年1月交付印刷。

《静海县水务志》起止1991年至2010年历经20年，个别章节为保证叙事完整性，适当上下延伸。虽然年限跨度比首部志书相对较短，但同样是一项不可小视的系统工程。为此，我们在编纂过程中坚持严谨认真的工作态度，遵循横不缺项、纵不断线的编纂原则。从开始搜集资料，就注重整体叙述过程的衔接，按照水务志续修工作规范，对相关篇幅章节进行拾遗、补缺。对有的章节所反映的内容，从叙述的角度讲，不是就事论事而是追根寻源，杜绝虚假、避免死搬硬套。为完善和充实相关内容，相应采取请进来，走出去，询问、走访、先后查阅搜集所需资料。同时，将随时编纂完成的章、节篇目的稿件打印成册返回相关科室、单位，进行有针对性的核实、修改或补充。

本志按其时限段所涉及的内容广泛，编志者水平所限，书中难免有疏漏和不当之处，敬请广大读者给予批评指正。

编者

2021年1月